2025年版
共通テスト
過去問研究

化学

受験勉強の5か条

受験勉強は過去問に始まり，過去問に終わる。
入試において，過去問は最大の手がかりであり，情報の宝庫です。
次の5か条を参考に，過去問をしっかり活用しましょう。

◆**出題傾向を把握**
　まずは「共通テスト対策講座」を読んでみましょう。
◆**いったん試験1セット分を解いてみる**
　最初は時間切れになっても，またすべて解けなくても構いません。
◆**自分の実力を知り，目標を立てる**
　答え合わせをして，得意・不得意を分析しておきましょう。
◆**苦手も克服！**
　分野や形式ごとに重点学習してみましょう。
◆**とことん演習**
　一度解いて終わりにせず，繰り返し取り組んでおくと効果アップ！
　直前期には時間を計って本番形式のシミュレーションをしておくと万全です。

✅ 共通テストってどんな試験？

　大学入学共通テスト（以下，共通テスト）は，大学への入学志願者を対象に，高校の段階における基礎的な学習の達成の程度を判定し，大学教育を受けるために必要な能力について把握することを目的とする試験です。一般選抜で国公立大学を目指す場合は，原則的に，一次試験として共通テストを受験し，二次試験として各大学の個別試験を受験することになります。また，私立大学も9割近くが共通テストを利用します。そのことから，共通テストは50万人近くが受験する，大学入試最大の試験になっています。

✅ 新課程の共通テストの特徴は？

　2025年度から新課程入試が始まり，共通テストにおいては教科・科目が再編成され，新教科「情報」が導入されます。2022年に高校に進学した人が学んできた内容に即して出題されますが，重視されるのは，従来の共通テストと同様，「思考力」です。単に知識があるかどうかではなく，知識を使って考えることができるかどうかが問われます。新課程の問題作成方針を見ると，問題の構成や場面設定など，これまでの共通テストの出題傾向を引き継いでおり，作問の方向性は変わりません。

✅ どうやって対策すればいいの？

　共通テストで問われるのは，高校で学ぶべき内容をきちんと理解しているかどうかですから，まずは普段の授業を大切にし，教科書に載っている基本事項をしっかりと身につけておくことが重要です。そのうえで過去問を解いて共通テストで特徴的な出題に慣れておきましょう。共通テストは問題文の分量が多いので，必要とされるスピード感や難易度の振れ幅を事前に知っておくと安心です。過去問を解いて間違えた問題をチェックし，苦手分野の克服に役立てましょう。問題作成方針では「これまで良質な問題作成を行う中で蓄積した知見や，問題の評価・分析の結果を問題作成に生かす」とされており，過去問の研究は有用です。本書は，大学入試センターから公表された資料等を詳細に分析し，課程をまたいでも過去問を最大限に活用できるよう編集しています。

　本書が十分に活用され，志望校合格の一助になることを願ってやみません。

Contents

● 共通テストの基礎知識 ……………………………………………… 005

● 共通テスト対策講座 ………………………………………………… 013
　　どんな問題が出るの？／形式を知っておくと安心
　　ねらいめはココ！／効果的な過去問の使い方

● 共通テスト攻略アドバイス ………………………………………… 047

● 解答・解説編

　　本試験　　5回分（4年分：2021〜2024年度）[※1]
　　追試験　　2回分（2年分：2022・2023年度）
　　試行調査　2回分（第1回・第2回）[※2]

　　　　　　　●【別冊】問題編　マークシート解答用紙つき（2枚）

※1　2021年度の共通テストは，新型コロナウイルス感染症の影響に伴う学業の遅れに対応する
　　　選択肢を確保するため，本試験が2日程で実施されました。
※2　試行調査は，センター試験から共通テストに移行するに先立って実施されました。

＊　学習指導要領の違いにより，問題に現在使われていない表現が見られることがありますが，
　　出題当時のまま収載しています。解答・解説編の内容につきましても，出題当時の教科書の
　　内容に沿ったものとなっています。

共通テストについてのお問い合わせは…
独立行政法人 大学入試センター
志願者問い合わせ専用（志願者本人がお問い合わせください）03-3465-8600
9：30〜17：00（土・日曜，祝日，12月29日〜1月3日を除く）
https://www.dnc.ac.jp/

共通テストの
基礎知識

> 本書編集段階において，2025年度共通テストの詳細については正式に発表されていませんので，ここで紹介する内容は，2024年3月時点で文部科学省や大学入試センターから公表されている情報，および2024年度共通テストの「受験案内」に基づいて作成しています。変更等も考えられますので，各人で入手した2025年度共通テストの「受験案内」や，大学入試センターのウェブサイト（https://www.dnc.ac.jp/）で必ず確認してください。

共通テストのスケジュールは？

A 2025年度共通テストの本試験は，1月18日（土）・19日（日）に実施される予定です。

「受験案内」の配布開始時期や出願期間は未定ですが，共通テストのスケジュールは，例年，次のようになっています。1月なかばの試験実施日に対して出願が10月上旬とかなり早いので，十分注意しましょう。

9月初旬	「受験案内」配布開始	志願票や検定料等の払込書等が添付されています。
10月上旬		（現役生は在籍する高校経由で行います。）
1月なかば	共通テスト 自己採点	2025年度本試験は1月18日（土）・19日（日）に実施される予定です。
1月下旬	国公立大学一般選抜の個別試験出願	私立大学の出願時期は大学によってまちまちです。各人で必ず確認してください。

共通テストの出願書類はどうやって入手するの？

A　「受験案内」という試験の案内冊子を入手しましょう。

　「受験案内」には，志願票，検定料等の払込書，個人直接出願用封筒等が添付されており，出願の方法等も記載されています。主な入手経路は次のとおりです。

現役生	高校で一括入手するケースがほとんどです。出願も学校経由で行います。
過年度生	共通テストを利用する全国の各大学の入試担当窓口で入手できます。予備校に通っている場合は，そこで入手できる場合もあります。

 個別試験への出願はいつすればいいの？

A　国公立大学一般選抜は「共通テスト後」の出願です。

　国公立大学一般選抜の個別試験（二次試験）の出願は共通テストの後になります。受験生は，共通テストの受験中に自分の解答を問題冊子に書きとめておいて持ち帰ることができますので，翌日，新聞や大学入試センターのウェブサイトで発表される正解と照らし合わせて**自己採点**し，その結果に基づいて，予備校などの合格判定資料を参考にしながら，出願大学を決定することができます。

　私立大学の共通テスト利用入試の場合は，出願時期が大学によってまちまちです。大学や試験の日程によっては**出願の締め切りが共通テストより前**ということもあります。志望大学の入試日程は早めに調べておくようにしましょう。

 受験する科目の決め方は？　『情報Ⅰ』の受験も必要？

A　志望大学の入試に必要な教科・科目を受験します。

　次ページに掲載の7教科21科目のうちから，受験生は最大9科目を受験することができます。どの科目が課されるかは大学・学部・日程によって異なりますので，受験生は志望大学の入試に必要な科目を選択して受験することになります。

　すべての国立大学では，原則として『情報Ⅰ』を加えた6教科8科目が課されます。公立大学でも『情報Ⅰ』を課す大学が多くあります。

　共通テストの受験科目が足りないと，大学の個別試験に出願できなくなります。第一志望に限らず，出願する可能性のある大学の入試に必要な教科・科目は早めに調べておきましょう。

新科目の『情報Ⅰ』の対策は… **新課程 攻略問題集** 詳しくはこちら…

共通テストの基礎知識　007

● 2025 年度の共通テストの出題教科・科目

教　科	出題科目	出題方法（出題範囲・選択方法）	試験時間（配点）
国　語	『国語』	「現代の国語」及び「言語文化」を出題範囲とし，近代以降の文章及び古典（古文，漢文）を出題する。	90 分（200 点）*1
地理歴史 公　民	(b) 『地理総合，地理探究』 『歴史総合，日本史探究』 『歴史総合，世界史探究』 『公共，倫理』 『公共，政治・経済』 (a) 『地理総合／歴史総合／公共』 (a)：必履修科目を組み合わせた出題科目 (b)：必履修科目と選択科目を組み合わせた出題科目	6 科目から最大 2 科目を選択解答（受験科目数は出願時に申請）。 2 科目を選択する場合，以下の組合せを選択することはできない。 **(b)のうちから 2 科目を選択する場合** 『公共，倫理』と『公共，政治・経済』の組合せを選択することはできない。 **(b)のうちから 1 科目及び (a) を選択する場合** (b)については，(a) で選択解答するものと同一名称を含む科目を選択することはできない。*2 (a) の『地理総合／歴史総合／公共』は，「地理総合」，「歴史総合」及び「公共」の 3 つを出題範囲とし，そのうち 2 つを選択解答する（配点は各 50 点）。	1 科目選択 60 分（100 点） 2 科目選択*3 解答時間 120 分（200 点）
数学	① 『数学Ⅰ，数学 A』 『数学Ⅰ』	2 科目から 1 科目を選択解答。 「数学 A」は 2 項目（図形の性質，場合の数と確率）に対応した出題とし，全てを解答する。	70 分（100 点）
数学	② 『数学Ⅱ，数学 B，数学 C』	「数学 B」「数学 C」は 4 項目（数列，統計的な推測，ベクトル，平面上の曲線と複素数平面）に対応した出題とし，そのうち 3 項目を選択解答する。	70 分（100 点）
理　科	『物理基礎／化学基礎／生物基礎／地学基礎』 『物理』 『化学』 『生物』 『地学』	5 科目から最大 2 科目を選択解答（受験科目数は出願時に申請）。 『物理基礎／化学基礎／生物基礎／地学基礎』は，「物理基礎」，「化学基礎」，「生物基礎」及び「地学基礎」の 4 つを出題範囲とし，そのうち 2 つを選択解答する（配点は各 50 点）。	1 科目選択 60 分（100 点） 2 科目選択*3 解答時間 120 分（200 点）
外国語	『英語』 『ドイツ語』 『フランス語』 『中国語』 『韓国語』	5 科目から 1 科目を選択解答。 『英語』は，「英語コミュニケーションⅠ」，「英語コミュニケーションⅡ」及び「論理・表現Ⅰ」を出題範囲とし，【リーディング】及び【リスニング】を出題する。 受験者は，原則としてその両方を受験する。	『英語』【リーディング】80 分（100 点） 【リスニング】解答時間 30 分*4（100 点） 『英語』以外【筆記】80 分（200 点）
情　報	『情報Ⅰ』		60 分（100 点）

＊1　『国語』の分野別の大問数及び配点は，近代以降の文章が 3 問 110 点，古典が 2 問 90 点（古文・漢文各 45 点）とする。

＊2　地理歴史及び公民で2科目を選択する受験者が，(b)のうちから1科目及び(a)を選択する場合において，選択可能な組合せは以下のとおり。　　　　○：選択可能　×：選択不可

		(a)		
		「地理総合」「歴史総合」	「地理総合」「公共」	「歴史総合」「公共」
(b)	『地理総合，地理探究』	×	×	○
	『歴史総合，日本史探究』	×	○	×
	『歴史総合，世界史探究』	×	○	×
	『公共，倫理』	○	×	×
	『公共，政治・経済』	○	×	×

＊3　「地理歴史及び公民」と「理科」で2科目を選択する場合は，解答順に「第1解答科目」及び「第2解答科目」に区分し各60分間で解答を行うが，第1解答科目と第2解答科目の間に答案回収等を行うために必要な時間を加えた時間を試験時間（130分）とする。

＊4　リスニングは，音声問題を用い30分間で解答を行うが，解答開始前に受験者に配付したICプレーヤーの作動確認・音量調節を受験者本人が行うために必要な時間を加えた時間を試験時間（60分）とする。

科目選択によって有利不利はあるの？

A 得点調整の対象となった各科目間で，次のいずれかが生じ，これが試験問題の難易差に基づくものと認められる場合には，得点調整が行われます。

・20点以上の平均点差が生じた場合
・15点以上の平均点差が生じ，かつ，段階表示の区分点差が20点以上生じた場合

旧課程で学んだ過年度生のための経過措置はあるの？

A あります。

　2025年1月の共通テストは新教育課程での実施となるため，旧教育課程を履修した入学志願者など，新教育課程を履修していない入学志願者に対しては，出題する教科・科目の内容に応じて経過措置を講じることとされ，「地理歴史・公民」「数学」「情報」の3教科については旧課程科目で受験することもできます。

「受験案内」の配布時期や入手方法，出願期間，経過措置科目などの情報は，大学入試センターから公表される最新情報を，各人で必ず確認するようにしてください。

📖 **WEBもチェック！** 〔教学社 特設サイト〕

〈新課程〉の共通テストがわかる！
http://akahon.net/k-test_sk

共通テストの基礎知識（試験データ） 009

試験データ

2021〜2024年度の共通テストについて，志願者数や平均点の推移，科目別の受験状況などを掲載しています。

● 志願者数・受験者数等の推移

		2024年度	2023年度	2022年度	2021年度
	志願者数	491,914人	512,581人	530,367人	535,245人
内，	高等学校等卒業見込者	419,534人	436,873人	449,369人	449,795人
	現役志願率	45.2%	45.1%	45.1%	44.3%
	受験者数	457,608人	474,051人	488,384人	484,114人
	本試験のみ	456,173人	470,580人	486,848人	482,624人
	追試験のみ	1,085人	2,737人	915人	1,021人
	再試験のみ	―	―	―	10人
	本試験＋追試験	344人	707人	438人	407人
	本試験＋再試験	6人	26人	182人	51人
	追試験＋再試験	―	1人	―	―
	本試験＋追試験＋再試験	―	―	1人	―
	受験率	93.03%	92.48%	92.08%	90.45%

・2021年度の受験者数は特例追試験（1人）を含む。
・やむを得ない事情で受験できなかった人を対象に追試験が実施される。また，災害，試験上の事故などにより本試験が実施・完了できなかった場合に再試験が実施される。

● 志願者数の推移

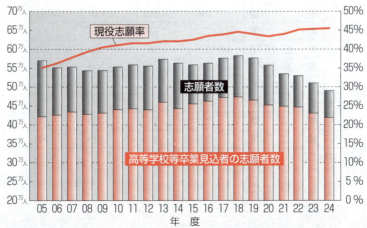

010　共通テストの基礎知識（試験データ）

● 科目ごとの受験者数の推移（2021～2024年度本試験）　　　　　（人）

教　科		科　目	2024年度	2023年度	2022年度	2021年度①	2021年度②
国　　語		国　　　　語	433,173	445,358	460,967	457,304	1,587
地 理 歴 史		世 界 史 A	1,214	1,271	1,408	1,544	14
		世 界 史 B	75,866	78,185	82,986	85,690	305
		日 本 史 A	2,452	2,411	2,173	2,363	16
		日 本 史 B	131,309	137,017	147,300	143,363	410
		地 理 A	2,070	2,062	2,187	1,952	16
		地 理 B	136,948	139,012	141,375	138,615	395
公　　民		現 代 社 会	71,988	64,676	63,604	68,983	215
		倫　　　　理	18,199	19,878	21,843	19,954	88
		政 治・経 済	39,482	44,707	45,722	45,324	118
		倫理, 政治・経済	43,839	45,578	43,831	42,948	221
数　学	数 学 ①	数 学 Ⅰ	5,346	5,153	5,258	5,750	44
		数 学 Ⅰ・A	339,152	346,628	357,357	356,492	1,354
	数 学 ②	数 学 Ⅱ	4,499	4,845	4,960	5,198	35
		数 学 Ⅱ・B	312,255	316,728	321,691	319,697	1,238
		簿 記・会 計	1,323	1,408	1,434	1,298	4
		情 報 関 係 基 礎	381	410	362	344	4
理　科	理 科 ①	物 理 基 礎	17,949	17,978	19,395	19,094	120
		化 学 基 礎	92,894	95,515	100,461	103,073	301
		生 物 基 礎	115,318	119,730	125,498	127,924	353
		地 学 基 礎	43,372	43,070	43,943	44,319	141
	理 科 ②	物　　　　理	142,525	144,914	148,585	146,041	656
		化　　　　学	180,779	182,224	184,028	182,359	800
		生　　　　物	56,596	57,895	58,676	57,878	283
		地　　　　学	1,792	1,659	1,350	1,356	30
外 国 語		英 語（R※）	449,328	463,985	480,762	476,173	1,693
		英 語（L※）	447,519	461,993	479,039	474,483	1,682
		ド イ ツ 語	101	82	108	109	4
		フ ラ ン ス 語	90	93	102	88	3
		中 国 語	781	735	599	625	14
		韓 国 語	206	185	123	109	3

・2021年度①は第1日程，2021年度②は第2日程を表す。
※英語のRはリーディング，Lはリスニングを表す。

共通テストの基礎知識（試験データ）　011

● 科目ごとの平均点の推移（2021～2024年度本試験）

(点)

教科		科目	2024年度	2023年度	2022年度	2021年度①	2021年度②
国語		国語	58.25	52.87	55.13	58.75	55.74
地理歴史		世界史A	42.16	36.32	48.10	46.14	43.07
		世界史B	60.28	58.43	65.83	63.49	54.72
		日本史A	42.04	45.38	40.97	49.57	45.56
		日本史B	56.27	59.75	52.81	64.26	62.29
		地理A	55.75	55.19	51.62	59.98	61.75
		地理B	65.74	60.46	58.99	60.06	62.72
公民		現代社会	55.94	59.46	60.84	58.40	58.81
		倫理	56.44	59.02	63.29	71.96	63.57
		政治・経済	44.35	50.96	56.77	57.03	52.00
		倫理, 政治・経済	61.26	60.59	69.73	69.26	61.02
数学	数学①	数学I	34.62	37.84	21.89	39.11	26.11
		数学I・A	51.38	55.65	37.96	57.68	39.62
	数学②	数学II	35.43	37.65	34.41	39.51	24.63
		数学II・B	57.74	61.48	43.06	59.93	37.40
		簿記・会計	51.84	50.80	51.83	49.90	－
		情報関係基礎	59.11	60.68	57.61	61.19	－
理科	理科①	物理基礎	57.44	56.38	60.80	75.10	49.82
		化学基礎	54.62	58.84	55.46	49.30	47.24
		生物基礎	63.14	49.32	47.80	58.34	45.94
		地学基礎	71.12	70.06	70.94	67.04	60.78
	理科②	物理	62.97	63.39	60.72	62.36	53.51
		化学	54.77	54.01	47.63	57.59	39.28
		生物	54.82	48.46	48.81	72.64	48.66
		地学	56.62	49.85	52.72	46.65	43.53
外国語		英語（R※）	51.54	53.81	61.80	58.80	56.68
		英語（L※）	67.24	62.35	59.45	56.16	55.01
		ドイツ語	65.47	61.90	62.13	59.62	－
		フランス語	62.68	65.86	56.87	64.84	－
		中国語	86.04	81.38	82.39	80.17	80.57
		韓国語	72.83	79.25	72.33	72.43	－

- 各科目の平均点は100点満点に換算した点数。
- 2023年度の「理科②」, 2021年度①の「公民」および「理科②」の科目の数値は, 得点調整後のものである。
  得点調整の詳細については大学入試センターのウェブサイトで確認のこと。
- 2021年度②の「－」は, 受験者数が少ないため非公表。

012　共通テストの基礎知識（試験データ）

● 地理歴史と公民の受験状況（2024年度）　（人）

受験科目数	地理歴史						公民				実受験者
	世界史A	世界史B	日本史A	日本史B	地理A	地理B	現代社会	倫理	政治・経済	倫理, 政経	
1科目	646	31,853	1,431	64,361	1,297	111,097	23,752	5,983	15,095	15,651	271,166
2科目	576	44,193	1,023	67,240	775	26,168	48,398	12,259	24,479	28,349	126,730
計	1,222	76,046	2,454	131,601	2,072	137,265	72,150	18,242	39,574	44,000	397,896

● 数学①と数学②の受験状況（2024年度）　（人）

受験科目数	数学 ①		数学 ②				実受験者
	数学Ⅰ	数学Ⅰ・数学A	数学Ⅱ	数学Ⅱ・数学B	簿記・会計	情報関係基礎	
1科目	2,778	24,392	85	401	547	69	28,272
2科目	2,583	315,744	4,430	312,807	777	313	318,327
計	5,361	340,136	4,515	313,208	1,324	382	346,599

● 理科①の受験状況（2024年度）

区分	物理基礎	化学基礎	生物基礎	地学基礎	延受験者計
受験者数	18,019人	93,102人	115,563人	43,481人	270,165人
科目選択率*	6.7%	34.5%	42.8%	16.1%	—

・2科目のうち一方の解答科目が特定できなかった場合も含む。
・科目選択率＝各科目受験者数／理科①延受験者計×100（＊端数切り上げ）

● 理科②の受験状況（2024年度）　（人）

受験科目数	物理	化学	生物	地学	実受験者
1科目	13,866	11,195	13,460	523	39,044
2科目	129,169	170,187	43,284	1,292	171,966
計	143,035	181,382	56,744	1,815	211,010

● 平均受験科目数（2024年度）　（人）

受験科目数	8科目	7科目	6科目	5科目	4科目	3科目	2科目	1科目
受験者数	6,008	266,837	19,804	20,781	38,789	91,129	12,312	1,948

平均受験科目数
5.67

・理科①（基礎の付された科目）は，2科目で1科目と数えている。

・上記の数値は本試験・追試験・再試験の総計。

共通テスト
対策講座

　ここでは，大学入試センターから公表されている資料と，これまでに実施された試験をもとに，共通テストについてわかりやすく解説し，具体的にどのような対策をすればよいか考えます。

✔ どんな問題が出るの？　014

✔ 形式を知っておくと安心　018

✔ ねらいめはココ！　029

✔ 効果的な過去問の使い方　045

どんな問題が出るの？

まずは，大学入試センターから発表されている資料から，作問の方向性を確認しておきましょう。

共通テスト「化学」とは？

大学入試センターから発表されている，2025年度の共通テスト「化学」の問題作成方針を見てみると，次の点が示されています。

> - 科学の基本的な概念や原理・法則に関する深い理解を基に，理科の見方・考え方を働かせ，見通しをもって観察，実験を行うことなどを通して，自然の事物・現象の中から本質的な情報を見いだしたり，課題の解決に向けて考察・推論したりするなど，科学的に探究する過程を重視する。
> - 問題の作成に当たっては，基本的な概念や原理・法則の理解を問う問題とともに，観察，実験，調査の結果などを数学的な手法等を活用して分析し解釈する力を問う問題や，受験者にとって既知ではないものも含めた資料などに示された事物・現象を分析的・総合的に考察する力を問う問題などを含めて検討する。その際，基礎を付した科目の内容との関連も考慮する。

それでは，共通テスト「化学」では具体的にどのような問題が出題されるのでしょうか。これまでの共通テストでは，次のような問題が出題されていました。

> ① 自然科学の原理・法則についての理解をもとに，現象に関する数的処理や，値を求める問題
> ② 提示された実験結果や情報を既得の知識と合わせて物事を推測したり，観察・実験を解釈したりする力を問う問題
> ③ 自然の現象について新たに得た情報をもとに，課題を考察し，解決する力を問う問題

共通テスト対策講座　015

　基本的な知識や理解を問う問題に加え，特に③のような思考力や応用力が必要となる問題が出題されています。2025 年度以降もこのような問題が出題される流れは続くと予想されます。

　以下，共通テストの出題内容について，より詳細に見ていきましょう。

🔍 出題科目・解答方法・試験時間・配点

共通テストの試験時間・配点などは次のとおりです。

出題科目・選択方法	「物理」「化学」「生物」「地学」の 4 科目から 1 科目または 2 科目を選択
解答方法	全問マーク式
試験時間	1 科目 60 分または 2 科目 120 分
配点	1 科目 100 点または 2 科目 200 点

🔍 大問数と問題の分量

これまでの共通テスト（本試験）の大問数および設問数は次のとおりです。

試　験	大問数	設問数
2024 年度　本試験	5	28
2023 年度　本試験	5	28
2022 年度　本試験	5	28
2021 年度　本試験（第 1 日程）	5	27
2021 年度　本試験（第 2 日程）	5	26

　共通テストでは，これまでのところ大問 5 題の出題で，設問数は 26〜28 個となっています。試験時間に対して 1 問 2 分程度で解くことになりますが，計算問題も多く，問題文をよく読む必要があるものもあり，時間的にはかなり厳しくなっています。

🔍 出題内容

　これまでの共通テストは次ページの表のように，理論分野が 2 題，無機・理論分野が 1 題，有機・高分子分野が 1 題，テーマ型の総合問題が 1 題出題され，それぞれの配点は 20 点となっています。無機分野は単独ではなく，理論分野と融合した形で出題され，総合問題のようになっています。また，高分子分野についても，共通テストでは有機分野と合わせて 1 つの大問中で扱われています。

問題番号	分　野	配点
第1問	理論（物質の状態と平衡が中心）	20点
第2問	理論（物質の変化と平衡が中心）	20点
第3問	無機・理論	20点
第4問	有機・高分子	20点
第5問	総合問題	20点

🔍 出題形式

　共通テストでは一問一答型の小問に加え，小問がさらに分かれているものや，大問で1つのテーマを扱い，複数の分野の知識が必要な総合問題が出題されています。それぞれの問題は，正誤判定問題や組合せ問題，計算問題に実験問題，グラフ問題などとなっています（→p. 018～028）。

　計算問題では，計算結果を選択肢から選ぶ形式のほかに，数値を直接マークする形式も出題されています。例えば，計算結果が 5.7×10^4 であれば，問題に与えられている「$\boxed{1}$.$\boxed{2}$×10$^{\boxed{3}}$」の，$\boxed{1}$ に5，$\boxed{2}$ に7，$\boxed{3}$ に4をそれぞれマークすることになります。

　なお，2017・2018年度に実施された試行調査（プレテスト）では，正解を1つマークする形式に加えて，「二つ選べ」や「すべて選べ」といった複数の選択肢をマークする形式がみられました。しかし，複数の選択肢をマークする形式は技術的な問題で採点が難しいことから，「すべて選べ」のタイプの問題は当面は出題しないとされています。

　また，今後は，試行調査で出題された連動型の問題（連続する複数の問いにおいて，前問の答えとその後の問いの答えを組み合わせて解答させ，正答となる組合せが複数ある形式）が出題されることも考えられます。連動型の問題では，前の問題が解けないと後の問題も解けず，大きく点数を落としてしまうため注意が必要です。

🔍 難易度

これまでに行われた共通テスト（本試験）の平均点は次のとおりです。

試　　験	平均点
2024 年度　本試験	54.77 点
2023 年度　本試験	54.01 点※
2022 年度　本試験	47.63 点
2021 年度　本試験（第 1 日程）	57.59 点※
2021 年度　本試験（第 2 日程）	39.28 点

※得点調整後の数値

　多少ばらつきがありますが，決して易しいものではないことがわかると思います。計算問題も多く出題されるので，すばやく計算できるように十分に演習をしておく必要があります。また，本番では初めて見るタイプの問題が出ると，過度に難しく感じてしまう可能性があります。どのようなタイプの問題が出ても冷静に対処できるように，共通テストの過去問に加え，場合によっては二次試験対策の問題集などを用いて多くの問題で演習し，読解力・思考力・応用力を養っておきましょう。

　以上のように，共通テスト「化学」には，いくつかの注目すべき点があります。「化学」で問われるのは「質的・実体的な視点」が養われているかどうかです。大学入試センターが公表している 2025 年度の大学入学共通テスト問題作成方針では，基本的な考え方として，「多様な入学志願者が十分に力を発揮し，知識・技能や思考力・判断力・表現力等を適切に評価できる問題となるよう，構成や内容，分量，表現等に配慮する」とされており，他では見られない共通テスト独特の問題も多数出題されています。問題作成方針ではまた「その際，これまで良質な問題作成を行う中で蓄積した知見や，問題の評価・分析の結果を問題作成に生かすようにする」とされています。これは，共通テストの問題は過去の問題の積み重ねで作られるということです。過去問を解くことで共通テストの特徴や傾向をつかみ，自分の勉強に必要なものは何かを分析することで共通テストの対策をしていきましょう。

018　化学

形式を知っておくと安心

　共通テスト「化学」で出題される形式について，解き方を詳細に解説！　問題のどこに着目して，どのように解けばよいのかをマスターすることで，共通テストに対応できる力を鍛えましょう。

共通テストでは，主に次の形式の問題が出題されています。

- 正誤判定問題
- 組合せ問題
- 実験問題
- 計算問題
- グラフ問題

　さらに，これまでの本試験では見られませんでしたが，今後は次のような，試行調査でみられた新たなタイプの出題も考えられます。

- 連動型問題
  連続する複数の問いにおいて，前問の答えとその後の問いの答えを組み合わせて解答させ，正答となる組合せが複数ある形式

それぞれの形式の特徴を知って，しっかり対策していきましょう。

正誤判定問題

> **例題** 光が関わる化学反応や現象に関する記述として下線部に誤りを含むものはどれか。最も適当なものを，次の①〜④のうちから一つ選べ。
> ① 塩素と水素の混合気体に強い光（紫外線）を照射すると，爆発的に反応して塩化水素が生成する。
> ② オゾン層は，太陽光線中の紫外線を吸収して，地上の生物を保護している。
> ③ 植物は光合成で糖類を生成する。二酸化炭素と水からグルコースと酸素が生成する反応は，発熱反応である。
> ④ 酸化チタン(Ⅳ)は，光（紫外線）を照射すると，有機物などを分解する触媒として作用する。
>
> （2021年度　化学　本試験（第1日程）　第2問　問1）

　4〜6個の選択肢の記述内容を1つ1つ検討して正誤を判定する問題です。多くは現象の各論的知識と化学理論を組み合わせて考えることによって，解答を導くタイプのものになります。単なる知識や，ただ1つの理論にだけ照らして答えを選ぶものとは異なり，レベルが一段高く，そのぶん配点も高くなっています。

（正解は③）

知識と理論を関係づけて学習する

　選択肢を慎重に読み，**分析的かつ総合的に判断する必要**があります。日ごろの勉強で，物質の性質や反応などを丸暗記するだけではなく，**理論と関係づけて学習する**とともに，日常生活での経験や常識的な感覚を養うことも大切です。

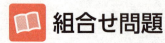
組合せ問題

例題 グルコースに，ある酸化剤を作用させるとグルコースが分解され，水素原子と酸素原子を含み，炭素原子数が1の有機化合物Y・Zが生成する。この反応でグルコースからは，Y・Z以外の化合物は生成しない。この反応とY・Zに関する次の問いに答えよ。

Yはアンモニア性硝酸銀水溶液を還元し，銀を析出させる。Yは還元剤としてはたらくと，Zとなる。Y・Zの組合せとして最も適当なものを，次の①〜⑥のうちから一つ選べ。

	有機化合物Y	有機化合物Z
①	CH_3OH	$HCHO$
②	CH_3OH	$HCOOH$
③	$HCHO$	CH_3OH
④	$HCHO$	$HCOOH$
⑤	$HCOOH$	CH_3OH
⑥	$HCOOH$	$HCHO$

(2021年度　化学　本試験（第1日程）　第5問　問3　a)

共通テスト「化学」に特徴的な出題形式で，問われた複数の事項について，正確な理解がなければ得点に結びつきません。例題はグルコースに関する設問で，リード文で与えられた有機化合物YとZの関係を正しく理解することで，それぞれの化学式を推定することができます。また，物質の性質と反応について，論理的に考察する能力も求められています。組み合わせる解答の1つが計算問題の場合もあるので，難度が高い形式です。

(正解は④)

対策　過去問を解いて，独特の形式に慣れる

独特の形式に慣れるために，まずは**過去問で練習**しましょう。また，正誤判定問題のところでも述べたように，物質の性質や反応は丸暗記するだけでなく，「**なぜそうなるのか**」を常に考え，理論と関係づけるようにすることが大切です。難度が高い問題も多いので，ぬかりなく対策をしておきましょう。

共通テスト対策講座　021

📖 実験問題

例題　クロマトグラフィーに関する次の文章を読み，下の問いに答えよ。

　シリカゲルを塗布したガラス板（薄層板）を用いる薄層クロマトグラフィーは，物質の分離に広く利用されている。この手法ではまず，分離したい物質の混合物の溶液を上記の薄層板につけて乾燥させる。その後，図1のように薄層板の一端を有機溶媒に浸すと，有機溶媒が薄層板を上昇する。この際，適切な有機溶媒を選択すると，主にシリカゲルへの吸着のしやすさの違いにより，混合物を分離できる。

　図1には，3種類の化合物A〜Cを同じ物質量ずつ含む混合物の溶液をつけ，溶媒を蒸発させて取り除いた薄層板を2枚用意し，有機溶媒として薄層板1にはヘキサンを，また薄層板2にはヘキサンと酢酸エチルを体積比9：1で混合した溶媒（酢酸エチルを含むヘキサン）を用いて分離実験を行った結果を示している。

　図1の実験結果とその考察に関する次の記述（I・II）について，正誤の組合せとして最も適当なものを，下の①〜④のうちから一つ選べ。

I　Aの方がBよりもシリカゲルに吸着しやすい。

II　BとCを分離するための有機溶媒としては，酢酸エチルを含むヘキサンが，ヘキサンよりも適している。

	I	II
①	正	正
②	正	誤
③	誤	正
④	誤	誤

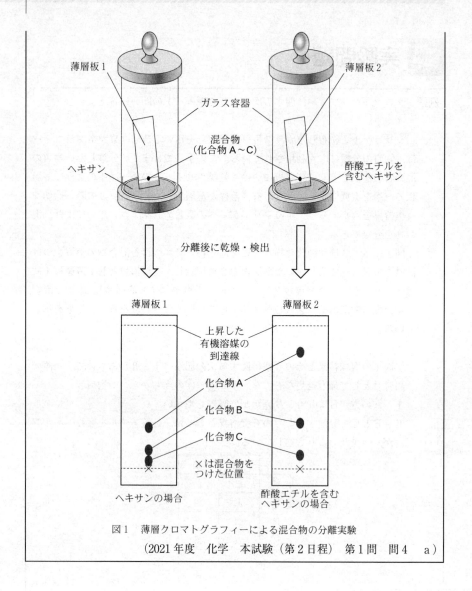

図1 薄層クロマトグラフィーによる混合物の分離実験

(2021年度 化学 本試験(第2日程) 第1問 問4 a)

共通テスト対策講座　023

　　共通テストでは，実験に関する問題が必出となっており，毎年違ったテーマの実験問題が出題されています。この傾向は今後も続くと思われます。過去の出題からみると，テーマとしては，「中和滴定」「気体の発生と捕集」「有機化合物の合成・分離」がよく出されています。

　　実験問題では得点率が低めなことも多く，これは実験をする機会が少なく，基本的な理解が不十分な受験生が多いためと思われます。

（正解は③）

対策　主な実験は資料集などでチェック

　　実験問題では，実際にその実験を体験しているかどうかで大きく差が出ます。しかし，実際に体験できる実験は限られているので，主な実験は資料集などで必ず確認しておきましょう。その際，実験装置の組み合わせ方や溶液・気体の色などを確認するとともに，器具の名称・使用法・機能の特徴・洗浄法，用いる薬品の量や取り扱い上の注意，その薬品の保存法などにも十分注意し，実験の知識を身につけるようにしましょう。**実験の目的と操作，器具および生じる反応（変化）がどのように関連しているかを確認し，総合的に捉えることが必要です。**

024 化学

📖 計算問題

> **例題** 補聴器に用いられる空気亜鉛電池では，次の式のように正極で空気中の酸素が取り込まれ，負極の亜鉛が酸化される。
>
> 正極　$O_2 + 2H_2O + 4e^- \longrightarrow 4OH^-$
>
> 負極　$Zn + 2OH^- \longrightarrow ZnO + H_2O + 2e^-$
>
> この電池を一定電流で7720秒間放電したところ，上の反応により電池の質量は16.0 mg増加した。このとき流れた電流は何mAか。最も適当な数値を，次の①〜④のうちから一つ選べ。ただし，ファラデー定数は9.65×10^4 C/molとする。
>
> ①　6.25　　　　②　12.5　　　　③　25.0　　　　④　50.0
>
> （2021年度　化学　本試験（第1日程）　第2問　問2）

　計算問題は共通テストの中でもかなりの数が出題されています。出題される分野としては，「反応の量的関係」や「反応熱」「中和滴定」「酸化還元反応」「電気分解とファラデーの法則」「化学平衡」などがあげられます。また，元素分析を中心に重合度や平均分子量など，有機・高分子分野でも計算問題が出題されています。

（正解は③）

対策 数多くの練習問題にあたる

　実際の試験では時間に余裕がなく，見直しができないことも多いでしょう。計算問題を取りこぼさないために，**計算を速く，正確にできる**ように練習しておきましょう。上記の例題では，見慣れない電極反応の反応式から，電極の質量変化と電子の物質量の関係を導く論理的思考力が求められています。

　また，計算結果を選ぶ形式では，**計算式を正しく立てる**ことができれば，概算でも正解を得ることができますが，計算問題の得点率は低い傾向にあります。共通テストの過去問だけでなく，標準レベルの問題集を用いて，いろいろなタイプの問題で十分練習しておきましょう。

グラフ問題

例題 実在気体は，理想気体の状態方程式に完全には従わない。実在気体の理想気体からのずれを表す指標として，次の式(1)で表されるZが用いられる。

$$Z = \frac{PV}{nRT} \tag{1}$$

ここで，P，V，n，Tは，それぞれ気体の圧力，体積，物質量，絶対温度であり，Rは気体定数である。300 K におけるメタン CH_4 の P と Z の関係を図1に示す。1 mol の CH_4 を 300 K で 1.0×10^7 Pa から 5.0×10^7 Pa に加圧すると，V は何倍になるか。最も適当な数値を，後の①～⑤のうちから一つ選べ。

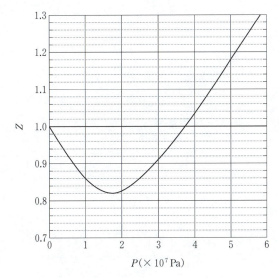

図1　300 K における CH_4 の P と Z の関係

① 0.15　② 0.20　③ 0.27　④ 0.73　⑤ 1.4

(2022年度　化学　追試験　第1問　問2)

　グラフ問題は共通テストの中でも難易度の高い出題が多くなっています。グラフに関する問題といっても，その出題方法は様々です。本問のようにグラフから数値を読み取って解く問題だけではなく，与えられた数値や式からグラフの形を選ぶ問題，また，与えられた数値から自分でグラフを作成して解答を求める問題などがあります。練習していないと，思わぬ時間を取られることになるので注意が必要な形式です。

(正解は③)

資料集で様々なグラフの形を確認しておこう

　まずは，**資料集を見ること**がおすすめです。資料集にはたくさんのグラフが載っています。グラフからは様々な情報が読み取れます。それぞれのグラフが**何を表しているのか**，**縦軸と横軸は何の値なのか**を注意して見てみましょう。直線的なグラフでは，その傾きや縦軸・横軸との切片が何を表しているのか，曲線的なグラフでは，グラフの次数および漸近線の有無の可能性やそれらの意味するところなどを考察してみるのもよいでしょう。**グラフは着目する反応の特性を視覚的に表しています。**起きている変化をグラフから読み取れるようになれば，問題を解く力もついていきます。

　グラフに慣れてきたら，実際に問題を解いてみましょう。共通テストの過去問だけではなく，問題集なども活用してたくさんの問題を解くことで，グラフ問題を攻略しましょう！

連動型問題

例題 カセットコンロ用のガスボンベ（カセットボンベ）は，図1のような構造をしており，アルカンXが燃料として加圧，封入されている。気体になった燃料はL字に曲げられた管を通して，吹き出し口から噴出するようになっている。

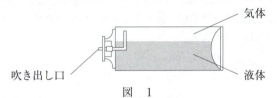

図　1

表1に，5種類のアルカン（ア～オ）の分子量と性質を示す。ただし，燃焼熱は生成するH_2Oが液体である場合の数値である。

表1　アルカンの分子量と性質

アルカン	分子量	$1.013×10^5$Paにおける沸点〔℃〕	燃焼熱〔kJ/mol〕	20℃における蒸気圧〔Pa〕
ア	16	－161	891	$2.4×10^7$
イ	30	－89	1561	$3.5×10^6$
ウ	44	－42	2219	$8.3×10^5$
エ	58	－0.5	2878	$2.1×10^5$
オ	72	36	3536	$5.7×10^4$

問1 カセットボンベの燃料としては，次の条件（a・b）を満たすことが望ましい。
　a　20℃，$1.013×10^5$Pa付近において気体であり，加圧により液体になりやすい。
　b　容器の変形や破裂を防ぐため，蒸気圧が低い。

　ア～オのうち，常温・常圧でカセットボンベを使用するとき，燃料として最も適当なアルカンXはどれか。次の①～⑤のうちから一つ選べ。　| 1 |
　① ア　　② イ　　③ ウ　　④ エ　　⑤ オ

028 化学

問2※　前問で選んだアルカン X の生成熱は何 kJ/mol になるか。次の熱化学
方程式を用いて求めよ。

$$C（黒鉛）+ O_2（気）= CO_2（気）+ 394 \, kJ$$

$$H_2（気）+ \frac{1}{2} O_2（気）= H_2O（液）+ 286 \, kJ$$

X の生成熱の値を有効数字 2 桁で次の形式で表すとき，$\boxed{2}$ ～ $\boxed{4}$ に
当てはまる数字を，下の①～⓪のうちから一つずつ選べ。ただし，同じもの
を繰り返し選んでもよい。

$$\boxed{2}\,.\,\boxed{3} \times 10^{\boxed{4}} \, kJ/mol$$

① 1　　② 2　　③ 3　　④ 4　　⑤ 5
⑥ 6　　⑦ 7　　⑧ 8　　⑨ 9　　⓪ 0

(第 2 回試行調査　化学　第 1 問　A)

※　新課程ではエンタルピー変化として扱われています。

　問 1 の答えを用いて，問 2 に答える問題です。問 2 は，問 1 で選んだ解答に応じ
た組合せで解答した場合も点数が与えられますが，問 1 が解けないと，問 2 も解答
できないため，大きな失点につながる問題となっています。

(問 1　$\boxed{1}$　正解は④
　問 2＊　$\boxed{2}$　正解は①　$\boxed{3}$　正解は③　$\boxed{4}$　正解は②)

＊は，解答番号 1 で④を解答し，かつ，全部正解の場合に点を与える。ただし，解答番号 1 の解答に
応じ，解答番号 2 ～ 4 を以下のいずれかの組合せで解答した場合も点を与える。
・解答番号 1 で①を解答し，かつ，解答番号 2 で⑦，解答番号 3 で⑤，解答番号 4 で①を解答し
た場合
・解答番号 1 で②を解答し，かつ，解答番号 2 で⑧，解答番号 3 で⑤，解答番号 4 で①を解答し
た場合
・解答番号 1 で③を解答し，かつ，解答番号 2 で①，解答番号 3 で①，解答番号 4 で②を解答し
た場合
・解答番号 1 で⑤を解答し，かつ，解答番号 2 で①，解答番号 3 で⑤，解答番号 4 で②を解答し
た場合

対策　読解力をつけよう

　連動型問題は一見，前問を参照しないと解けないように思われ，難易度が高く見え
ます。しかし，**それぞれの問題を見ると，1 つ 1 つの問題は教科書で学習したことの
ある内容ばかりです。**問題を読み解く力をつければ，連動型問題にもきちんと対応で
きるでしょう。

ねらいめはココ！

共通テストは各分野から偏りなく出題されています。今後もこの傾向が続くことが予想されるので、すべての分野をバランスよく学習し、苦手な分野を作らないようにしましょう。

化学と人間生活

☑ 基礎・基本問題が中心

「化学と人間生活」の分野では、人間生活に見られる化学の成果と役割についてや、物質の分類、元素の概念、さらには熱運動と三態変化などについて出題されています。

扱われる項目としては、混合物と純物質の性質の違い、混合物の分離方法、元素と単体と化合物の違い、化合物中の成分元素の確認方法、物質の三態変化と熱運動との基本的関係などがあります。身近な物質や最近の話題を取り上げて、性質や役割などについて問われることもあります。

☑ 基礎・基本の整理および身近な物質に幅広い関心を

化学の基礎・基本の分野になるので、物質の分類や成分元素についてきちんと整理することが大切です。その上で、身近な物質や最近話題になった物質などについても、その性質や役割について関心をもち、調べておくとよいでしょう。

● 対策のポイント
- 単体と化合物の違いを元素の概念を用いて理解し、具体的な物質について識別できる。
- 純物質と混合物の性質の違いを理解し、具体的な物質について識別できる。
- 混合物の分離方法としての、ろ過、蒸留、抽出、再結晶、クロマトグラフィーなどについて具体的な操作や器具について理解し説明できる。
- 元素の確認方法としての炎色反応、沈殿反応について説明できる。
- 分子の熱運動について理解し、それがもたらす具体的現象としての圧力、拡散、状態変化について説明できる。
- 物質の三態とその変化における熱の出入りについて説明できる。
- 身近な物質の性質や役割、さらには保存方法を調べて整理し理解する。

030 化学

● 出題年度一覧（共通テスト 本試験・追試験・試行調査）

年　度			化学と物質			
			化学の特徴	物質の 分離・精製	単体と化合物	熱運動と 物質の三態
共通テスト	本試験	2024				
		2023	Ⅴ 3			
		2022				
		2021 (1)				
		2021 (2)		Ⅰ 4		
	追試験	2023				
		2022				
	試行	第 2 回		Ⅴ 1		
		第 1 回	Ⅱ 3			

Ⅰ・Ⅱ・Ⅲ…は大問番号，1・2・3…は小問番号を示す。
※(1)は第 1 日程，(2)は第 2 日程を表す。

物質の構成

✔ 基本事項が問われる

「物質の構成」は化学の基礎にあたる部分であり，反復学習の成果が問われる分野です。

原子の構造，電子配置と元素の周期律・周期表，同位体，イオンの生成とイオン化エネルギー・電子親和力，イオン結合と組成式，共有結合と分子式，分子の形，電気陰性度と結合の極性，極性分子，分子結晶，共有結合の結晶，配位結合と錯イオン，金属結合，結合の種類と物質の性質などから満遍なく出題されます。

また，内容的にはこの分野以降の展開の基礎になっているので，理解が不確かな状態であると全体に影響することになります。

✔ 日ごろの学習の積み重ねが大切

出題頻度にかかわらず，すべての項目についてあいまいな箇所がないように，日ごろから整理して基本事項を確認しておくことが大切です。イオン，分子，金属についての学習は，人間生活と関連する物質をより詳しく知ることにつながるので，そのような観点も養っておきましょう。

● **対策のポイント**

- 原子を構成する粒子の数的な関係と性質の違いを説明できる。
- 同位体の定義とその性質を説明できる。
- 原子の電子配置と元素の周期律の関係を理解する。
- イオン化エネルギー，電子親和力の定義とその周期性を説明できる。
- 結合の種類とその仕組みを説明できる。
- 電気陰性度を用いて結合や分子の極性を理解する。
- 結合の種類による物質の性質の違いを説明し，身近な物質にあてはめることができる。
- 配位結合と錯イオンについて説明できる。
- 化学式による物質の表示方法について理解する。

032 化学

● 出題年度一覧（共通テスト 本試験・追試験・試行調査）

年　度			物質の構成粒子		物質と化学結合		
			原子の構造	電子配置と周期表	イオンとイオン結合	分子と共有結合	金属と金属結合
共通テスト	本試験	2024				I 1	
		2023				I 1	
		2022		I 1			
		2021 (1)					
		2021 (2)				I 1	
	追試験	2023			I 1		
		2022				I 1	
	試行	第 2 回	I 5	I 6, II 4	II 5		
		第 1 回					

I・II・III…は大問番号，1・2・3…は小問番号を示す。
※(1)は第1日程，(2)は第2日程を表す。

物質の変化

✅ 総合問題として出題されることが多い

　「物質の変化」の分野は理論分野の柱の1つで，他の分野と関連づけて出題されたり，総合問題として出題されることも多く，思考力が必要とされる分野です。

　原子量，分子量，アボガドロ定数，物質量の概念が化学反応式を扱う上で必須であり，アボガドロの法則や溶液の濃度も関係してきます。そして，化学反応式の具体的な書き方とその意味について，物質量，質量，気体の体積などとの関係を理解する必要があります。その上で，酸と塩基の定義，中和反応や塩の生成の量的関係，pH，中和滴定，滴定曲線，酸化数と酸化剤・還元剤，電子の授受と酸化還元反応，酸化還元滴定，電池の原理，金属の製錬などが具体的反応や量的関係の事例として扱われることになります。

　歴史的な化学の基本法則についても，原子や分子の考え方との関係で扱われています。

✅ 計算を中心にした問題演習を

　「計算問題」「グラフ問題」の出題率が高いので，それらに慣れておくために，徹底して演習を積んでおく必要があります。グラフについては，資料集などを活用し，そのグラフが何を表しているかが読み取れるようにしておきましょう。

●対策のポイント

- 原子量，分子量の定義を理解する。
- アボガドロ定数の意味を理解し，質量・物質量・気体の体積との関係を説明できる。
- 酸と塩基の定義を整理し，中和反応の量的関係について計算ができる。
- 中和滴定とその実験操作・器具の扱いについて理解する。
- 滴定曲線の意味と中和点，指示薬などの関係を説明できる。
- 塩の水溶液の性質を整理し理解する。
- 酸化数の計算に習熟する。
- 酸化剤・還元剤の判定が確実にできる。
- 電子を含む反応式を用いて酸化還元の反応式を書ける。
- 酸化還元滴定の量的関係について計算ができる。
- イオン化列を用いて金属の性質の違いを整理し理解する。
- 電池の原理について理解する。
- 金属の製錬について理解する。

034 化学

● 出題年度一覧（共通テスト 本試験・追試験・試行調査）

年　度		物質量と化学反応式		化学反応	
		物質量	化学反応式	酸・塩基と中和	酸化と還元
共通テスト	本試験 2024	Ⅴ 1〜3	Ⅲ 4b		Ⅲ 4a
	本試験 2023		Ⅲ 3		Ⅴ 2
	本試験 2022	Ⅰ 2, Ⅱ 4, Ⅲ 2・3			
	本試験 2021 (1)		Ⅲ 3		Ⅲ 2・3
	本試験 2021 (2)		Ⅲ 2	Ⅴ 1・2	Ⅲ 4
	追試験 2023	Ⅰ 3, Ⅲ 4a		Ⅲ 4b	Ⅲ 2
	追試験 2022		Ⅳ 4		Ⅲ 3
	試行 第2回	Ⅲ 5	Ⅱ 1		Ⅱ 3
	試行 第1回				Ⅳ 1〜3

Ⅰ・Ⅱ・Ⅲ…は大問番号，1・2・3…は小問番号を示す。
※(1)は第1日程，(2)は第2日程を表す。

物質の状態と平衡

✔ 思考力・計算力が問われる

　「物質の状態と平衡」の分野は物質の状態変化と性質を扱う理論分野です。「計算問題」「グラフ問題」の出題率が高く，論理的思考力や計算力が要求されます。

　状態変化と熱，分子間力と融点・沸点，気液平衡と蒸気圧，沸騰と沸点，ボイル・シャルルの法則，気体の状態方程式，分圧の法則，理想気体と実在気体，溶解平衡と濃度・溶解度，溶解度曲線，気体の溶解度，沸点上昇と凝固点降下，冷却曲線と分子量，浸透圧と分子量測定，コロイドとその性質，金属・イオン・分子結晶および共有結合の結晶の構造と密度，アモルファスなど扱われる項目は多岐にわたっています。

✔ 問題演習を大切に

　グラフや図にはそれぞれ特徴的な見方，読み取り方があります。これらは数をこなすことで身につきます。過去問や問題集でよく練習して，計算に結びつける方法を習得することが大切です。ただし，それらの基礎になる理論概念の基本的な理解もおろそかにしないようにしましょう。

●対策のポイント

- 状態変化と熱量計算の方法に習熟する。
- ボイル・シャルルの法則の適用方法に習熟する。
- 気体反応における状態方程式・分圧の法則の活用方法に習熟する。
- 気体反応における蒸気圧の扱いに習熟する。
- 理想気体と実在気体の違いが説明できる。
- 結晶水を含む物質の溶解度の扱いに習熟する。
- ヘンリーの法則の意味と計算方法に習熟する。
- 希薄溶液の沸点上昇・凝固点降下と質量モル濃度・溶質の分子量の関係を計算で示すことができる。
- 希薄溶液の性質に対する，溶質としての電解質の影響を説明できる。
- 冷却曲線から溶液の濃度や溶質の分子量を計算する方法に習熟する。
- 浸透圧と溶質の分子量との関係が説明できる。
- コロイドの性質が説明できる。
- 結晶構造の特徴と密度の関係が説明でき，さらに計算で密度，アボガドロ数などを求めることができる。

● 出題年度一覧（共通テスト 本試験・追試験・試行調査）

年度			物質の状態とその変化			溶液と平衡	
			状態変化	気体の性質	固体の構造	溶解平衡	溶液と その性質
共通テスト	本試験	2024	Ⅰ4	Ⅰ2, Ⅲ4c			Ⅰ3
		2023		Ⅰ3	Ⅰ4		Ⅰ2
		2022		Ⅰ3	Ⅰ4	Ⅰ5	
		2021(1)	Ⅰ4, Ⅱ3	Ⅰ4	Ⅰ2, Ⅱ3	Ⅰ3	Ⅰ3
		2021(2)		Ⅰ2			Ⅰ3
	追試験	2023	Ⅰ2	Ⅰ4			Ⅰ5, Ⅴ3·4
		2022	Ⅰ3	Ⅰ2			Ⅰ4, Ⅴ2·3
	試行	第2回	Ⅳ4	Ⅰ1, Ⅳ1			Ⅲ6
		第1回	Ⅴ3	Ⅰ1			

Ⅰ・Ⅱ・Ⅲ…は大問番号，1・2・3…は小問番号を示す。
※(1)は第1日程，(2)は第2日程を表す。

物質の変化と平衡

✔ 理解力と思考力が問われる

「物質の変化と平衡」の分野はグラフや図を用いて設問が提示されることが多く，その意味するところを正確に把握し，その後の変化の様子をイメージすることが要求されます。「グラフ問題」「計算問題」の出題頻度が高く，発展的な総合問題として扱われることも考えられる分野です。

項目は，反応エンタルピーの種類，熱化学の反応式，ヘスの法則と生成エンタルピー，結合エネルギー，イオン化傾向と電池，各種電池の構造と性質，燃料電池，電気分解の仕組みと電極の性質，ファラデーの法則，銅・アルミニウムの電解精錬，NaOH の製造，反応速度の表し方，反応速度を決める要因，活性化エネルギーと触媒，化学平衡の法則と平衡定数，平衡の移動とルシャトリエの原理，弱酸・弱塩基の電離平衡と pH，塩の加水分解などきわめて多岐にわたり，理論に関する総合力が求められます。

✔ 個別の理論の整理の上に総合的理解を

理論分野の集大成という意味合いが強い分野といえます。個別の理論をしっかり学習し，それらが化学反応を考える上で相互にどのように関わっているかを理解しましょう。このことは，無機物質，有機化合物や高分子化合物を学ぶ上でも大きな地力となります。

> ●対策のポイント
> - 熱化学の反応式の意味を理解し，それを用いた表現に習熟する。
> - ヘスの法則を活用して反応エンタルピーを求める計算に習熟する。
> - 反応エンタルピーと生成エンタルピーや結合エネルギーの関係を理解し計算に習熟する。
> - 各種電気分解における電極での反応を理解し量的に扱うことができる。
> - 各種電池の仕組みと動作原理を理解し説明できる。
> - 代表的な電池の電極の反応物質量と電流値との関係を理解し計算に習熟する。
> - 反応速度の要因について説明できる。
> - 活性化エネルギーと触媒の関係を説明できる。
> - 化学平衡の法則を説明し平衡定数を計算できる。
> - 平衡移動の要因と移動方向について，ルシャトリエの原理を用いて説明できる。
> - 酸・塩基の電離平衡と pH，塩の加水分解，弱酸・弱塩基の遊離，緩衝液，溶解度積，イオンの電離と共通イオン効果について説明し，計算することができる。

● 出題年度一覧（共通テスト 本試験・追試験・試行調査）

		年　度	化学反応とエネルギー			化学反応と化学平衡		
			化学反応と熱・光	電池	電気分解	反応速度	化学平衡とその移動	電離平衡
共通テスト	本試験	2024	Ⅱ1	Ⅱ3	Ⅲ4c		Ⅱ2	Ⅱ4
		2023	Ⅱ1*		Ⅱ2	Ⅱ4	Ⅱ3, Ⅴ1	
		2022	Ⅱ1, Ⅴ2*	Ⅱ4		Ⅱ3, Ⅴ2		Ⅱ2
		2021 (1)	Ⅱ1·3*	Ⅱ2	Ⅲ1		Ⅴ1	
		2021 (2)	Ⅱ3	Ⅱ1	Ⅲ1	Ⅱ3	Ⅱ3	Ⅱ2, Ⅲ4, Ⅴ2
	追試験	2023	Ⅱ4*	Ⅱ2		Ⅱ1		Ⅱ3
		2022	Ⅱ4*	Ⅲ3	Ⅱ2	Ⅱ1	Ⅱ3·4	
	試行	第2回	Ⅰ2*		Ⅰ7	Ⅰ3·4		Ⅳ2·3
		第1回	Ⅰ2*				Ⅰ3	Ⅰ4, Ⅱ1

Ⅰ・Ⅱ・Ⅲ…は大問番号，1・2・3…は小問番号を示す。

※(1)は第1日程，(2)は第2日程を表す。

＊新課程ではエンタルピー変化として扱われています。

無機物質

☑ 基礎理論と融合した問題や「組合せ問題」に注意

　「無機物質」の分野は，毎年連続して出題されている題材は少なく，1〜2年の間隔を置きながら，周期的に出題される傾向にあります。ハロゲン・窒素・硫黄・酸素などの非金属の単体とその化合物，気体の発生，アルミニウム・亜鉛・銅・銀・鉄などの金属とその化合物，金属イオンの反応などがよく出題されています。

　また，アンモニアソーダ法，ハーバー・ボッシュ法，オストワルト法などの工業的な製法や，実験の操作や装置についても問われています。

　酸と塩基，酸化と還元（電池・電気分解を含む）などの基礎理論と融合した形で出題されたり，正確な知識と理解を必要とする「正誤判定問題」や「組合せ問題」として出題されたりすることも考えられます。

☑ 理論と関連づけた学習と人間生活との関連への関心を

　教科書の展開に合わせて，周期表にそって物質の性質や反応についてノートにまとめておきましょう。そのあと，問題演習を通して明らかになった学習の不十分な箇所について，理論と関連づけて再整理することが大切です。また，実験の操作や器具についても，資料集などを用いて整理しておくとよいでしょう。

> ●対策のポイント
> - 物質の性質や反応を覚える前に，酸と塩基，酸化と還元などの基礎理論を確認する。
> - 典型金属元素の性質と反応を周期表に基づいて整理し理解する。
> - 遷移元素（特に銅・銀・鉄）の単体と化合物の性質を整理し理解する。
> - 過剰のアンモニア水による錯イオンの生成について整理し理解する。
> - 過剰の水酸化ナトリウム水溶液に溶ける物質を整理し理解する。
> - 液性の違いによる硫化物の沈殿生成の有無を整理し理解する。
> - 陽イオンの分離のための反応を整理し理解する。
> - 物質の保存方法を整理し理解する。
> - アンモニアソーダ法，ハーバー・ボッシュ法，オストワルト法などの工業的な製法を，触媒なども含めて整理し理解する。
> - 気体の発生反応を，平衡の移動（弱酸塩と強酸，揮発性酸と不揮発性酸など），酸化還元反応などに分類して整理し理解する。
> - 実験の操作や器具の扱いについて理解する。
> - 無機物質と人間生活の関わりについて関心をもち，理解する。

040　化学

● 出題年度一覧（共通テスト 本試験・追試験・試行調査）

<table>
<tr><th colspan="2" rowspan="2">年　度</th><th colspan="2">無機物質</th></tr>
<tr><th>典型元素</th><th>遷移元素</th></tr>
<tr><td rowspan="10">共通テスト</td><td rowspan="5">本試験</td><td>2024</td><td>Ⅲ 1・2</td><td>Ⅰ 1，Ⅲ 3</td></tr>
<tr><td>2023</td><td>Ⅲ 1・3，Ⅴ 1</td><td>Ⅲ 2</td></tr>
<tr><td>2022</td><td>Ⅲ 1・3</td><td></td></tr>
<tr><td>2021 (1)</td><td>Ⅰ 1</td><td>Ⅲ 3</td></tr>
<tr><td>2021 (2)</td><td>Ⅲ 1・3・4</td><td>Ⅲ 1・3</td></tr>
<tr><td rowspan="2">追試験</td><td>2023</td><td>Ⅲ 1</td><td>Ⅲ 3</td></tr>
<tr><td>2022</td><td>Ⅲ 1</td><td>Ⅲ 2</td></tr>
<tr><td rowspan="2">試行</td><td>第 2 回</td><td>Ⅱ 2・6</td><td></td></tr>
<tr><td>第 1 回</td><td></td><td>Ⅱ 2</td></tr>
</table>

Ⅰ・Ⅱ・Ⅲ…は大問番号，1・2・3…は小問番号を示す。
※(1)は第 1 日程，(2)は第 2 日程を表す。

有機化合物

✓ 構造と性質・反応の関係が柱

「有機化合物」の分野では，異性体，脂肪族炭化水素，アルコール，アルデヒド，カルボン酸とエステル，油脂，芳香族化合物の性質と反応および分離などがよく出題されています。

元素分析や分子式の決定などの構造決定の問題では，計算だけでなく，ヨードホルム反応や銀鏡反応などの様々な検出反応や立体構造，幾何異性体・光学異性体の存在なども利用されるので注意しましょう。また，エチレン，アセチレン，ベンゼンなどを出発物質とする反応経路や誘導体について問われることも多くあります。実験操作や装置についての問題もよくみられます。

✓ 系統図での理解を進めよう

有機化合物の反応性は系統図をつくることで整理することができます。ノートに書いてみることで，理解の不十分な箇所が明らかになります。さらに，実験の操作や器具についても物質の性質に即して整理するのが有効です。セッケンやアゾ染料などの工業製品についても，人間生活との関連で関心をもって調べておくとよいでしょう。

● **対策のポイント**
- 脂肪族炭化水素の構造と性質の関係を整理し理解する。
- 脂肪族化合物の反応系統図を作成し理解する。
- ベンゼンを出発物質とする反応系統図を作成し理解する。
- 官能基の反応特性と生成物について整理し理解する。
- フェノールの製法および誘導される物質の系統図を作成し理解する。
- アニリンの製法および誘導される物質の系統図を作成し理解する。
- 幾何異性体の構造特性および光学異性体と不斉炭素原子の関係を理解し説明できる。
- 特有の検出反応を整理し理解する。
- 芳香族化合物の分離操作を理解し説明できる。
- 油脂や染料などの身のまわりの物質について整理し理解する。
- 実験の操作や器具の扱いについて理解する。
- 有機化合物と人間生活の関わりについて関心をもち，整理し理解する。

---

042 化学

● 出題年度一覧（共通テスト　本試験・追試験・試行調査）

年　度			有機化合物		
			炭化水素	官能基をもつ化合物	芳香族化合物
共通テスト	本試験	2024	Ⅴ 3	Ⅳ 1·4，Ⅴ 3	Ⅳ 4
		2023		Ⅳ 1·4	Ⅳ 2
		2022	Ⅳ 1，Ⅴ 1	Ⅳ 4，Ⅴ 2	Ⅳ 2
		2021 (1)		Ⅳ 2·3	Ⅳ 1
		2021 (2)		Ⅳ 1·2	Ⅳ 3
	追試験	2023	Ⅳ 1	Ⅳ 4	Ⅳ 2
		2022	Ⅳ 1	Ⅳ 3	Ⅳ 2，Ⅴ 1
	試行	第 2 回	Ⅲ 1	Ⅲ 2·3	Ⅲ 4
		第 1 回	Ⅲ 2	Ⅲ 1·3，Ⅴ 2	Ⅲ 4

Ⅰ・Ⅱ・Ⅲ…は大問番号，1・2・3…は小問番号を示す。
※(1)は第 1 日程，(2)は第 2 日程を表す。

高分子化合物

✅ 確実な知識と整理が問われる

　「高分子化合物」の分野では，重合反応や高分子化合物の一般的特徴，熱可塑性樹脂の単量体と構造，熱硬化性樹脂の単量体と構造，合成繊維の単量体と構造・性質，合成ゴムの単量体と構造，代表的な単糖類・二糖類・多糖類の構造と性質，アミノ酸の構造と双性イオン，等電点と特徴的反応，タンパク質の構造と呈色反応，酵素の反応特性，核酸の構造と役割などが出題されています。

　また，高分子化合物と人間生活での利用について，最近の話題をもとに出題されることも考えられます。

　有機化学の正確な理解が必要な分野であり，手をつけるのが遅くなりがちですが，しっかり演習などをして，力をつけておく必要があります。

✅ 高分子化合物の分類ごとの整理を徹底する

　高分子化合物はいくつかに分類されており，その分類ごとに構造や性質に特徴があります。それらを十分に理解して整理しておくことが学習の基本となります。

●対策のポイント

- 重合反応の種類と高分子化合物の特徴を整理し理解する。
- プラスチックの分類と単量体の関係を整理し理解する。
- 合成繊維の分類と単量体の関係を整理し理解する。
- ゴムの分類と単量体の関係を整理し理解する。
- 代表的な単糖類・二糖類の構造と性質を整理し理解する。
- 代表的な多糖類の構造と性質を整理し理解する。
- アミノ酸の構造と双性イオンの生成について理解する。
- アミノ酸の特徴的反応と等電点について理解する。
- ペプチドのアミノ酸配列の数や反応の特性を理解する。
- タンパク質の構造と呈色反応および酵素の反応特性について整理し理解する。
- 核酸の構造と性質について理解する。
- 高分子化合物と人間生活の関わりについて関心をもち，整理し理解する。
- 高分子化合物の反応と量的関係について理解し，計算できる。

044　化学

● 出題年度一覧（共通テスト 本試験・追試験・試行調査）

	年　度	高分子化合物	
		合成高分子 化合物	天然高分子 化合物
共通テスト	本試験 2024	Ⅳ 2	Ⅳ 2·3
	本試験 2023	Ⅳ 3	Ⅳ 3
	本試験 2022	Ⅰ 4，Ⅳ 3	Ⅳ 3
	本試験 2021 (1)	Ⅳ 4	Ⅳ 5，Ⅴ 1〜3
	本試験 2021 (2)	Ⅳ 4	Ⅳ 5
	追試験 2023	Ⅳ 3，Ⅴ 1·2	
	追試験 2022	Ⅳ 4	
	試行 第 2 回		Ⅴ 2〜4
	試行 第 1 回	Ⅴ 4	Ⅴ 1

Ⅰ・Ⅱ・Ⅲ…は大問番号，1・2・3…は小問番号を示す。
※(1)は第 1 日程，(2)は第 2 日程を表す。

効果的な過去問の使い方

共通テストでは，過去問を解くことが対策に直結するといえるでしょう。とはいえ，ただ解くだけでは効果が薄れてしまいます。以下のポイントに気を付けながら過去問に取り組むことで，より効果的に対策をしていきましょう！

 ## 実際に過去問を解く！

本番直前の演習用として過去問をとっておく受験生もいるようですが，実は最も効果的なのは**早いうちに一度過去問を解いてみる**ことです。ある程度，基本的な学習が終わったら一度過去問を解いてみましょう。過去問を解くことで，出題の特徴をつかめますし，自分に今どれぐらいの実力があるかを知ることもできます。そうすることで，自分に必要な対策を講じることができるようになります。

 ## 時間を意識する！

過去問を解くときは**必ず時間を計る**ことが大切です。共通テストは問題の分量が多く，計算問題や思考力が必要な問題も出題されており，すべて解くにはかなり時間がかかります。まずは，すべての問題を解くのにどれぐらいの時間がかかるのかを確かめてみましょう。次に過去問を解く際には，前回かかった時間より短い時間に設定して問題を解きます。最終的に 60 分の試験時間内に解き切れるよう練習しましょう。また，時間がかかりそうな問題は後回しにしたり，解きやすい大問から解くなどの工夫や，どの大問に何分ぐらいかけるかの**時間配分についても考えておく**とよいでしょう。

 ## 正解しても解説は丁寧に読む！

間違えた問題だけではなく，**正解した問題についても解説を読む**ようにしましょう。解説に書かれている内容と自分の理解が間違っていないかどうか確かめることで確実な実力を身につけることができます。

同じ間違いを繰り返さない！

「間違ったけれども，解説を読めばわかった」というのが最も危険です。解説を読むだけではなく，どこで間違ったのか，何が原因であったのかを追究し，同じ間違いを繰り返さないように注意しましょう。解説を読んでも不明な点が出てくるときには必ず教科書に戻って確認しましょう。

苦手分野を知る！

共通テストは教科書のすべての内容が出題範囲です。したがって，苦手分野をつくらないことが重要となります。問題を解いてみて，間違えた箇所を本書のねらいめはココ！（→p. 029〜044）を利用して確認すればどの分野が苦手なのかを客観的に把握することができます。苦手分野が見つかったら，教科書に立ち返って，その分野を重点的に学習しましょう。高得点を目指すためには，コツコツと苦手分野をつぶすことが必要です。

「思考力問題」に注目！

思考力問題とは，問題文や設定を読解・理解し，必要な知識を判断したり，仮説を立てて検討したりと，論理的思考力が求められる問題です。具体的には，グラフや表から必要なデータを読み取ったり，実験によって得られた結果を考察して結論を導くなど，もっている知識をうまく活用することを求められる問題が多いです。特に第5問の総合問題は目新しい問題が多く出題されています。過去問を解いて共通テスト特有の思考力問題に慣れておきましょう。

共通テスト攻略アドバイス

ここでは，共通テストで高得点をマークした先輩方に，その秘訣を伺いました。実体験に基づく貴重なアドバイスの数々。これらをヒントに，あなたも攻略ポイントを見つけ出してください！

✓ まずは基礎固め！

共通テストは教科書を基礎とし，分野に偏りなく出題されます。試験範囲の中で抜け落ちている知識や理解できていない分野はありませんか？ **網羅的かつ正確な知識・理解は問題を解くための土台**になります。まずは教科書や資料集を使って，基礎を固めましょう。

> 暗記の部分を落とすのはもったいないので，わからないところがあったら，すぐに教科書を見て学びなおすことが大切です。理論計算は手を動かして演習を沢山こなすのがよいと思います。　　Y. Y. さん・順天堂大学（医学部）

> 正誤問題は確かな知識がないと答えられないと思います。教科書をしっかり読み込んで，隅々まで暗記，理解しておきましょう。また，計算問題はシンプルに解けることも多いので，解答・解説を理解することも大切だと思います。　　H. O. さん・山梨大学（医学部）

理論化学は基本問題を完璧にして下さい。無機化学と有機化学は，まず教科書を読み込んで基礎知識を頭に入れましょう。そして，基本問題を演習して下さい。無機化学と有機化学は，時間が経つと知識が少しずつ抜けていくので，そのたびに覚え直す必要があります。Y.H.さん・山口大学（工学部）

問題演習で実力アップ！

知識を定着させ，理解を深めるために，問題演習に取り組みましょう。実際に問題を解くことで，**自分の苦手な分野や，勉強が足りない部分の確認**ができます。また，**問題をたくさん解くことで自信をつけることも大切**です。

共通テストの化学は，とにかく問題を解く数を増やし，間違った箇所を自分の知識として吸収することが最もよいと思います。共通テスト対策の勉強で得た知識は二次試験の勉強にも役立ちました。
　　　　　　　　　　　　　　　　K.D.さん・大阪公立大学（工学部）

共通テストの化学では，見慣れない理論化学の計算が出題されたり，無機化学の細かい知識が問われたりすることがあります。そのため，教科書で一通り勉強した後は，とにかく大量の問題を解き，計算の手法を覚え，知識の抜けを無くすことが大切だと思います。
　　　　　　　　　　　　　　Y.N.さん・北海道大学（総合入試理系）

ひっかけやケアレスミスで点数を落としやすい科目です。たくさんの問題に触れておけば初見の問題に出合うことが減るので，演習を積み重ねることで自然と点数は上がります。　　A.K.さん・東京医科歯科大学（医学部）

過去問を使った対策を！

共通テストでは，**他では見られない独特の問題**が出題されます。試験本番で戸惑わないように，**過去問を解いて慣れておきましょう**。時間を計って試験本番と同じように問題を解く練習も必要です。時間配分なども考えておくとよいでしょう。

共通テスト攻略アドバイス 049

> 基礎知識をしっかり頭に入れておくことが大切です。有機，無機の一連の反応は触媒などの条件も含めて把握しておきましょう。知識の定着を図るためには過去問を使うことをおすすめします。また，考察問題や計算問題が割とあるので，時間配分が重要になります。時間を計って演習を積むといいと思います。　　　　　　　　　　　H. K. さん・東京農工大学（農学部）

> 共通テスト対策のために赤本を解くと，知識が定着して，その後の二次試験の勉強がとてもよく進みます。頑張りどきは共通テストです。たくさん問題を解きましょう。　　　　　　　　　K. A. さん・北海道大学（医学部）

> とにかく過去問を解きまくると成績が上がります。過去問で解けなかった問題があれば，教科書や資料集，教科書傍用問題集などを利用し，都度その周辺知識を頭に入れるようにしたほうがよいです。
> 　　　　　　　　　　　　　　　S. K. さん・岐阜大学（応用生物科学部）

> 化学に関しては，暗記することは普段の演習の中で暗記するようにして，覚えきれなかった分を共通テストの過去問で出てきた時に覚えるようにしました。また，ある程度の難易度の計算も短時間でこなさなければいけないので，共通テスト演習の時は時間配分を考えながら行いました。
> 　　　　　　　　　　　　　　　T. H. さん・山梨大学（医学部）

> 何問か今までに見たことがないような問題が出題されるので，できるだけ過去問や模擬試験を使ってそのような問題を解くのに慣れておくとよいと思います。　　　　　　　　　　　T. K. さん・三重大学（医学部）

✅ 少しでも得点をあげるための工夫を！

共通テストは問題数のわりに時間が短く，途中でつまずいてしまうと大きく点数を落としてしまいます。そうならないように**問題を解く順番**も考えておきましょう。

> 知識問題だけでなく計算問題も多く，計算問題は煩雑で完答には時間がかかります。知識を整理しておくことだけでなく，計算問題を素早く解けるように現象を深く理解し，演習を積む必要があります。配点は知識問題と計算問題ではあまり変わらないこともあるので，本番では知識問題から解くことをおすすめします。　　　　　T. T. さん・京都大学（総合人間学部）

化学はまず無機分野と有機分野の知識問題を確実に解答し，理論分野や融合的な問題に時間を残してじっくり考えるようにすると点数が伸びやすいと感じます。最初から解くことだけがよいことではないので自分なりの解答順序を決めておくのもよいと思います。　S. T. さん・早稲田大学（教育学部）

共通テスト赤本プラス

新課程 攻略問題集

分野別 対策で取り組みやすい！
苦手克服にも最適！

- ☑ 対策に最適な良問をセレクト
- ☑ 思考力が身につく効果的な問題配列
- ☑ 充実のまとめ＋やりきれる演習量

自学自習に最適！
今日からやって、差をつけよう！

詳しくはこちらから

選択科目もカバーしたラインナップ

新教科対策もこれでばっちり！

情報Ⅰ

国語 現代文

実用文もこわくない

全14点

① 英語(リーディング)
② 英語(リスニング)
③ 数学Ⅰ,A
④ 数学Ⅱ,B,C
⑤ 国語(現代文)
⑥ 国語(古文・漢文)
⑦ 歴史総合,日本史探究
⑧ 歴史総合,世界史探究
⑨ 地理総合,地理探究
⑩ 公共,政治・経済
⑪ 物理
⑫ 化学
⑬ 生物
⑭ 情報Ⅰ

好評発売中！

A5判／定価1,320円 (本体1,200円)

共通テストって，こんなふうに解けばいいのか！

満点のコツ シリーズ

目からウロコのコツが満載！

伸び悩んでいる人に効く!!

- **英語〔リスニング〕** 改訂版
  対策必須の共通テストのリスニングも，
  竹岡広信先生にまかせれば安心！
  キーワードを聞き逃さない25ヵ条を伝授！

- **古文** 改訂版
  古文解釈の7つのコツを
  トレーニングで身につけよう！
  重要単語や和歌修辞のまとめも充実！

- **漢文** 改訂版
  すぐに使える16のコツで漢文を攻略！
  漢文読解に必要な必修単語・
  重要句法も完全網羅！！

- **生物基礎** 改訂版
  得点を大きく左右する「考察問題」の対策ができる！
  正解にたどり着く極意を紹介。
  効率よく得点力をアップさせよう！

2024年夏刊行予定

四六判／定価1,397円（本体1,270円）

赤本ポケットシリーズ

共通テスト 日本史 文化史

文化史で満点をとろう！

菅野祐孝先生の絶妙な語り口，読みやすいテキスト。
チェックすべき写真・イラストを厳選。
時間をかけずに文化史をマスターできる！

楽しく読める文化史の決定版！

新書判／定価990円（本体900円）

解答・解説編

Keys & Answers

解答・解説編

化学（9回分）

- 2024年度　本試験
- 2023年度　本試験
- 2023年度　追試験
- 2022年度　本試験
- 2022年度　追試験
- 2021年度　本試験（第1日程）
- 2021年度　本試験（第2日程）
- 第2回試行調査
- 第1回試行調査

✔ 解答・配点に関する注意

　本書に掲載している正解および配点は，大学入試センターから公表されたものをそのまま掲載しています。

2024年度：化学/本試験〈解答〉　1

化 学　本試験

2024年度

問題番号 (配点)	設　問	解答番号	正解	配点	チェック
第1問 (20)	問1	1	④	3	
	問2	2	①	4	
	問3	3	④	3	
	問4	4	④	3	
		5	③	3	
		6	⑤	4	
第2問 (20)	問1	7	①	3	
	問2	8	③	3	
	問3	9	④	3	
	問4	10	④	4	
		11	②	4	
		12	④	3	
第3問 (20)	問1	13 - 14	① - ③	4*	
	問2	15	④	3	
	問3	16	③	2	
		17	④	2	
	問4	18	③	3	
		19	⑤	3	
		20	②	3	

問題番号 (配点)	設　問	解答番号	正解	配点	チェック
第4問 (20)	問1	21	③	4	
	問2	22	①	3	
	問3	23	⑦	4	
	問4	24	②	3	
		25	⑦	3	
		26	⑤	3	
第5問 (20)	問1	27	④	4	
	問2	28	③	4	
	問3	29	④	4	
		30	②	4	
		31	①	4	

(注)

1　＊は，両方正解の場合のみ点を与える。

2　－（ハイフン）でつながれた正解は，順序を問わない。

自己採点欄

100点

（平均点：54.77点）

第1問 配位結合，メタンの体積，コロイド粒子の分離，水の状態図，水の温度と密度，氷の融解

問1 1 正解は ④

①〜④のイオンの生成過程は次のとおりである。
① NH_3 に H^+ が配位結合して NH_4^+ が生成した。
② H_2O に H^+ が配位結合して H_3O^+ が生成した。
③ Ag^+ に 2つの NH_3 が配位結合して $[Ag(NH_3)_2]^+$ が生成した。
④ ギ酸 $HCOOH$ が電離して $HCOO^-$ と H^+ が生成した。

問2 2 正解は ①

温度 111 K，圧力 $1.0×10^5$ Pa での液体のメタン 16 g の体積は

$$\frac{16}{0.42} = 38.09 ≒ 38.1 \,[\mathrm{mL}]$$

300 K まで加熱してすべて気体となったメタン 16 g の体積を V [mL] とすると

$$1.0×10^5 × \frac{V}{1000} = \frac{16}{16} × 8.3 × 10^3 × 300 \qquad V = 2.49 × 10^4 \,[\mathrm{mL}]$$

よって，求める値は $\dfrac{2.49×10^4}{38.1} = 653 ≒ \mathbf{6.5×10^2}$ 〔倍〕

問3 3 正解は ④

ろ紙を通過できるのは，通常の分子のグルコースとコロイド粒子のトリプシンである。セロハンの膜を通過できるのは，通常の分子のグルコースのみである。砂はろ紙もセロハンの膜も通過できない。

問4 a 4 正解は ④

図1の固体と液体の境界線を**融解曲線**，液体と気体の境界線を**蒸気圧曲線**，固体と気体の境界線を**昇華圧曲線**という。

① （正） 図1より，圧力が $6.10×10^2$ Pa のとき，氷は 0℃で昇華する。昇華圧曲線は右上がりの曲線であるから，圧力が $2×10^2$ Pa では，氷は 0℃より低い温度で昇華する。
② （正） 0℃，$1.01×10^5$ Pa の氷は融解曲線上にある。融解曲線は右下がりの曲線であるから，さらに圧力を加えると氷は融解する。
③ （正） 0.01℃，$6.11×10^2$ Pa は水の三重点であり，固体，液体，気体が共存する状態である。
④ （誤） 圧力が $1.01×10^5$ Pa のとき，水は 100℃で沸騰する。蒸気圧曲線は右上がりの曲線であるから，圧力が $9×10^4$ Pa では，水は 100℃より低い温度で沸騰する。

b　　5　　正解は③

① （誤）　0℃での氷の密度は水の密度より小さいから，同質量では氷の体積の方が大きい。

② （誤）　図2より，氷の密度は温度が高くなるほど，小さくなっている。

③ （正）　$-4℃$での過冷却状態の水の密度は$0.9994\,g/cm^3$であり，$12℃$での水の密度はそれよりも大きい。

④ （誤）　4℃のとき，水の密度は最大である。4℃よりも低温の水の密度は，4℃の水の密度よりも小さいため，4℃の水が下の方へ移動する。

c　　6　　正解は⑤

6.0kJ の熱量で融解できる氷の物質量は

$$\frac{6.0}{6.0} = 1.0 \,〔mol〕$$

よって，融解していない氷（分子量18）の質量は

$$54 - 1.0 \times 18 = 36 \,〔g〕$$

図2より，0℃での氷の密度は$0.917\,g/cm^3$であるから，その体積は

$$\frac{36}{0.917} = 39.2 \fallingdotseq 39 \,〔cm^3〕$$

第2問　やや難　エネルギー図，気体反応の平衡移動，実用電池の反応と電気量，弱酸の電離平衡，中和滴定と平衡の移動

問1　　7　　正解は①

固体の NH_4NO_3 が水に溶解することは吸熱反応であるから，固体の NH_4NO_3 と水のもつエネルギーは $NH_4NO_3\,aq$ よりも小さい。よって，①が正しい。

問2　　8　　正解は③

① （誤）　正反応は吸熱反応であるから，温度を下げるとルシャトリエの原理により発熱反応である逆反応の方向へ平衡は移動し，CO は減少する。

② （誤）　この平衡反応は，平衡が移動しても気体の総分子数は変化しない。よって，温度を一定に保ったまま全圧を上げても，平衡は移動しない。

③ （正）　温度と全圧を一定に保ったまま H_2 を加えると，H_2 の分圧のみが大きくなる。よって，ルシャトリエの原理により，H_2 の分圧の増加を和らげる正反応の方向へ平衡は移動し CO は増加する。

④ （誤）　この平衡反応は，平衡が移動しても気体の総分子数は変化しない。よって，温度と全圧を一定に保ったままアルゴンを加える（容器の体積が増加する）と，各成分の分圧が減少するだけで平衡は移動しない。

4 2024年度：化学/本試験〈解答〉

問3 <u>9</u> 正解は④

各電池の反応について，流れる電子を考える。

式(2)でZnについて注目すると，この反応で流れる電子 e^- は 2mol であることがわかる。

$$2MnO_2 + \underset{0}{Zn} + 2H_2O \xrightarrow{2e^-} 2MnO(OH) + \underset{+2}{Zn}(OH)_2$$

式(3)でZnについて注目すると，Znの係数が2であることから，この反応で流れる電子 e^- は 4mol であることがわかる。

$$O_2 + \underset{0}{2Zn} \xrightarrow{4e^-} \underset{+2}{2ZnO}$$

式(4)でLiについて注目すると，この反応で流れる電子 e^- は 1mol であることがわかる。

$$\underset{0}{Li} + MnO_2 \xrightarrow{e^-} \underset{+1}{LiMnO_2}$$

したがって，電子2molが流れるときに消費される各電池での反応物の物質量および質量は，次のようになる。

〔アルカリマンガン乾電池〕
MnO_2 が 2mol, Zn が 1mol, H_2O が 2mol　　合計質量：275g

〔空気亜鉛電池〕
O_2 が 0.5mol, Zn が 1mol　　合計質量：81g

〔リチウム電池〕
MnO_2 が 2mol, Li が 2mol　　合計質量：187.8g

合計質量が小さいほど，1kgの反応物が消費されるときに流れる電気量 Q は大きくなる。よって，流れる電気量 Q は大きい順に，**空気亜鉛電池＞リチウム電池＞アルカリマンガン乾電池** となる。

問4 a <u>10</u> 正解は④

平衡時の各物質のモル濃度は次のとおり。

$$HA \rightleftharpoons H^+ + A^-$$

	HA	H⁺	A⁻	
電離前	c	0	0	〔mol/L〕
変化量	$-c\alpha$	$+c\alpha$	$+c\alpha$	〔mol/L〕
電離後	$c(1-\alpha)$	$c\alpha$	$c\alpha$	〔mol/L〕

したがって，弱酸HAの電離定数を K_a とすると，$1-\alpha \fallingdotseq 1$ より

$$K_a = \frac{[H^+][A^-]}{[HA]} = \frac{c\alpha \times c\alpha}{c(1-\alpha)} = \frac{c\alpha^2}{1-\alpha} \fallingdotseq c\alpha^2$$

よって，α は次のように表され，α と $\sqrt{c}$ は反比例の関係にあり，c が 4 倍になると，α は $\dfrac{1}{2}$ 倍となる。

$$\alpha = \sqrt{\dfrac{K_a}{c}}$$

以上より，④ が正解である。

CHECK ⑤はα と c が反比例の関係にあることを示しているグラフである。

b ☐11☐ 正解は②

図 1 より，NaOH 水溶液を 2.5mL 滴下したとき，$[HA]=0.06\,mol/L$，$[A^-]=0.02\,mol/L$ であるから

$$K_a = \frac{[H^+][A^-]}{[HA]} = \frac{8.1 \times 10^{-5} \times 0.02}{0.06} = 2.7 \times 10^{-5}\,[\text{mol/L}]$$

CHECK NaOH 水溶液を 2.5mL 滴下した点では，中和反応の途中であり，$[Na^+]$ なども存在するが，そのような場合でも $[H^+]$，$[A^-]$，$[HA]$ は K_a を満たす関係にある。

c ☐12☐ 正解は④

① （正）　水溶液は常に電気的中性であり，また各成分イオンはすべて 1 価であるので，陽イオンの総数と陰イオンの総数は常に等しい。

② （正）　どのような水溶液であっても，水のイオン積 $K_w=[H^+][OH^-]$ は温度が等しい限り一定である。

③ （正）　NaOH 水溶液を 10mL 滴下した点が中和点である。中和点までは，NaOH から生じる OH^- によって，HA の電離平衡で生じた H^+ が中和され $[H^+]$ が減少するので，下記の電離平衡は常に右に移動し $[A^-]$ が増加する。

$$HA \rightleftharpoons H^+ + A^-$$

なお，$[A^-]$ の増加が徐々に緩やかになるのは，NaOH 水溶液の滴下によって水溶液の体積が増加するからである。

④ （誤）　中和点で HA は完全に中和され，HA 中の A はすべてが A^- になったと考えられる。よって，そのとき $[A^-]$ は最大値を示すが，それ以降は NaOH 水溶液の滴下によって水溶液の体積が増加するため，$[A^-]$ は減少する。

6　2024年度：化学/本試験〈解答〉

第3問 標準 物質の取り扱い，アスタチンの性質，合金の成分，ニッケルの製錬

問1 13 ・ 14 　正解は①・③

① （誤）　ナトリウムはエタノールと反応して水素を発生するので，灯油中などに保存する。

② （正）　NaOH 水溶液は強塩基であり，皮膚を冒すので多量の水で洗う。

③ （誤）　濃硫酸の溶解熱は極めて大きいので，容器を冷却しながら水に少しずつ濃硫酸を溶解する。

④ （正）　濃硝酸は光によって分解して NO_2 を生じやすいので，褐色びんに入れて保存する。

⑤ （正）　硫化水素は有毒で空気より重いので，ドラフト内で取り扱う。

問2 15 　正解は④

① （正）　At の単体は無極性の二原子分子だと推定されるので，最も分子量の大きい At_2 は分子間力が最大であり，融点と沸点は最も高いと考えられる。

② （正）　F〜I のハロゲンの単体は，原子番号が大きくなるにつれて水に溶けにくくなるから，At の単体は常温で水に溶けにくいと考えられる。

③ （正）　F〜I のハロゲン化銀のうち，AgF のみ水に可溶であり，AgCl，AgBr，AgI は水に難溶なので，AgAt も水に難溶であると考えられる。

④ （誤）　F〜I の単体の酸化力は，$F_2 > Cl_2 > Br_2 > I_2$ であるから，At_2 の酸化力が最も小さく，臭素水は NaAt を次のように酸化すると考えられる。

$$2NaAt + Br_2 \longrightarrow 2NaBr + At_2$$

問3 16 　正解は③　　17 　正解は④

ア　ステンレス鋼は，Fe，Cr，Ni の合金でさびにくい性質を有する。

イ　トタンは，鉄板に亜鉛メッキを施したものである。

問4 a　 18 　正解は③

式(1)における Ni 原子と S 原子の酸化数の変化は次のとおりである。

$$\underset{+2}{Ni}\ \underset{-2}{S} + 2CuCl_2 \longrightarrow \underset{+2}{NiCl_2} + 2CuCl + \underset{0}{S}$$

したがって，Ni 原子は酸化も還元もされておらず，S 原子は酸化されている。

b　 19 　正解は⑤

操作の全過程が終了したとき，銅は $CuCl_2$ の状態に戻り，NiS は全量が $NiCl_2$ となっているのだから，量的な変化だけを考えれば，式(1)＋式(2)の反応が生じたのと

同じとみなせる。

$$NiS + Cl_2 \longrightarrow NiCl_2 + S$$

よって，消費された Cl_2 の物質量は NiS（式量 91）の物質量に等しいので

$$\frac{36.4 \times 10^3}{91} = 400 \,[\text{mol}]$$

c | 20 | 正解は②

式(3)〜(5)より，2mol の電子から，いずれも 1mol の Ni，H_2，Cl_2 が得られることがわかる。よって，発生した Cl_2 の物質量は，析出した Ni の物質量と発生した H_2 の物質量の和に等しいことから

$$\frac{PV_{Cl_2}}{RT} = \frac{PV_{H_2}}{RT} + \frac{w}{M} \qquad w = \frac{MP(V_{Cl_2} - V_{H_2})}{RT}$$

第4問 （標準）アセトアルデヒドの合成，高分子の性質，トリペプチドの検出反応，医薬品の性質・構造・合成

問1 | 21 | 正解は③

式(1)はアセトアルデヒドの工業的製法を示している。

$$2\,H{>}C{=}C{<}H + O_2 \xrightarrow{\text{触媒 (PdCl}_2,\ \text{CuCl}_2)} 2H{-}\overset{H}{\underset{H}{C}}{-}C{\overset{O}{\underset{H}{=}}}$$

問2 | 22 | 正解は①

① （誤） デンプンの成分の一つであるアミロペクチンは，多数の枝分かれ構造をもち，冷水に溶けない。

② （正） アクリル繊維は，アクリロニトリルの付加重合によって得られるポリアクリロニトリルを主成分としている。

$$n\text{CH}_2{=}\underset{\text{CN}}{\text{CH}} \xrightarrow{\text{付加重合}} {\left[\text{CH}_2{-}\underset{\text{CN}}{\text{CH}}\right]}_n$$

③ （正） 生ゴムへ加硫を行うと，$-S-S-$ 結合による架橋構造が形成される。

④ （正） レーヨンは，天然繊維のセルロースに適切な処理を施して得られる再生繊維である。

問3 | 23 | 正解は⑦

ア ニンヒドリン反応は，アミノ酸やタンパク質中の $-NH_2$ の検出反応であるから，図1のトリペプチドは陽性を示す。

8 2024年度：化学/本試験〈解答〉

イ キサントプロテイン反応は，ベンゼン環をもつアミノ酸やタンパク質の検出反応であるから，図1のトリペプチドは陽性を示す。

ウ ビウレット反応は，トリペプチド以上のペプチドの検出反応であるから，図1のトリペプチドは陽性を示す。

問4 a 24 正解は②

① （正） グリコシド結合は希硫酸を加えて加熱すると加水分解される。

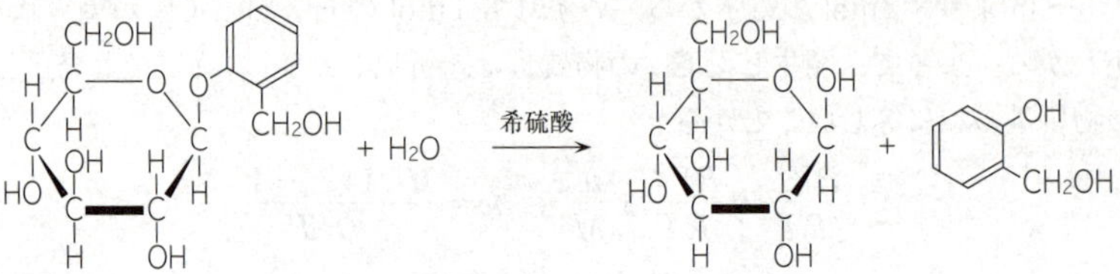

② （誤） グルコースは水中で開環し還元性を示すが，サリシンはグルコースの開環する部分にサリチルアルコールが結合し，開環できなくなっているため還元性を示さない。

③ （正） サリチル酸の工業的製法である。

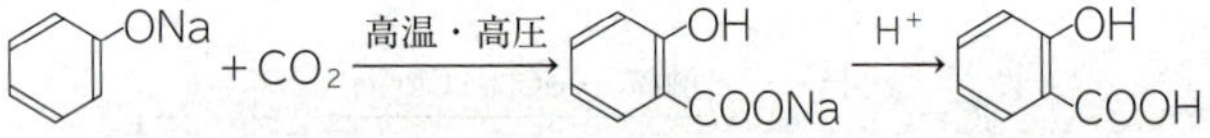

④ （正） サリチル酸とメタノールにより得られるサリチル酸メチルは，消炎鎮痛剤に用いられる。

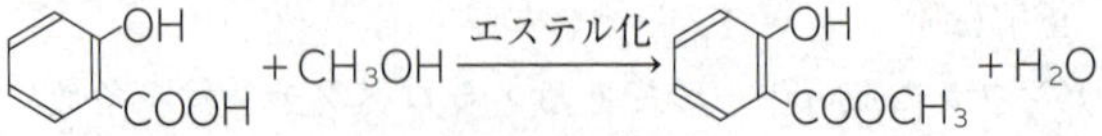

b 25 正解は②

β-ラクタム環は四員環であり，$-NH_2$ と $-COOH$ とのアミド結合で得られる環状アミドの構造をしている。これが形成されるには $-NH_2$ と $-COOH$ がそれぞれ結合している炭素原子どうしが直接結合している必要がある。

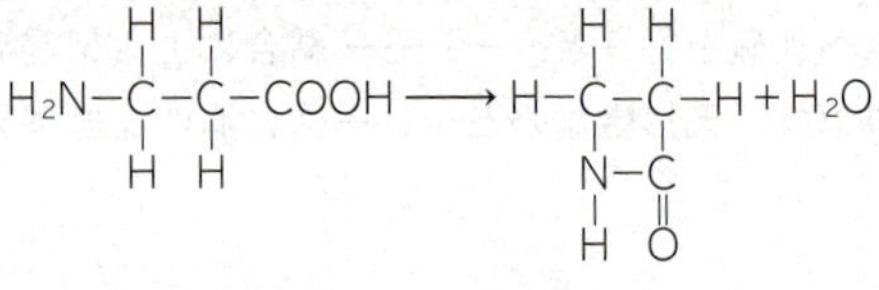

c 26 正解は⑤

化合物**A**：トルエンのニトロ化で得られるので，④の p-ニトロトルエンである。

$$\text{C}_6\text{H}_5{-}\text{CH}_3 + \text{HNO}_3 \xrightarrow{\text{濃 H}_2\text{SO}_4} \text{O}_2\text{N}{-}\text{C}_6\text{H}_4{-}\text{CH}_3 + \text{H}_2\text{O}$$

化合物 B：p-ニトロトルエンを $KMnO_4$ で酸化して得られるので，⑤の p-ニトロ安息香酸である。

$$\text{O}_2\text{N}{-}\text{C}_6\text{H}_4{-}\text{CH}_3 \xrightarrow{\text{KMnO}_4} \text{O}_2\text{N}{-}\text{C}_6\text{H}_4{-}\overset{\text{O}}{\text{C}}{-}\text{OH}$$

化合物 C：p-ニトロ安息香酸を Sn と HCl で還元して生成するので，③の p-アミノ安息香酸である。

$$\text{O}_2\text{N}{-}\text{C}_6\text{H}_4{-}\overset{\text{O}}{\text{C}}{-}\text{OH} \xrightarrow{\text{Sn, HCl}} \text{H}_2\text{N}{-}\text{C}_6\text{H}_4{-}\overset{\text{O}}{\text{C}}{-}\text{OH}$$

第5問　やや易　質量分析法

問1　27　正解は④

図1より，A^+ の信号強度が 10 であれば，3.0 mL の尿中にはテストステロンが 0.5×10^{-8} g 含まれていることになるので，尿 90 mL に含まれるテストステロンは

$$0.5 \times 10^{-8} \times \frac{90}{3.0} = 1.5 \times 10^{-7}〔\text{g}〕$$

問2　28　正解は③

試料 X が含む Ag の物質量を x〔mol〕とすると，**実験Ⅱ**では $\dfrac{x}{2}$〔mol〕の試料が用いられたことになり，その組成は ^{107}Ag と ^{109}Ag がいずれも $\dfrac{x}{4}$〔mol〕である。これに ^{107}Ag のみからなる粉末を 5.00×10^{-3} mol 加えるので

$$^{107}\text{Ag} : {}^{109}\text{Ag} = \frac{x}{4} + 5.00 \times 10^{-3} : \frac{x}{4} = 3 : 1 \qquad x = 1.00 \times 10^{-2}〔\text{mol}〕$$

問3　a　29　正解は④

図3と同じエネルギーでのイオン化によって生じるイオンで，相対質量が 50 付近のものには，CH_3Cl^+，CH_2Cl^+，$CHCl^+$，CCl^+ が考えられる。

これらの相対質量は，同位体 ^{37}Cl，^{35}Cl を考慮すると，それぞれ（52, 50），（51, 49），（50, 48），（49, 47）の組合せで存在する。したがって，生成するイオンの相対質量は，47〜52 において 1 きざみで存在する。また，図3より，分子イオンの CH_4^+（相対質量 16）が最も多く生成している。同位体の存在比は

$^{35}Cl : {}^{37}Cl = 3 : 1$ であるから，$CH_3{}^{35}Cl^+$（相対質量 50）と $CH_3{}^{37}Cl^+$（相対質量 52）の生成比は概ね 3：1 と考えてよく，④が最も適当である。

b 30 正解は ②

与えられた分子の相対質量は次のとおりである。

$$CO^+ : 12 + 15.995 = 27.995$$
$$C_2H_4{}^+ : 12 \times 2 + 1.008 \times 4 = 28.032$$
$$N_2{}^+ : 14.003 \times 2 = 28.006$$

よって，**ア**が CO^+，**イ**が $N_2{}^+$，**ウ**が $C_2H_4{}^+$ となる。

c 31 正解は ①

メチルビニルケトン（分子量 70）の切断されやすい結合が切断されてイオンが生じたときの相対質量は次のとおり。

$$\underset{43}{\underset{55}{H_3C \overset{15}{-} \overset{28}{\underset{\underset{\parallel}{O}}{C}} \overset{27}{-} CH=CH_2}}$$

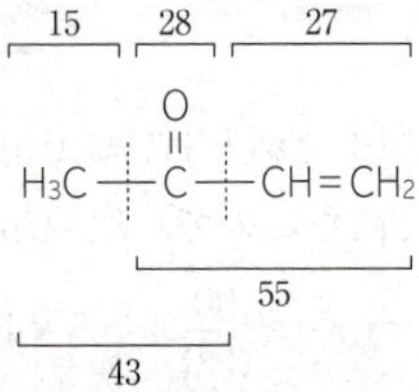

よって，得られる相対質量は，15，27，28，43，55，70 の 6 種類だと考えられる。これら以外の相対強度が表れている図は誤りであるから，①が正しい。

化学 本試験

2023年度

問題番号(配点)	設問	解答番号	正解	配点	チェック
第1問 (20)	問1	1	③	3	✓
	問2	2	⑥	3	
	問3	3	②	4	
	問4	4	②	2	
		5	①	2	
		6	②	3	
		7	②	3*	
		8	①		
第2問 (20)	問1	9	⑥	3	
	問2	10-11	③-④	4(各2)	
	問3	12	④	4	
	問4	13	④	3	
		14	⑥	3	
		15	⑤	3	
第3問 (20)	問1	16	④	4	
	問2	17-18	③-⑤	4*	
	問3	19	⑤	2	
		20	②	2	
		21	③	4	✓
		22	④	4	

問題番号(配点)	設問	解答番号	正解	配点	チェック
第4問 (20)	問1	23	②	3	
	問2	24	②	4	
	問3	25	④	4	✓
	問4	26	①	3*	
		27	②		
		28	①		
		29	③	3	
		30	④	3	
第5問 (20)	問1	31	②	4	
		32	①	4	
	問2	33	③	4	
	問3	34	③	4	
		35	④	4	

(注)
1 *は，全部正解の場合のみ点を与える。
2 －(ハイフン)でつながれた正解は，順序を問わない。

自己採点欄

100点

(平均点：54.01点)

第1問 化学結合，コロイドの種類，水蒸気圧と物質量，硫化カルシウムの結晶の配位数・単位格子の体積・イオン半径と結晶の安定性

問1 1 正解は ③

①〜③の構造式は次のとおりであり，④$BaCl_2$ はイオン結合による物質である。したがって，すべて単結合からなる物質は③Br_2 である。

① H-C(H)(H)-C=O 〔H〕 ② H-C≡C-H ③ Br-Br

問2 2 正解は ⑥

(a) 流動性のあるコロイド溶液を**ゾル**といい，流動性を失い固まったものを**ゲル**という。

(b) ゲルを乾燥させたものを**キセロゲル**という。

問3 3 正解は ②

圧縮前後の空気に含まれていた水蒸気の物質量をそれぞれ x〔mol〕, y〔mol〕とすると，気体の状態方程式より

圧縮前：$3.0×10^3×24.9=x×8.3×10^3×300$　　$x=0.030$〔mol〕

圧縮後：$3.6×10^3×8.3=y×8.3×10^3×300$　　$y=0.012$〔mol〕

よって，圧縮後に生じた液体の水の物質量は

$$0.030-0.012=\mathbf{0.018}\text{〔mol〕}$$

問4 a 4 正解は ②　　5 正解は ①

ア 図2より，CaS は NaCl 型のイオン結晶であり，1つのイオンは前後，左右，上下に反対符号のイオンが接しているので，配位数は 6 である。

イ 図2より，単位格子の一辺の長さは $2(R_S+r_{Ca})$ であるから，その体積 V は

$$V=\{2(R_S+r_{Ca})\}^3=8(R_S+r_{Ca})^3$$

b 6 正解は ②

メスシリンダーに加えられた CaS の結晶 40 g の物質量は CaS の式量が 72 であるから，$\dfrac{40}{72}$ mol である。その体積は 15 mL であり，単位格子には陽イオン，陰イオンがそれぞれ 4 個含まれているから，結晶の単位格子の体積 V〔cm³〕は

$$\dfrac{V}{4}×6.0×10^{23}×\dfrac{40}{72}=15\qquad V=\mathbf{1.8×10^{-22}}\text{〔cm}^3\text{〕}$$

c ⑦ 正解は② ⑧ 正解は①

半径が大きいイオンどうしが接すると，図2の正方形の対角線の長さは $4R$ となる。また，このとき半径が大きいイオンどうしに加えて，陰イオンと陽イオンも接しているので，正方形の一辺の長さ $2(R+r)$ と対角線の関係は

$$4R = \sqrt{2} \times 2(R+r) \qquad R = (\sqrt{2}+1)r$$

したがって，R がこれより大きくなると半径が大きいイオンどうしは接するが，陰イオンと陽イオンが離れた状態になり，結晶構造が不安定になる。

第2問 尿素合成の反応熱，直列回路の電気分解，気体反応の平衡，過酸化水素の分解反応の反応速度

問1 ⑨ 正解は⑥

反応熱＝（生成物の生成熱の総和）－（反応物の生成熱の総和）より

$$Q = (333 + 286) - (394 + 46 \times 2) = 133 \text{ [kJ]}$$

問2 ⑩・⑪ 正解は③・④

電極AとCが陰極，BとDが陽極であり，2つの電解槽は直列につながれている。各電極での反応は次のとおり。

電極A：$Ag^+ + e^- \longrightarrow Ag$

電極B：$2H_2O \longrightarrow 4H^+ + O_2 + 4e^-$

電極C：$2H_2O + 2e^- \longrightarrow H_2 + 2OH^-$

電極D：$2Cl^- \longrightarrow Cl_2 + 2e^-$

① （正）電極Bでの反応で H^+ が生じるので，水素イオン濃度が増加する。
② （正）電極Aでは，銀イオン Ag^+ が還元されて銀 Ag が析出する。
③ （誤）電極Bでは，水 H_2O が酸化されて酸素 O_2 が発生する。
④ （誤）電極Cではナトリウムイオン Na^+ ではなく，水 H_2O が還元されて水素 H_2 が発生する。
⑤ （正）電極Dでは塩化物イオン Cl^- が酸化されて塩素 Cl_2 が発生する。

問3 ⑫ 正解は④

容器Xでの平衡定数 K は，容器Xの容積を V 〔L〕とすると

$$K = \frac{[HI]^2}{[H_2][I_2]} = \frac{\left(\dfrac{3.2}{V}\right)^2}{\dfrac{0.40}{V} \times \dfrac{0.40}{V}} = 64$$

一方，容器Yの平衡状態では，HI の $2x$〔mol〕が分解し，ともに x〔mol〕の H_2 と I_2 が生成していると考えると，容器Yの容積は $0.5V$〔L〕で，容器Yと容器Xの

4　2023年度：化学/本試験〈解答〉

温度は同じなので平衡定数は一定であることから

$$\frac{\left(\dfrac{1.0-2x}{0.5V}\right)^2}{\dfrac{x}{0.5V}\times\dfrac{x}{0.5V}}=64 \qquad x=0.10\,〔\text{mol}〕$$

よって，平衡状態の HI の物質量は

$$1.0-2\times0.10=\mathbf{0.80}\,〔\text{mol}〕$$

問4　a　13　正解は④

① （正）　塩化鉄（Ⅲ）$FeCl_3$ 水溶液も H_2O_2 の分解反応の触媒作用を示す。

② （正）　酵素カタラーゼは H_2O_2 の分解反応の触媒となる。

③ （正）　一般に，温度が高いほど反応速度は大きくなる。

④ （誤）　MnO_2 は触媒であり反応前後で変化しないから，Mn の酸化数は変化しない。

b　14　正解は⑥

反応開始後 1.0 分から 2.0 分の間の O_2 の発生量は

$$(0.747-0.417)\times10^{-3}=0.33\times10^{-3}\,〔\text{mol}〕$$

したがって，この 1.0 分間で分解した H_2O_2 は

$$0.33\times10^{-3}\times2=0.66\times10^{-3}\,〔\text{mol}〕$$

よって，1.0 分から 2.0 分の間における H_2O_2 の分解反応の平均反応速度は

$$\frac{0.66\times10^{-3}\times\dfrac{1000}{10.0}}{2.0-1.0}=\mathbf{6.6\times10^{-2}}\,〔\text{mol/(L·min)}〕$$

c　15　正解は⑤

別の反応条件では反応速度定数が 2.0 倍であるから，反応開始から 1.0 分経過（反応初期）での O_2 の発生量は約 2.0 倍であると推測できる。また，図 2 での実験と同じ濃度と体積の過酸化水素水を用いていることから，反応開始後 10 分経過すると分解反応はほぼ終了しているとみなせる（反応終期）。よって，この時点での O_2 の発生量は図 2 での実験よりやや多い程度だと考えられる。

以上より，最も適当なグラフは⑤である。

第3問 フッ化水素の反応と性質，金属イオンの分離，化学反応と量的関係，混合物の分析

問1 16 正解は④

① （正）HF は分子間で水素結合を生じるため，水溶液中での電離度が小さく，弱酸である。

② （正）AgF は水によく溶けるため，沈殿は生じない。

③ （正）HF は分子間に水素結合を形成して見かけの分子量が大きくなるため，他のハロゲン化水素よりも沸点が高い。

④ （誤）F_2 は I_2 より酸化力が強いので，I_2 が HF 中の F 原子を酸化することはない。

問2 17・18 正解は③・⑤

各操作によって，次のことがわかる。
　操作Ⅰ：塩化物の沈殿が生じなかったことから，Ag^+ は含まれない。
　操作Ⅱ：酸性溶液中で得られた硫化物の沈殿は CuS であり，Cu^{2+} が含まれる。
　操作Ⅲ：水酸化物の沈殿が得られなかったことから，Al^{3+} と Fe^{3+} は含まれない。
　操作Ⅳ：塩基性溶液中で得られた硫化物の沈殿は ZnS であり，Zn^{2+} が含まれる。
以上より，水溶液Aに含まれていたイオンは，③Cu^{2+} と ⑤Zn^{2+} である。

問3 a 19 正解は⑤　20 正解は②

1族元素をV，2族元素をWとすると，HCl および H_2O との反応式はそれぞれ次のようになる。

$$2V + 2HCl \longrightarrow 2VCl + H_2$$
$$2V + 2H_2O \longrightarrow 2VOH + H_2$$
$$W + 2HCl \longrightarrow WCl_2 + H_2$$
$$W + 2H_2O \longrightarrow W(OH)_2 + H_2$$

図2より，40 mg の金属Xは 37.5 mL の水素を発生している。Xを1族元素または2族元素と仮定し，その原子量を x とすると

$$\text{1族元素の場合：} \frac{40 \times 10^{-3}}{x} \times \frac{1}{2} = \frac{37.5 \times 10^{-3}}{22.4} \quad x = 11.9$$

$$\text{2族元素の場合：} \frac{40 \times 10^{-3}}{x} = \frac{37.5 \times 10^{-3}}{22.4} \quad x = 23.8$$

したがって，Xは2族元素の ⑤ Mg（原子量 24）と考えられる。

同様に，40 mg の金属Yは 19 mL の水素を発生しているから，その原子量を y とすると

$$1\text{ 族元素の場合}: \frac{40\times10^{-3}}{y}\times\frac{1}{2}=\frac{19\times10^{-3}}{22.4} \qquad y=23.5$$

$$2\text{ 族元素の場合}: \frac{40\times10^{-3}}{y}=\frac{19\times10^{-3}}{22.4} \qquad y=47.1$$

したがって，Y は 1 族元素の② Na（原子量 23）と考えられる。

b　　21　　正解は③

有機化合物の元素分析と同様に考える。ソーダ石灰は H_2O と CO_2 の両方を吸収してしまうため，H_2O と CO_2 の混合気体を別々に吸収するには，まず H_2O のみを吸収する塩化カルシウム管に通し，その後ソーダ石灰管に通して CO_2 を吸収すればよい。

c　　22　　正解は④

加熱後に残った 2.00 g の MgO の物質量は，MgO ＝ 40 より

$$\frac{2.00}{40}=0.050\,(\text{mol})$$

また，反応管での反応は次のとおりである。

$$Mg(OH)_2 \longrightarrow MgO+H_2O$$
$$MgCO_3 \longrightarrow MgO+CO_2$$

したがって，混合物中の $Mg(OH)_2$ および $MgCO_3$ が反応して生じた MgO の物質量は，$H_2O=18$，$CO_2=44$ より

$$\frac{0.18}{18}+\frac{0.22}{44}=0.015\,(\text{mol})$$

よって，混合物 A に含まれていたマグネシウムのうち，MgO として存在していたマグネシウムの物質量の割合は

$$\frac{0.050-0.015}{0.050}\times100=70\,(\%)$$

第4問　標準　アルコールの構造と反応，芳香族化合物，高分子化合物と水素結合，トリグリセリドの構造と加水分解

問1　　23　　正解は②

ア　ヨードホルム反応を示さないことより，アルコールは $CH_3-CH(OH)-$ の構造をもたないので，①は不適である。

イ　②～④のアルコールを脱水し臭素を付加したときの生成物は，それぞれ次のとおり（C^* は不斉炭素原子）。

② $CH_3-\overset{*}{C}H-CH_2-Br$ ③ $CH_3-\underset{Br}{\overset{CH_3}{\underset{|}{\overset{|}{C}}}}-CH_2-Br$ ④ $CH_3-\underset{Br}{\overset{CH_3}{\underset{|}{\overset{|}{C}}}}-CH_2-Br$

    Br

したがって，②のアルコールが条件を満たす。

問2   24   正解は②

① （正） フタル酸はベンゼン環の隣り合う炭素原子にカルボキシ基が結合しているから，加熱すると脱水反応が起こり，無水フタル酸を生じる。

    フタル酸   無水フタル酸

② （誤） アニリンは弱塩基であるから塩酸には塩となって溶けるが，水酸化ナトリウム水溶液には溶けない。

③ （正） ジクロロベンゼンはベンゼンの塩素二置換体であり，オルト，メタ，パラの異性体が存在する。

④ （正） アセチルサリチル酸にはフェノール性のヒドロキシ基がないから，塩化鉄(Ⅲ)水溶液を加えても呈色しない。

問3   25   正解は④

① （正） セルロースでは，分子内の多数のヒドロキシ基が分子内や分子間で水素結合を形成する。

② （正） DNA は，分子内で塩基間の水素結合によって塩基対を形成し，二重らせん構造をとる。

③ （正） タンパク質のポリペプチド鎖は，分子内のペプチド結合間で水素結合することによって二次構造が形成される。

④ （誤） ポリプロピレンには，水素結合を形成するための官能基が存在しない。

    ポリプロピレン

問4   a   26   正解は⓪   27   正解は②   28   正解は⓪

1mol のトリグリセリド **X**（分子量 882）は 4mol の C=C 結合を含むから，4mol の H_2 と反応する。よって，44.1g の **X** を用いたときに消費される水素の物質量は

$$\frac{44.1}{882} \times 4 = 0.20 \, [\text{mol}]$$

b | 29 | 正解は ③

脂肪酸A，Bは，過マンガン酸カリウムと反応したので，いずれも C=C 結合をもつことがわかる。また，Xは分子内に C=C 結合を4個もち，構成成分のAとBの物質量比は1:2であることから，4個の C=C 結合はAに2個，Bに1個存在すると考えられる。Aの炭素数は18であるから，Aとして適当なものは③である。

c | 30 | 正解は ④

Xの部分的な加水分解によって，A，BおよびYが物質量比1:1:1で生成し，XはBを2つ含むことから，| ア |，| イ |にはH または $\overset{O}{\overset{\|}{C}}$-R^B のいずれかが当てはまる。さらに，Yには鏡像異性体が存在しないことから，不斉炭素原子をもたないため，| ア |がHであることがわかり，| イ |が $\overset{O}{\overset{\|}{C}}$-R^B と決まる。

第5問　標準　硫黄 S を含む化合物の反応，平衡と反応速度，H$_2$S の酸化還元滴定，紫外線の透過率を用いた SO$_2$ の濃度測定

問1 **a** | 31 | 正解は ②

① （正）　弱酸の遊離反応である。
$$FeS + H_2SO_4 \longrightarrow FeSO_4 + H_2S$$

② （誤）　硫酸ナトリウム Na$_2$SO$_4$ に希硫酸を加えても反応しない。亜硫酸ナトリウム Na$_2$SO$_3$ に希硫酸を加えると SO$_2$ が発生する。
$$Na_2SO_3 + H_2SO_4 \longrightarrow Na_2SO_4 + H_2O + SO_2$$

③ （正）　酸化還元反応である。　$2H_2S + SO_2 \longrightarrow 3S + 2H_2O$

④ （正）　中和反応である。　$2NaOH + SO_2 \longrightarrow Na_2SO_3 + H_2O$

b | 32 | 正解は ①

① （誤）　ルシャトリエの原理により，平衡は総分子数が増加する左へ移動する。

② （正）　ルシャトリエの原理により，平衡は吸熱反応である左へ移動する。

③ （正）　反応速度式は反応式中の係数ではなく，実験によって決まる。

④ （正）　正反応と逆反応の反応速度が等しい状態を平衡状態という。

問2 | 33 | 正解は ③

この実験では，I$_2$ が酸化剤，H$_2$S と Na$_2$S$_2$O$_3$ が還元剤である。水に溶けている H$_2$S に I$_2$ を含む KI 水溶液を加えたときに起きる反応は，式(2)・(3)より
$$I_2 + H_2S \longrightarrow 2HI + S$$

反応せずに残った I$_2$ を Na$_2$S$_2$O$_3$ 水溶液で滴定する反応は式(3)・(4)より

$$I_2 + 2Na_2S_2O_3 \longrightarrow 2NaI + Na_2S_4O_6$$

したがって，気体試料Aに含まれていたH_2Sの体積をV〔mL〕とすると

$$\frac{0.127}{254} \times 2 = \frac{V \times 10^{-3}}{22.4} \times 2 + 5.00 \times 10^{-2} \times \frac{5.00}{1000} \qquad V = 8.40 \text{〔mL〕}$$

問3 a 34 正解は③

透過率$T = 0.80$について

$$\log_{10}T = \log_{10}0.80 = \log_{10}(2^3 \times 10^{-1}) = 3\log_{10}2 - 1 = 3 \times 0.30 - 1 = -0.10$$

一方，表1をグラフで表すと下図のようになり，$\log_{10}T = -0.100$となるSO_2の濃度を読み取ると，その値は3.0×10^{-8} mol/L となる。

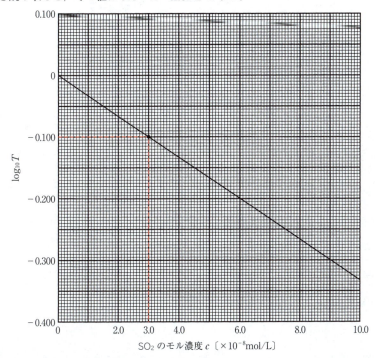

b 35 正解は④

$\log_{10}T$はcおよびLと比例関係であることから，次のように表すことができる。

$$\log_{10}T = kcL \quad (k \text{は比例定数})$$

密閉容器を二つ直列に並べると容器の長さは$2L$となるので，このときの透過率をT'とすると

$$\log_{10}T' = 2kcL = 2\log_{10}T \qquad T' = T^2 = 0.80^2 = \mathbf{0.64}$$

化学 追試験

2023年度

問題番号 (配点)	設問	解答番号	正解	配点	チェック
第1問 (20)	問1	1	④	3	
	問2	2	③	3	
	問3	3	③	3	
	問4	4	①	3	
	問5	5	②	4	
		6	④	4	
第2問 (20)	問1	7	④	4	
	問2	8	④	4	
	問3	9	②	4	
	問4	10	②	4	
		11	③	4	
第3問 (20)	問1	12	③	4	
	問2	13 - 14	③ - ⑤	4*	
	問3	15	③	4	
	問4	16	④	4*	
		17	②		
		18	④	4	

問題番号 (配点)	設問	解答番号	正解	配点	チェック
第4問 (20)	問1	19	③	3	
	問2	20	②	3	
	問3	21	⑤	4	
	問4	22	④	2	
		23	①	4	
		24	①	4	
第5問 (20)	問1	25	④	4	
	問2	26	②	4	
	問3	27	①	4	
	問4	28	③	4*	
		29	⑤		
		30	③		
		31	⑤	4	

(注)
1 ＊は，全部正解の場合のみ点を与える。
2 －（ハイフン）でつながれた正解は，順序を問わない。

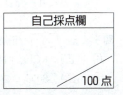

自己採点欄

100点

第1問 電気伝導性，超臨界流体，混合物中の電解質の含有率，実在気体，固体の溶解度

問1 ｜1｜ 正解は ④
- ア アセトンは電離しない液体の有機化合物であるから電気を通さない。
- イ グルコースは水溶液中で電離しないので電気を通さない。
- ウ・エ 酢酸は弱酸，塩酸は強酸であるから，同じ濃度では酢酸より塩酸の方が電離度が大きく，より電気を通す。
- オ 塩化ナトリウムはイオン結晶であり，イオンが自由に動けないので電気を通さない。

問2 ｜2｜ 正解は ③
- ア （誤） 超臨界流体は液体と気体の区別がつかない状態で，固体，液体，気体のいずれの状態でもない。
- イ （正） 臨界点より高温かつ高圧の状態にあるとき，超臨界流体となる。

問3 ｜3｜ 正解は ③

混合物中の電解質 AB_2 の含有率を x 〔％〕とすると，非電解質 C の含有率は $100-x$〔％〕となる。混合物 $0.50\,g$ が水 $100\,g$ に完全に溶けた溶液の，すべての溶質粒子を合わせた質量モル濃度が $0.050\,mol/kg$ であるので

$$\left(0.50 \times \frac{x}{100} \times \frac{1}{200} \times 3 + 0.50 \times \frac{100-x}{100} \times \frac{1}{150}\right) \times \frac{1000}{100} = 0.050 \qquad x = 40\,〔％〕$$

問4 ｜4｜ 正解は ①
- ① （誤） 実在気体は**高温・低圧**になるにつれて，分子間力と分子自身の大きさの影響が小さくなり，理想気体のふるまいに近づく。
- ② （正） 分子の極性は分子間力を大きくし，理想気体のふるまいからずれる原因となる。
- ③ （正） 実在気体の分子自身の体積（大きさ）は，分子自身の体積がない理想気体のふるまいからずれる原因となる。
- ④ （正） 1 mol の理想気体の状態方程式は $PV=RT$ であるから，$\dfrac{PV}{T}=R$（一定）となり，物質の種類によらない。

問5 a ｜5｜ 正解は ②
- ① （正） KCl と KNO_3 はともに低温であるほど溶解度が小さい。
- ② （誤） 30℃での溶解度は KCl が 37，KNO_3 が 46 であり，10℃での溶解度は

KClが31，KNO₃が21であるから，それぞれの析出量は次のとおりであり，析出する塩の質量はKClの方が小さい。

$$KCl : 37 - 31 = 6 \text{〔g〕} \quad KNO_3 : 46 - 21 = 25 \text{〔g〕}$$

③ （正）KClとKNO₃の22℃での溶解度はともに34であるので，式量の大きいKNO₃の飽和水溶液の方がK⁺の物質量が小さい。

④ （正）10℃での溶解度は，KClが31，KNO₃が21であるので，25gのKClはすべて溶けるが，KNO₃は一部が溶けずに残る。

b ６ 正解は④

冷却後の水溶液中の水の質量は　100 - 6.3 = 93.7〔g〕

また，図1より14℃におけるMgSO₄の溶解度は30であるから，冷却後に溶けているMgSO₄の質量は

$$30 \times \frac{93.7}{100} = 28.1 \text{〔g〕}$$

よって，冷却前の水溶液Aに溶けているMgSO₄の質量は

$$28.1 + (12.3 - 6.3) = 34.1 ≒ 34 \text{〔g〕}$$

第2問 やや難　化学反応のしくみ，鉛蓄電池，二段階電離，白金触媒式カイロの反応熱，アルカンの生成熱と燃焼熱

問1 ７ 正解は④

① （正）反応物の濃度が大きいほど，粒子どうしの単位時間当たりの衝突回数は増加する。

② （正）粒子どうしの衝突の際に，活性化エネルギー以上のエネルギーを粒子がもたないと反応は起こらない。

③ （正）正・逆反応ともに活性化状態は同じである。

④ （誤）温度を上げると活性化エネルギー以上のエネルギーをもつ粒子の割合が増加するので，反応速度が大きくなる。

問2 ８ 正解は④

鉛蓄電池の放電時の負極および正極の反応は次のとおり。

負極：Pb + SO₄²⁻ ⟶ PbSO₄ + 2e⁻
正極：PbO₂ + 4H⁺ + SO₄²⁻ + 2e⁻ ⟶ PbSO₄ + 2H₂O

これらの式から2e⁻を消去すると式(1)の反応式が得られる。したがって，放電反応において2molのe⁻が移動すると2molのH₂SO₄が消費されることから，外部回路に流れた電気量は

14　2023年度：化学/追試験〈解答〉

$$(3.00 - 2.00) \times \frac{100}{1000} \times 9.65 \times 10^4 = \textbf{9.65} \times \textbf{10}^3 \, \textbf{[C]}$$

問3　⬜9　正解は②

式(2)の反応が完了した時点でのそれぞれのモル濃度は，H_2A が完全に電離するので，$[H_2A] = 0\,\text{mol/L}$，$[H^+] = [HA^-] = c\,\text{[mol/L]}$ である。次に，式(3)の反応が平衡に達したときのそれぞれのモル濃度は次のとおりである。

$$HA^- \;\rightleftharpoons\; H^+ \;+\; A^{2-}$$

反応前	c	c	0	[mol/L]
変化量	$-c\alpha$	$+c\alpha$	$+c\alpha$	[mol/L]
平衡時	$c(1-\alpha)$	$c(1+\alpha)$	$c\alpha$	[mol/L]

よって，平衡定数 K は

$$K = \frac{[H^+][A^{2-}]}{[HA^-]} = \frac{c(1+\alpha) \times c\alpha}{c(1-\alpha)} = \frac{\boldsymbol{c\alpha(1+\alpha)}}{\boldsymbol{1-\alpha}}$$

問4　a　⬜10　正解は②

利用できる熱量は，C_7H_{16}（気）の燃焼熱から，5℃の C_7H_{16}（液）を 25℃の C_7H_{16}（気）にするのに必要な熱量と，5℃の O_2（気）を 25℃の O_2（気）にするのに必要な熱量を引いた値である。

5℃で 1 mol の C_7H_{16}（液）を 25℃の C_7H_{16}（気）にするのに必要な熱量は

$$4.44 + 36.6 = 41.04 \, \text{[kJ]}$$

5℃で 11 mol の O_2（気）を 25℃の O_2（気）にするのに必要な熱量は

$$0.600 \times 11 = 6.6 \, \text{[kJ]}$$

したがって，5℃の C_7H_{16}（液）10.0 g（0.100 mol）がすべて反応したときに利用できる熱量は

$$\{4.50 \times 10^3 - (41.04 + 6.6)\} \times 0.100 = 445.2 \fallingdotseq \textbf{4.45} \times \textbf{10}^2 \, \textbf{[kJ]}$$

b　⬜11　正解は③

アルカン C_8H_{18}（気）の燃焼熱を $Q\,\text{[kJ/mol]}$ とすると，燃焼の熱化学方程式は次のとおりである。

$$C_8H_{18}\,(気) + \frac{25}{2}O_2\,(気) = 8CO_2\,(気) + 9H_2O\,(気) + Q\,kJ$$

直鎖状のアルカンの生成熱を炭素数 n に対してグラフにすると，n が大きくなると直線になることから，次図のようになる。

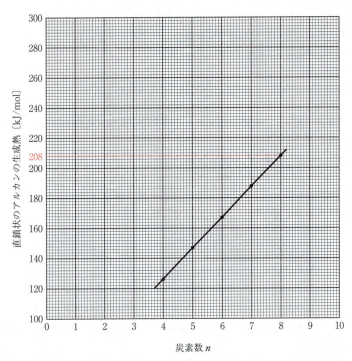

グラフより，C$_8$H$_{18}$（気）の生成熱は 208 kJ/mol とわかる。

$$反応熱＝生成物の生成熱の総和－反応物の生成熱の総和$$

より，C$_8$H$_{18}$（気）の燃焼熱 Q〔kJ/mol〕は

$$Q = 8 \times 394 + 9 \times 242 - 208 = 5122 ≒ 5.12 \times 10^3 〔kJ/mol〕$$

第3問 標準 窒素とその化合物，酸化還元反応，銅の化合物，硫酸銅（Ⅱ）水和物の定量実験

問1 12 正解は ③

① （誤） 液体窒素は大気圧下で存在し，その沸点は －196 ℃ である。
② （誤） 銀は酸化力の強い濃硝酸には溶ける。

$$Ag + 2HNO_3 \longrightarrow AgNO_3 + H_2O + NO_2$$

濃硝酸に不動態となるのは Al，Fe，Ni などである。

③ （正） 次の反応で硝酸が得られる。

$$3NO_2 + H_2O \longrightarrow 2HNO_3 + NO$$

④ （誤） [Zn(NH$_3$)$_4$]$^{2+}$ 中の配位結合は，配位子である NH$_3$ の非共有電子対が Zn^{2+} に与えられて生じる。

16 2023年度：化学/追試験〈解答〉

問2 $\boxed{13}$・$\boxed{14}$　正解は③・⑤

酸化還元反応では，反応前後で酸化数が変化する原子が存在する。

① $\underset{0}{Zn} + 2NaOH + 2\underset{+1}{H_2}O \longrightarrow Na_2[\underset{+2}{Zn}(OH)_4] + \underset{0}{H_2}$

② $Ca(\underset{+1}{Cl}O)_2 \cdot 2H_2O + 4H\underset{-1}{Cl} \longrightarrow Ca\underset{-1}{Cl_2} + 4H_2O + 2\underset{0}{Cl_2}$

③ （誤）弱塩基（NH_3）の遊離反応であり，酸化数が変化する原子は存在しない。よって，酸化還元反応ではない。

④ $\underset{0}{Cu} + 2H_2\underset{+6}{S}O_4 \longrightarrow Cu\underset{+2}{S}O_4 + 2H_2O + \underset{+4}{S}O_2$

⑤ 不揮発性の酸（H_2SO_4）による揮発性の酸（HCl）の発生反応であり，酸化数が変化する原子は存在しない。よって，酸化還元反応ではない。

問3 $\boxed{15}$　正解は③

① （正）酸化銅（Ⅱ）CuO は次のように希硫酸に溶ける。

$$CuO + H_2SO_4 \longrightarrow CuSO_4 + H_2O$$

② （正）ビウレット反応であり，トリペプチド以上のペプチドの検出に用いる。

③ （誤）アルデヒドの還元作用により，Cu^{2+} が還元されて赤色の酸化銅（Ⅰ）Cu_2O が生じる。

④ （正）セルロースを溶かすこの溶液をシュワイツァー試薬（シュバイツァー試薬）という。

問4 a　$\boxed{16}$　正解は④　　$\boxed{17}$　正解は②

$CuSO_4$ を溶かした水溶液に $BaCl_2$ を加えると，$BaSO_4$ の白色沈殿が生じる。

$$CuSO_4 + BaCl_2 \longrightarrow CuCl_2 + BaSO_4$$

実験Ⅰで得られた $BaSO_4$ の物質量は

$$\frac{1.165}{233} = 5.00 \times 10^{-3} \,〔mol〕$$

したがって，試料A中の $CuSO_4$ の質量は

$$5.00 \times 10^{-3} \times 160 = 0.800 \,〔g〕$$

試料A中の水の質量は　　$1.178 - 0.800 = 0.378 \,〔g〕$

よって，求める x の値は，$H_2O = 18.0$ より

$$x = \frac{0.378}{18.0} \times \frac{1}{5.00 \times 10^{-3}} = 4.20 \fallingdotseq 4.2$$

b 　 18 　 正解は④

実験Ⅱより，Cu^{2+} を含む水溶液に NaOH 水溶液を加えると

$$Cu^{2+} + 2OH^- \longrightarrow Cu(OH)_2$$

$Cu(OH)_2$ の沈殿を取り出し，十分に加熱すると

$$Cu(OH)_2 \longrightarrow CuO + H_2O$$

したがって，水溶液中の Cu^{2+} の物質量は CuO の物質量と等しいので

$$\frac{w \times 10^{-3}}{80} \,\text{[mol]}$$

実験Ⅲより，Cu^{2+} を含む水溶液を陽イオン交換樹脂に通すと

$$Cu^{2+} + 2R\text{-}SO_3H \longrightarrow 2H^+ + (R\text{-}SO_3)_2Cu$$

流出液を NaOH 水溶液で中和滴定すると

$$H^+ + OH^- \longrightarrow H_2O$$

したがって，イオン交換された Cu^{2+} の物質量は

$$c \times \frac{V}{1000} \times \frac{1}{2} \,\text{[mol]}$$

以上より，両実験における Cu^{2+} の物質量は等しいから

$$\frac{w \times 10^{-3}}{80} = c \times \frac{V}{1000} \times \frac{1}{2} \qquad V = \frac{w}{40c}$$

第4問 　標準　 アセチレンの反応，ジアゾカップリング，共重合体の組成比，エステルの性質と構造決定

問1 　 19 　 正解は③

① （正） H–C≡C–H + Br₂ ⟶ CHBr=CHBr
アセチレン　　臭素　　　　1,2-ジブロモエチレン

② （正） H–C≡C–H + CH₃COOH ⟶ CH₂=CH
　　　　　　　　　　酢酸　　　　　　　　　　｜
　　　　　　　　　　　　　　　　　　　　　OCOCH₃
　　　　　　　　　　　　　　　　　　　　酢酸ビニル

③ （誤） アセチレンに1分子の水を付加させると，ビニルアルコールを経てアセトアルデヒドが生成する。

H–C≡C–H + H₂O ⟶ (CH₂=CH) ⟶ CH₃–C–H
　　　　　　　　　　　　　｜　　　　　　　　‖
　　　　　　　　　　　　　OH　　　　　　　　O
　　　　　　　　　　　ビニルアルコール　　　アセトアルデヒド
　　　　　　　　　　　　（不安定）

④ （正） H–C≡C–H $\xrightarrow{H_2}$ CH₂=CH₂ $\xrightarrow{H_2}$ CH₃–CH₃
　　　　　　　　　　　　　　エチレン　　　　　エタン

問2 　20　 正解は ②

① （誤）　塩化ベンゼンジアゾニウムはアニリンと亜硝酸ナトリウムから得られる。

$$\text{アニリン} \diagdown \text{NH}_2 + \text{NaNO}_2 + 2\text{HCl} \longrightarrow \diagdown \text{N}\equiv\text{NCl} + \text{NaCl} + 2\text{H}_2\text{O}$$

アニリン　　亜硝酸ナトリウム　　　　　　塩化ベンゼンジアゾニウム

② （正）　次に示すように NaCl が生成する。

$$\diagdown \text{N}\equiv\text{NCl} + \diagdown \text{ONa} \longrightarrow \diagdown \text{N}=\text{N}\diagdown \text{OH} + \text{NaCl}$$

ナトリウムフェノキシド　　　　　　p-ヒドロキシアゾベンゼン

③ （誤）　カップリングでは窒素は生成しない。

④ （誤）　p-ヒドロキシアゾベンゼンは橙赤色の染料である。

問3 　21　 正解は ⑤

単量体Aと単量体Bについて，ベンゼン環に結合した水素原子（○印）とそれ以外の水素原子（□印）は次のとおり。

単量体A　　　　　　　単量体B

したがって，単量体AとBの物質量の比を $1:x$ とすると，共重合体中のベンゼン環に結合した水素原子とそれ以外の水素原子との総数の比は $5:(3+3x)$ となるから

$$5:(3+3x)=5:4 \qquad x=\frac{1}{3}$$

よって　　$\text{A}:\text{B}=1:\dfrac{1}{3}=3:1$

問4 　a　 　22　 正解は ④

① （正）　サリチル酸と無水酢酸を反応させると，アセチルサリチル酸が生成する。

$$\text{サリチル酸} + (\text{CH}_3\text{CO})_2\text{O} \xrightarrow{\text{アセチル化}} \text{アセチルサリチル酸} + \text{CH}_3\text{COOH}$$

サリチル酸　　無水酢酸　　　　　　アセチルサリチル酸

② （正）　酢酸エチルは酢酸とエタノールに加水分解されるので，酢酸エチルの合成反応は可逆反応である。

$$\text{CH}_3\text{COOH} + \text{C}_2\text{H}_5\text{OH} \underset{\text{加水分解}}{\overset{\text{エステル化}}{\rightleftarrows}} \text{CH}_3-\overset{\text{O}}{\underset{\|}{\text{C}}}-\text{O}-\text{C}_2\text{H}_5 + \text{H}_2\text{O}$$

酢酸エチル

③ （正） ニトログリセリンは，3価のアルコールであるグリセリンと硝酸 HNO_3 とのエステルである。

$$
\begin{array}{l}
CH_2{-}OH \\
|\\
CH{-}OH \\
|\\
CH_2{-}OH
\end{array}
\ +3HNO_3 \longrightarrow
\begin{array}{l}
CH_2{-}ONO_2 \\
|\\
CH{-}ONO_2 \\
|\\
CH_2{-}ONO_2
\end{array}
\ +3H_2O
$$

グリセリン　　　　　　　　　　ニトログリセリン

④ （誤）　強塩基である $NaOH$ によるエステルの加水分解（けん化）は不可逆反応である。

$$
CH_3{-}\underset{\underset{O}{\|}}{C}{-}O{-}C_2H_5 + NaOH \xrightarrow{\text{けん化}} CH_3{-}COONa + C_2H_5OH
$$

b　　23　　正解は①

アルコール C の分子量は 154 であるから，得られたアルコール C の物質量は

$$
\frac{38.5\times10^{-3}}{154}=2.50\times10^{-4}\,(\text{mol})
$$

アルコール C は 1 価のアルコールであるから，エステル A の加水分解に必要な水の質量は

$$
2.50\times10^{-4}\times18=4.50\times10^{-3}\,(\text{g})=4.50\,(\text{mg})
$$

したがって，カルボン酸 B の質量は

$$
49.0+4.50-38.5=15.0\,(\text{mg})
$$

となる。カルボン酸 B（分子量 M）が 1 価の場合，その物質量はアルコール C に等しいから

$$
\frac{15.0\times10^{-3}}{M}=2.50\times10^{-4} \qquad M=60.0
$$

同様に，カルボン酸 B が 2 価の場合，その物質量はアルコール C の半分であるから

$$
\frac{15.0\times10^{-3}}{M}=2.50\times10^{-4}\times\frac{1}{2} \qquad M=120
$$

以上より，条件に当てはまるのは 1 価のカルボン酸である① CH_3COOH である。

c　　24　　正解は①

③は不斉炭素原子をもたず，④はシス-トランス異性体が存在するので C ではない。②はすべての二重結合に水素を付加して得られるアルコールが第二級アルコールであり，酸化されてケトンを生じるため，C ではない。

一方，①は不斉炭素原子をもち，シス-トランス異性体が存在せず，水素付加で得られるアルコールは第三級アルコールであり酸化されないことから，C と決まる。

20 2023年度：化学/追試験〈解答〉

第5問 標準 吸水性高分子と浸透圧，架橋構造の形成，浸透圧と平均分子量

問1 25 正解は④

①フェノール樹脂と②尿素樹脂は各単量体とホルムアルデヒドが付加縮合することで立体網目構造を形成している。また，③アルキド樹脂は多価のカルボン酸と多価のアルコールがエステル結合することで立体網目構造を形成している。一方，④スチロール樹脂の単量体であるスチレンには C=C が1つしかなく鎖状構造を形成している。

問2 26 正解は②

架橋構造を形成するためには，分子内に C=C が複数必要であるので，②が適当である。

問3 27 正解は①

① (正)，②・③ (誤) NaCl 水溶液に浸すと，樹脂内部との浸透圧の差が純水に浸す場合より小さくなるため，樹脂に吸収される水の量は少なくなる。

④ (誤) 樹脂内部と NaCl 水溶液との浸透圧の差が純水に浸した場合より小さくなるので，架橋が切れることはない。

問4 a 28 正解は② 29 正解は⑤ 30 正解は③

式(1)を用いると

$$\varPi = \frac{0.342 \times 8.31 \times 10^3 \times 300}{342} = 2.49 \times 10^3 ≒ 2.5 \times 10^3 \,[\text{Pa}]$$

b 31 正解は⑤

図2の4つの点を直線で結び，その縦軸の切片を読み取ると，$1.37 \times 10^{-5}\,\text{mol/g}$ となる。

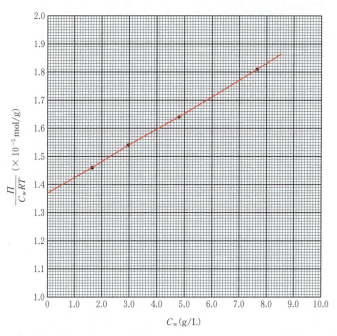

この値が $\dfrac{1}{M'}$ に等しいとみなせるので

$$\dfrac{1}{M'} = 1.37 \times 10^{-5} \qquad M' = 7.29 \times 10^4 ≒ \mathbf{7.3 \times 10^4}$$

化学 本試験

問題番号 (配点)	設問	解答番号	正解	配点	チェック
第1問 (20)	問1	1	②	3	
	問2	2	②	3	
	問3	3	④	4	
	問4	4	④	3	✓
	問5	5	②	3	
		6	③	4	
第2問 (20)	問1	7	③	3	
	問2	8	③	3	
	問3	9	①	3	
	問4	10	④	4	
		11	④	3	
		12	④	4	
第3問 (20)	問1	13	③	4	
	問2	14	①	4	
	問3	15	⑤	4	
		16	①	4	
		17	②	4	

問題番号 (配点)	設問	解答番号	正解	配点	チェック
第4問 (20)	問1	18	④	3	✓
	問2	19	②	2	
		20	②	2	
	問3	21	⑤	4	
	問4	22	②	2	
		23	⑤	3	
		24	④	4*1	
第5問 (20)	問1	25	③	4	
		26	④	4	
		27	③	4	
	問2	28	③		
		29	②	4*2	
		30	⑧		
		31	②		
		32	⑤	4*2	
		33	⑤		

(注)
1　*1は，③を解答した場合は2点を与える。
2　*2は，全部正解の場合のみ点を与える。

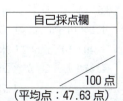

自己採点欄　/100 点
（平均点：47.63 点）

第1問 電子配置，肥料の窒素含有率，混合気体の分圧と密度の関係，非晶質，混合気体の溶解度とヘンリーの法則

問1 　1　 正解は ②

L殻に電子を3個もつ元素では，K殻に2個の電子が存在する。したがって，この原子は原子番号 2+3=5 のホウ素 B である。

問2 　2　 正解は ②

与えられた窒素化合物の窒素含有率は次のとおり。

① $\dfrac{14}{53.5}$　　② $\dfrac{14}{60} \times 2 = \dfrac{14}{30}$

③ $\dfrac{14}{80} \times 2 = \dfrac{14}{40}$　　④ $\dfrac{14}{132} \times 2 = \dfrac{14}{66}$

したがって，②$(NH_2)_2CO$ の窒素含有率が最も高い。

問3 　3　 正解は ④

原子量が A<B であることから，Aの分圧が p_0 のとき（つまり，すべてAの気体）の密度は，Aの分圧が0のとき（つまり，すべてBの気体）の密度より小さいと考えられる。したがって，正解は④または⑤である。次に，Aの分圧が $\dfrac{p_0}{2}$ のときにAとBの物質量比は 1:1 であることから，この混合気体の密度はAとBの密度の平均値になると考えられる。したがって，正解は④と決まる。

問4 　4　 正解は ④

① (正)　ガラスは非晶質であり，一定の融点を示さない。
② (正)　融解状態の金属を急激に冷却すると，凝固の過程で金属原子の配列が不規則な固体になる。これをアモルファス金属やアモルファス合金という。
③ (正)　光ファイバーに用いられる石英ガラスは，二酸化ケイ素を融解してつくられる。
④ (誤)　ポリエチレンは，非晶質の部分の割合が増えると，**やわらかく透明**になる。

問5 a　5　 正解は ②

1.0×10^5 Pa での O_2 の溶解度は，10℃ で 1.75×10^{-3} mol/1L 水，20℃ で 1.40×10^{-3} mol/1L 水である。したがって，温度を10℃から20℃にすると溶解量は減少し，O_2 が水20Lに接しているときに減少する O_2 の溶解量は

$$(1.75 \times 10^{-3} - 1.40 \times 10^{-3}) \times 20 = 7.0 \times 10^{-3} \text{ (mol)}$$

b $\boxed{6}$ 正解は③

空気の全圧が $5.0\times10^5\mathrm{Pa}$ のとき，N_2 の分圧は $4.0\times10^5\mathrm{Pa}$ であるから，$20℃$ で $1.0\mathrm{L}$ の水に溶解している N_2 の物質量は

$$0.70\times10^{-3}\times\frac{4.0\times10^5}{1.0\times10^5}=2.8\times10^{-3}\,(\mathrm{mol})$$

また，ピストンを引き上げて空気の全圧が $1.0\times10^5\mathrm{Pa}$ になったとき，N_2 の分圧は $0.80\times10^5\mathrm{Pa}$ であるから，$20℃$ で $1.0\mathrm{L}$ の水に溶解している N_2 の物質量は

$$0.70\times10^{-3}\times\frac{0.80\times10^5}{1.0\times10^5}=0.56\times10^{-3}\,(\mathrm{mol})$$

したがって，遊離した N_2 の $0℃$，$1.013\times10^5\mathrm{Pa}$ における体積は
$$(2.8\times10^{-3}-0.56\times10^{-3})\times22.4\times10^3=50.1\fallingdotseq50\,(\mathrm{mL})$$

第2問 やや難 状態変化と反応熱，弱酸の遊離と水素イオン濃度，化学平衡と反応速度，水素吸蔵合金と燃料電池

問1 $\boxed{7}$ 正解は③

① 燃焼反応は発熱反応である。

② 中和反応は発熱反応である。

③ **溶解熱には発熱の場合も吸熱の場合もある。** 例えば，$NaOH$ の溶解は発熱反応，KNO_3 の溶解は吸熱反応である。

④ 凝固では，融解熱に等しい大きさの凝固熱を発熱する。

問2 $\boxed{8}$ 正解は③

酢酸ナトリウム CH_3COONa と塩酸 HCl を混合すると，弱酸の遊離反応が生じる。
$$CH_3COONa + HCl \longrightarrow CH_3COOH + NaCl$$

酢酸ナトリウムと塩酸の物質量が等しく，$NaCl$ の水溶液は中性なので，生じた酢酸の水溶液中での水素イオン濃度を考えればよい。生じた酢酸のモル濃度は

$$[CH_3COOH]=\frac{0.060\times0.050}{0.100}=0.030\,(\mathrm{mol/L})$$

よって，水溶液中の水素イオン濃度は，酢酸のモル濃度 c と電離定数 K_a より

$$[H^+]=\sqrt{cK_a}=\sqrt{0.030\times2.7\times10^{-5}}=\sqrt{81\times10^{-8}}=9.0\times10^{-4}\,(\mathrm{mol/L})$$

問3 $\boxed{9}$ 正解は①

平衡状態での $[B]$ を $x\,(\mathrm{mol/L})$ とすると，平衡前後での各モル濃度は次のとおり。

$$A \rightleftharpoons B + C$$

	A	B	C	
反応前	1	0	0	$(\mathrm{mol/L})$
変化量	$-x$	$+x$	$+x$	$(\mathrm{mol/L})$
平衡時	$1-x$	x	x	$(\mathrm{mol/L})$

4 2022年度：化学/本試験〈解答〉

平衡状態では，$v_1 = v_2$ であるから

$$k_1[A] = k_2[B][C]$$

$$\frac{k_1}{k_2} = \frac{[B][C]}{[A]}$$

$$\frac{1 \times 10^{-6}}{6 \times 10^{-6}} = \frac{x \times x}{1-x}$$

$$6x^2 + x - 1 = 0$$

$$(3x-1)(2x+1) = 0$$

ここで，$0 < x < 1$ であるので　　$x = \dfrac{1}{3}$〔mol/L〕

問4　a　　10　　正解は④

水素吸蔵合金 X に貯蔵できる H_2 の体積は

$$\frac{248}{6.2} \times 1200 = 4.8 \times 10^4 \text{〔mL〕}$$

したがって，X に貯蔵できる H_2 の物質量は

$$\frac{4.8 \times 10^4}{22.4 \times 10^3} = 2.14 \fallingdotseq 2.1 \text{〔mol〕}$$

b　　11　　正解は④

リン酸型燃料電池の各電極での反応は次のとおり。

$$\text{負極：} H_2 \longrightarrow 2H^+ + 2e^-$$

$$\text{正極：} O_2 + 4H^+ + 4e^- \longrightarrow 2H_2O$$

図1の e^- の流れる向きから，左側の電極が負極，右側の電極が正極である。したがって，供給する物質**ア**は H_2，供給する物質**イ**は O_2 である。また，排出される物質**ウ**は未反応の H_2，排出される物質**エ**は生じた H_2O と未反応の O_2 と考えられる。

c　　12　　正解は④

燃料電池の全体の反応は次のとおり。

$$2H_2 + O_2 \xrightarrow{4e^-} 2H_2O$$

したがって，2.00 mol の H_2 と 1.00 mol の O_2 は過不足なく反応して，4.00 mol の電子が流れる。よって，流れた電気量は

$$9.65 \times 10^4 \times 4.00 = 3.86 \times 10^5 \text{〔C〕}$$

2022年度：化学/本試験〈解答〉 5

第3問 ミョウバンと NaCl の識別，金属酸化物の組成，アンモニアソーダ法

問1　13　正解は ③

ア　ミョウバン AlK(SO$_4$)$_2$・12H$_2$O の水溶液では Al(OH)$_3$ の白色沈殿が生じるが，NaCl 水溶液では沈殿が生じない。

イ　ミョウバンの水溶液では CaSO$_4$ の白色沈殿が生じるが，NaCl 水溶液では沈殿が生じない。

ウ　ミョウバンの水溶液では Al^{3+} が加水分解するため弱い酸性を示し，NaCl の水溶液は中性を示すので，いずれもフェノールフタレインによって変色しない。

エ　ミョウバンの水溶液では水の電気分解が起こるため，陽極から無色の O$_2$ が発生する。NaCl 水溶液の電気分解では陽極で黄緑色の Cl$_2$ が発生する。

問2　14　正解は ①

M の物質量が 2.00×10^{-2} mol のとき生成する酸化物の質量は最大になり，O$_2$ と過不足なく反応したことがわかる。このときに用いられた O$_2$ の物質量は 1.00×10^{-2} mol，つまり酸素原子 O の物質量は 2.00×10^{-2} mol となるので，物質量比は M：O＝1：1 で，酸化物の組成式は MO となる。

問3　a　15　正解は ⑤

CO$_2$ は酸性酸化物であり，水に溶けてその水溶液は酸性を示す。また，Na$_2$CO$_3$ は弱酸と強塩基からなる正塩なので水溶液は塩基性を示し，NH$_4$Cl は強酸と弱塩基からなる正塩なので水溶液は酸性を示す。したがって，CO$_2$ と NH$_4$Cl が当てはまる。

b　16　正解は ①

①　（誤）　NaHCO$_3$ の溶解度が NH$_4$Cl より小さいことから水溶液中で先に析出し，Na$_2$CO$_3$ の原料となる。

②　（正）　酸性酸化物の CO$_2$ を溶かしやすくするために，まず NH$_3$ を通じて水溶液を塩基性にした後，CO$_2$ を通じる。

③　（正）　アンモニアソーダ法では触媒を用いない。

④　（正）　NaHCO$_3$ は次のように熱分解する。
$$2NaHCO_3 \longrightarrow Na_2CO_3 + H_2O + CO_2$$

c　17　正解は ②

アンモニアソーダ法全体の反応式は次のとおり。

6 2022年度：化学/本試験〈解答〉

$$2NaCl + CaCO_3 \longrightarrow Na_2CO_3 + CaCl_2$$

したがって，2mol の NaCl が反応するのに 1mol の CaCO$_3$ が必要であるので，58.5kg の NaCl が反応するのに必要な CaCO$_3$ の質量は，NaCl＝58.5，CaCO$_3$＝100 より

$$\frac{58.5 \times 10^3}{58.5} \times \frac{1}{2} \times 100 = 5.00 \times 10^4 \,(g) = 50.0 \,(kg)$$

第4問 やや難 ハロゲン原子を含む有機化合物，フェノールのニトロ化，高分子化合物，ジカルボン酸の還元反応

問1 18 正解は④

① （正）　CH$_4$の H 原子が徐々に Cl 原子に置換される。

② （正）　ブロモベンゼンは極性分子で，分子量がベンゼンより大きいので，分子間力がベンゼンより強く，沸点が高い。

③ （正）　クロロプレンは合成ゴムであるクロロプレンゴムの単量体である。

$$\left[CH_2-\underset{\underset{Cl}{|}}{C}=CH-CH_2 \right]_n$$

クロロプレンゴム

④ （誤）　プロピン 1 分子に臭素 2 分子を付加して得られる生成物は，1,1,2,2-テトラブロモプロパンである。

$$CH{\equiv}C-CH_3 + 2Br_2 \longrightarrow \underset{\underset{Br}{|}}{\overset{\overset{Br}{|}}{H-C}}-\underset{\underset{Br}{|}}{\overset{\overset{Br}{|}}{C}}-CH_3$$

1,1,2,2-テトラブロモプロパン

問2 19 正解は②　　20 正解は②

2,4,6-トリニトロフェノールは，2 つのオルト位および 1 つのパラ位がニトロ化されている。

OH
O$_2$N　　NO$_2$

NO$_2$

2,4,6-トリニトロフェノール

したがって，ニトロフェノールの異性体はオルト位またはパラ位のニトロ化による 2 種類，ジニトロフェノールの異性体は 2 つのオルト位またはオルト位とパラ位のニトロ化による 2 種類が考えられる。

2022年度：化学/本試験〈解答〉　7

ニトロフェノールの異性体
（2種類）

ジニトロフェノールの異性体
（2種類）

問3 　21　正解は⑤

① （正）　タンパク質の二次構造は分子内のペプチド結合間の水素結合が，三次構造は置換基R間のジスルフィド結合やイオン結合が担っている。

② （正）　タンパク質の変性は，強酸，重金属イオン，加熱などが原因となり高次構造が変化することによって生じる。

③ （正）　トリアセチルセルロースを部分的に加水分解することで，アセトンに可溶なジアセチルセルロースが生じる。これを紡糸すると，アセテート繊維が得られる。

④ （正）　天然ゴムは，分子中の二重結合が空気中の酸素によって酸化されることで弾性を失う。

⑤ （誤）　ポリ乳酸を加水分解すると乳酸が得られるが，ポリエチレンテレフタラートを加水分解するとエチレングリコールとテレフタル酸が生じる。

問4　a　22　正解は②

反応時間0では全量がジカルボン酸であるので，Aがジカルボン酸である。また，反応の進行とともにヒドロキシ酸と2価アルコールはいずれも増加するが，ヒドロキシ酸は中間生成物であるから，途中から減少に転じる。したがって，Cがヒドロキシ酸，Bが2価アルコールである。

b　23　正解は⑤

Yは銀鏡反応を示さないことからホルミル基（アルデヒド基）をもたず，$NaHCO_3$水溶液を加えてもCO_2を生じないことからカルボキシ基ももたない。また，86 mgのYに含まれる各原子の質量は，$CO_2 = 44$，$H_2O = 18$より

$$C : \frac{176}{44} \times 12 = 48 \,(mg)$$

$$H : \frac{54}{18} \times 2.0 = 6.0 \,(mg)$$

$$O : 86 - 48 - 6.0 = 32 \,(mg)$$

したがって，Yの組成式を$C_xH_yO_z$とすると

8　2022年度：化学/本試験〈解答〉

$$x : y : z = \frac{48}{12} : \frac{6.0}{1.0} : \frac{32}{16} = 2 : 3 : 1$$

Ｙは炭素原子を4個もつので，Ｙの分子式は $C_4H_6O_2$ となる。

以上より，上記の条件を満たすＹの構造式は⑤と決まる。

c 　24　　正解は④　（③で部分正解）

ア　4種類のジカルボン酸を還元して生成するヒドロキシ酸は次の**5種類**である。

$$HO-CH_2-CH_2-CH_2-CH_2-COOH \qquad CH_3-\overset{*}{C}H-CH_2-COOH$$
$$\qquad\qquad\qquad\qquad\qquad\qquad\qquad\qquad\qquad\quad |$$
$$\qquad\qquad\qquad\qquad\qquad\qquad\qquad\qquad\qquad CH_2-OH$$

$$CH_3-\overset{*}{C}H-CH_2-CH_2-OH \qquad CH_3-CH_2-\overset{*}{C}H-COOH$$
$$\qquad\quad |\qquad\qquad\qquad\qquad\qquad\qquad\qquad\qquad\qquad\quad |$$
$$\qquad\quad COOH \qquad\qquad\qquad\qquad\qquad\qquad\qquad CH_2-OH$$

$$\qquad\qquad COOH$$
$$\qquad\qquad |$$
$$CH_3-C-CH_3$$
$$\qquad\qquad |$$
$$\qquad\quad CH_2-OH$$

イ　上記の構造のうち，不斉炭素原子 C^* をもつものは**3種類**である。

第5問　やや難　脂肪族不飽和炭化水素，アルケンのオゾン分解による生成物・反応熱・反応速度・反応速度定数

問1　　25　　正解は③

① （正）　エチレン $CH_2=CH_2$ の二重結合は自由に回転できない。

② （正）　シクロアルカンの一般式は C_nH_{2n} であるから，シクロアルケンの一般式は C_nH_{2n-2} である。

③ （誤）　1-ブチンの三重結合を形成する炭素原子とその炭素原子に直接結合している炭素原子（右から2番目の炭素原子）は一直線上にある（■の部分の炭素原子）が，一番右の $-CH_3$ の炭素原子は同一直線上にはない。

$$CH\equiv C-CH_2-CH_3$$

④ （正）　ポリアセチレンの構造式は次のとおりであり，分子中に二重結合をもつ高分子化合物である。

$$\{CH=CH\}_n$$
ポリアセチレン

問2　a　　26　　正解は④

Ｂはヨードホルム反応を示さないことから，R^1 は Ｈ または CH_3CH_2 のいずれかである。また，Ｃはヨードホルム反応を示すことから，R^2，R^3 の少なくとも1つは CH_3 である。さらに，ＢとＣの炭素原子数の合計が6であることから，これらを満たす組合せは④である。

b 　27　　正解は③

反応熱＝（生成物の生成熱の和）－（反応物の生成熱の和）より，式(3)において，
SO_2（気），SO_3（気）の生成熱をそれぞれ Q_1〔kJ/mol〕，Q_2〔kJ/mol〕とすると
$$99 = Q_2 - Q_1$$
したがって，式(2)において
$$Q = (186 + 217 + Q_2) - \{67 + (-143) + Q_1\} = 479 + (Q_2 - Q_1)$$
$$= 479 + 99 = \mathbf{578}〔kJ〕$$

c 　28　　正解は③　　29　　正解は②　　30　　正解は⑧

アルケン A のモル濃度は，反応開始後 1.0 秒で 4.4×10^{-7} mol/L，6.0 秒で
2.8×10^{-7} mol/L である。したがって，アルケン A が減少する平均の反応速度 v
〔mol/(L·s)〕は
$$v = -\frac{2.8 \times 10^{-7} - 4.4 \times 10^{-7}}{6.0 - 1.0} = \mathbf{3.2 \times 10^{-8}}〔\text{mol/(L·s)}〕$$

d 　31　　正解は②　　32　　正解は⑤　　33　　正解は⑤

実験 1 と 3 を比較すると，$[O_3]$ が 3 倍になると，v も 3 倍になっているので，v
は O_3 の濃度の 1 乗に比例し，$b = 1$ となる。次に，実験 1 と 2 を比較すると，$[A]$
が 4 倍，$[O_3]$ が $\frac{1}{2}$ 倍となると，v は 2 倍になっている。ここで，$b = 1$ を考慮す
ると
$$4^a \times \left(\frac{1}{2}\right)^1 = 2 \qquad a = 1$$
よって，アルケン A と O_3 の反応の反応速度定数は，実験 1 の値を用いると
$$5.0 \times 10^{-9} = k \times 1.0 \times 10^{-7} \times 2.0 \times 10^{-7} \qquad k = \mathbf{2.5 \times 10^5}〔\text{L/(mol·s)}〕$$

化学 追試験

問題番号 (配点)	設問	解答番号	正解	配点	チェック
第1問 (20)	問1	1	①	3	
	問2	2	③	4	
	問3	3	⑦	4	
	問4	4	④	3*	
		5	⓪		
		6	③	3	
		7	③	3	
第2問 (20)	問1	8	④	3	
	問2	9	②	3	
	問3	10	②	4	
	問4	11	①	3	
		12	⑤	3	
		13-14	③-⑤	4 (各2)	
第3問 (20)	問1	15	①	4	
	問2	16	①	2	
		17	②	2	
	問3	18	④	4	
		19	③	4	
		20	④	4	

問題番号 (配点)	設問	解答番号	正解	配点	チェック
第4問 (20)	問1	21	③	4	
	問2	22	②	4	
	問3	23	③	4	
	問4	24	③	3	
		25	⓪		
		26	④	2*	
		27	②		
		28	②	3	
第5問 (20)	問1	29	④	4	
		30-31	②-⑥	4 (各2)	
	問2	32	②	4	
	問3	33	③	4	
		34	①	4	

(注)
1 *は,全部正解の場合のみ点を与える。
2 －(ハイフン)でつながれた正解は,順序を問わない。

第1問 分子の構造，実在気体の体積，気液平衡と沸騰，有機溶媒中の安息香酸の会合度と凝固点降下

問1 ┃ 1 ┃ 正解は ①

それぞれの分子の構造は次のとおり。

① H−C≡N ② F−F ③ H−N−H ④ (シクロヘキセンの構造式)

①シアン化水素が三重結合をもつ。②フッ素と③アンモニアは単結合のみ，④シクロヘキセンは二重結合をもつ。

問2 ┃ 2 ┃ 正解は ③

与えられた Z の式（式(1)）を変形すると

$$V = Z\frac{nRT}{P}$$

理想気体では $Z=1$ であるから，**実在気体の体積は理想気体の Z 倍**であることがわかる。ここで，1.0×10^7 Pa での理想気体の体積を V_0 とすると，5.0×10^7 Pa での理想気体の体積は，ボイルの法則より $\dfrac{V_0}{5}$ である。また，CH_4 の 1.0×10^7 Pa，5.0×10^7 Pa での Z の値は，図1よりそれぞれ 0.86，1.18 であるから，それぞれの圧力下における CH_4 の体積は，$0.86V_0$ および $1.18\times\dfrac{V_0}{5}$ となる。したがって，求める体積の比は

$$\frac{1.18\times\dfrac{V_0}{5}}{0.86V_0} = 0.274 \fallingdotseq \mathbf{0.27\text{ 倍}}$$

問3 ┃ 3 ┃ 正解は ⑦

ア（正）(a)は**気液平衡**の状態であり，シクロヘキサン分子の蒸発速度と凝縮速度は等しい。

イ（正）沸騰とは飽和蒸気圧が外圧（大気圧）に等しくなったときに生じる現象で，液体の内部からもシクロヘキサンが蒸発している。

ウ（正）室温の水での冷却により，容器内の気体のシクロヘキサンの圧力 P は 81℃ での飽和蒸気圧（＝大気圧）よりも低くなる。(c)の状態では，液体のシクロヘキサンの温度低下は気体ほど激しくはなく，その温度で液体が示す飽和蒸気

圧は P よりも大きいので再び沸騰が起こる。

問4　a　4　正解は④　　5　正解は⓪

非電解質の希薄溶液の凝固点降下度 Δt は，**溶質の種類に無関係で，質量モル濃度** m〔mol/kg〕**に比例**する。

$$\Delta t = K_f m \quad (K_f:\text{モル凝固点降下}〔\text{K·kg/mol}〕)$$

図2より，質量モル濃度が $0.8\,\text{mol/kg}$ での凝固点は $143\,℃$ であるから，溶媒Aのモル凝固点降下は

$$175 - 143 = K_f \times 0.8 \qquad K_f = 40〔\text{K·kg/mol}〕$$

b　6　正解は③

安息香酸をB，安息香酸の溶液の質量モル濃度を c〔mol/kg〕とすると，二量体の形成に伴う溶質粒子の質量モル濃度は次のとおり。

	2B $\rightleftharpoons$	B$_2$	合計
会合前	c	0	c
変化量	$-c\beta$	$+\dfrac{1}{2}c\beta$	
会合後	$c(1-\beta)$	$\dfrac{1}{2}c\beta$	$c\left(1-\dfrac{1}{2}\beta\right)$

凝固点降下度は全粒子の濃度に比例するので

$$\Delta T_f : \Delta T_f' = c : c\left(1 - \frac{\beta}{2}\right) = 4 : 3 \qquad \beta = 0.50$$

c　7　正解は③

bより，二量体を形成していない安息香酸分子の数 m に対する二量体の数 n の比は

$$\frac{n}{m} = \frac{\dfrac{1}{2}c\beta}{c(1-\beta)} = \frac{\beta}{2(1-\beta)}$$

第2問　標準　反応速度，CuSO$_4$水溶液の電気分解，溶解度積，平衡移動と反応熱

問1　8　正解は④

① （正）　反応物の濃度が高いほど，反応速度は大きくなる。

② （正）　反応温度が高いほど，反応速度は大きくなる。

③ （正）　固体が関係する反応では，固体の表面積を大きくするほど，反応速度は大きくなる。

④ （誤）　触媒を加えると**活性化エネルギーが小さくなる**ので，反応速度が大きくなる。

問2　 9 　正解は②

$CuSO_4$ 水溶液を電気分解した際の，各極での反応は次のとおり。

$$陽極：2H_2O \longrightarrow 4H^+ + O_2 + 4e^-$$

$$陰極：Cu^{2+} + 2e^- \longrightarrow Cu$$

したがって，生成する H^+ と e^- の物質量は等しいことから，電流を流した時間を $t〔s〕$ とすると

$$(1.00 \times 10^{-3} - 1.00 \times 10^{-5}) \times \frac{200}{1000} = \frac{0.100 \times t}{9.65 \times 10^4}$$

$$t = 191 \fallingdotseq \mathbf{1.9 \times 10^2}〔s〕$$

問3　 10 　正解は②

$AgCl$ は水溶液中で次の溶解平衡が成立している。

$$AgCl（固）\rightleftharpoons Ag^+ + Cl^-$$

したがって，与えられた温度における $AgCl$ の溶解度積 K_{sp} は

$$K_{sp} = [Ag^+][Cl^-] = (1.4 \times 10^{-5})^2 〔mol/L〕^2$$

よって，加えた $NaCl$ の濃度を $x〔mol/L〕$ とすると

$$K_{sp} = [Ag^+][Cl^-] = \left(1.0 \times 10^{-5} \times \frac{25}{25+10}\right) \times \left(x \times \frac{10}{25+10}\right) = (1.4 \times 10^{-5})^2$$

$$x = 9.60 \times 10^{-5} \fallingdotseq \mathbf{9.6 \times 10^{-5}}〔mol/L〕$$

問4　a　 11 　正解は①

ア　温度の上昇に伴って体積が急増しているので，平衡は**総分子数が増加する左向き**へ移動したことがわかる。

> **CHECK**　平衡の移動がないものとして，30℃の体積から90℃の体積をシャルルの法則を用いて計算すると，次のようになり，実測値の 560 mL より小さいことがわかる。
>
> $$350 \times \frac{273+90}{273+30} = 419.3 \fallingdotseq 419〔mL〕$$

イ　**ルシャトリエの原理**より，**加熱すると平衡は吸熱反応の方向へ移動する**。式(1)の逆反応が吸熱反応であるので，式(1)の正反応は発熱反応である。

b　 12 　正解は⑤

60℃での気体の総物質量は，気体の状態方程式より

$$\frac{1.0 \times 10^5 \times 0.450}{8.3 \times 10^3 \times (273+60)} = 1.628 \times 10^{-2} \fallingdotseq \mathbf{1.63 \times 10^{-2}}〔mol〕$$

初期の NO_2 のうち,x〔mol〕が N_2O_4 に変化したとすると

$$(2.0 \times 10^{-2} - x) + \frac{x}{2} = 1.63 \times 10^{-2} \qquad x = 0.74 \times 10^{-2} \text{〔mol〕}$$

よって,変化した NO_2 の割合は

$$\frac{0.74 \times 10^{-2}}{2.0 \times 10^{-2}} \times 100 = 37 \text{〔％〕}$$

c 13 ・ 14 正解は ③・⑤

式(1)の正反応の反応熱を Q〔kJ〕とすると,熱化学方程式は次のとおり。

$$2NO_2 \text{(気)} = N_2O_4 \text{(気)} + Q \text{〔kJ〕}$$

この反応について,反応熱と活性化エネルギーの関係は次の図のように表される。

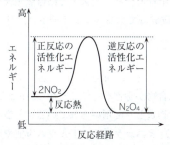

したがって,③式(1)の正反応および逆反応の活性化エネルギーから反応熱を求めることができる。また,反応熱は次のように求められる。

反応熱＝生成物の生成熱の和－反応物の生成熱の和

ここで,NO の生成熱 Q_1〔kJ/mol〕および NO の燃焼熱 Q_2〔kJ/mol〕より,NO_2 の生成熱 Q_3〔kJ/mol〕が求められる。

$$\frac{1}{2}N_2 \text{(気)} + \frac{1}{2}O_2 \text{(気)} = NO \text{(気)} + Q_1 \text{〔kJ〕} \quad \cdots\cdots ①$$

$$NO \text{(気)} + \frac{1}{2}O_2 \text{(気)} = NO_2 \text{(気)} + Q_2 \text{〔kJ〕} \quad \cdots\cdots ②$$

①＋② より $\frac{1}{2}N_2 \text{(気)} + O_2 \text{(気)} = NO_2 \text{(気)} + Q_3 \text{〔kJ〕}$

よって,⑤ N_2O_4 と NO の生成熱および反応 $2NO + O_2 \longrightarrow 2NO_2$ の反応熱より,式(1)の正反応の反応熱を求めることができる。

第3問 リン，金属の性質と利用，金属の混合物の分離，イオン化傾向と電池の起電力

問1 15 正解は①

① (誤) リン酸 H_3PO_4 のリン原子 P の酸化数を x とすると
$$(+1) \times 3 + x + (-2) \times 4 = 0 \quad x = +5$$

② (正) 十酸化四リン P_4O_{10} は吸湿性の強い酸性酸化物であるから，酸性の気体の乾燥に適している。逆に，塩基性の NH_3 などとは中和反応を生じるので，適さない。

③ (正) 過リン酸石灰は，$Ca(H_2PO_4)_2 \cdot H_2O$ と $CaSO_4$ の混合物で，リン酸肥料として用いられる。

④ (正) 黄リンは反応性に富み，空気中では自然発火するため，水中に保存する。

⑤ (正) DNA の構成成分であるヌクレオチドは，リン酸エステルとしての構造をもっている。

問2 16 正解は① 17 正解は②

I アとイの単体や化合物が毒性をもつことから，Hg と Pb が当てはまる。

II 二次電池の正極活物質として用いられているイとウの化合物は，鉛蓄電池の正極活物質である PbO_2 とニッケル・カドミウム電池やニッケル・水素電池の正極活物質である $NiO(OH)$ が考えられる。

III 融点が最も低いアは常温で液体の Hg，融点が最も高いエは W である。

以上より，ア．Hg，イ．Pb，ウ．Ni，エ．W となる。

問3 a 18 正解は④

① (不適) 温水で洗うと $MgCl_2$ は溶けるが，Ag と AgCl は溶けないので，Ag は分離できない。

②・③ (不適) NaOH 水溶液で洗うと，$MgCl_2$ は $Mg(OH)_2$ となって沈殿するが，Ag，AgCl のいずれも NaOH 水溶液に溶けないので，Ag は分離できない。

④ (適当) 水で洗うと $MgCl_2$ が溶ける。その後アンモニア水で洗うと，AgCl 中の Ag は $[Ag(NH_3)_2]^+$ となって溶解し，Ag はアンモニア水に溶けないので，Ag のみを取り出すことができる。

b 19 正解は③

実験 I で Mg と AgCl は次のように反応する。
$$2AgCl + Mg \longrightarrow 2Ag + MgCl_2$$
よって，取り出された単体の Ag の質量は

$$\frac{0.12}{24} \times 2 \times 108 = 1.08 \fallingdotseq 1.1 \,〔g〕$$

c 　20　 正解は ④

電池の起電力は，**正極と負極のイオン化傾向の差が大きくなるほど大きくなる**。イオン化傾向は，Mg＞Zn＞Sn＞Cu であるから，Mg を用いた起電力 x〔V〕は Zn を用いた起電力 1.07 V より大きくなる。

第4問 標準 エチレンの実験室的製法，芳香族化合物の異性体，けん化と重合体の分子量，塩化ビニルの工業的製法

問1　21　 正解は③

① （正）　エチレンは無極性分子であり，水に溶けにくいため，水上置換により捕集する。

② （正）　何らかの原因でフラスコ内の圧力が低下すると，水槽の水が逆流する可能性があるので，安全瓶を用いてフラスコへ水が入るのを防ぐ。

③ （誤）　この反応は 160 ℃ ～170 ℃ で行う必要があるが，水浴では 100 ℃ より高温にできないため，水浴ではなく**油浴**を用いる。

④ （正）　エタノールを一度に多量に加えると反応溶液の温度が低下し，エタノールの分子間脱水反応によりジエチルエーテルが生じる可能性があるため，反応溶液の温度が下がらないように少しずつ加える。

問2　22　 正解は②

分子式が $C_8H_{10}O$ のベンゼン環を一つもつ化合物には，一置換体，二置換体，三置換体があり，アルコール，フェノール類，エーテルがあるが，ナトリウムと反応しない化合物はエーテルのみである。したがって，当てはまる化合物は次の **5 種類**である。

問3　23　 正解は③

この重合体の分子量は　　$59 + 43 + (14 \times 4 + 16) \times x = 72x + 102$

また，重合体のけん化反応は次のとおり。

18　2022年度：化学/追試験〈解答〉

$$H_3C-\overset{\overset{\displaystyle O}{\|}}{C}-O\!\!+\!\!(CH_2)_4\!-\!O\!\!+\!\!\overset{\overset{\displaystyle O}{\|}}{C}-CH_3 + 2KOH$$

$$\longrightarrow HO\!\!+\!\!(CH_2)_4\!-\!O\!\!+\!\!H + 2CH_3COOK$$

重合体1molをけん化するには2molのKOHが必要である。重合体966gをけん化するのにKOHを112g消費したことから

$$\frac{966}{72x+102}\times 2 = \frac{112}{56} \qquad x=12$$

問4　a 　24　　正解は③

① （正）　ポリ塩化ビニルは，次のように塩化ビニルの付加重合で合成される。

$$n\,\overset{H}{\underset{H}{>}}C\!=\!C\overset{H}{\underset{Cl}{<}} \longrightarrow +\!CH_2-CHCl\!+\!{}_n$$

② （正）　ポリ塩化ビニルは，鎖状構造をもつことから熱可塑性樹脂である。

③ （誤）　塩化ビニルには，構造異性体は存在しない。

④ （正）　アセチレンに1分子のHClを付加させると，塩化ビニルが合成できる。

$$CH\equiv CH + HCl \longrightarrow CH_2=CHCl$$

b 　25　　正解は②　　26　　正解は④　　27　　正解は②

与えられた化学反応式を次のようにおく。

$$aCH_2\!=\!CH_2 + bHCl + O_2 \longrightarrow aCH_2Cl\!-\!CH_2Cl + cH_2O$$

O原子の数より　　$c=2$

H原子の数より　　$4a+b=4a+2c$

Cl原子の数より　　$b=2a$

よって　　$a=2,\ b=4,\ c=2$

したがって，全体の反応式は次のようになる。

$$2CH_2\!=\!CH_2 + 4HCl + O_2 \longrightarrow 2CH_2Cl\!-\!CH_2Cl + 2H_2O$$

c 　28　　正解は②

1molの$CH_2=CH_2$から1molのH原子が取り除かれO_2と反応することで，H_2Oが生成する。また，O_2はH_2O以外の化合物の生成に関与していない。さらに，このとき取り除かれたH原子の代わりに，Cl原子が結合して塩化ビニルとなる。したがって，全体の反応は次のように示すことができる。

$$4CH_2\!=\!CH_2 + O_2 + 2Cl_2 \longrightarrow 4CH_2\!=\!CHCl + 2H_2O$$

よって，消費されるO_2の物質量は1molである。

2022年度：化学/追試験〈解答〉 **19**

第5問 （やや難） 錯体の生成による金属イオンの定量

問1 a 29 正解は④

サリチル酸とメタノールによるメチルエステルの生成反応であるから，**触媒として濃硫酸**を用いる。

b 30 ・ 31 正解は②・⑥

化合物 A の左側のベンゼン環（アミノフェノール由来）に結合している O 原子（OH 基由来）のパラ位は 2 番，右側のベンゼン環（サリチル酸メチル由来）に結合している OH 基のパラ位は 6 番の炭素原子である。

問2 32 正解は②

式(1)より，Cu^{2+} と化合物 A の物質量の比は 1：2 であるから，0.0040 mol の化合物 A で沈殿させることができる Cu^{2+} の最大量は 0.0020 mol である。よって，**③**と**④**は不適である。次に，化合物 B の分子量は，$211 \times 2 + 64 - 2 = 484$ だから，得られる化合物 B の最大質量は

$$484 \times 0.0020 = 0.968〔g〕$$

したがって，**②**のグラフが適当である。

問3 a 33 正解は③

それぞれの水溶液の pH は次のとおり。

ア $[OH^-] = 0.1\,mol/L$ より，pH = 13 である。

イ 弱塩基の NH_3 と弱塩基と強酸による塩 NH_4Cl の混合溶液（**緩衝液**）であるから，弱い塩基性を示すと考えられるので，pH＞7 である。

ウ 弱酸 CH_3COOH と弱酸と強塩基による塩 CH_3COONa の混合溶液（**緩衝液**）であるから，弱い酸性を示すと考えられるので，pH＜7 である。

エ $[H^+] = 0.1\,mol/L$ より，pH = 1 である。

図2より，Cu^{2+} のみが完全に沈殿する pH の範囲は 4 〜 6 と読み取れるので，最も適当な溶液は**ウ**である。

b 34 正解は①

化合物 B（分子量 484）に含まれる Cu^{2+} の質量は

$$\frac{6.05}{484} \times 64 = 0.80〔g〕$$

したがって，合金 C 中の Cu の含有率は

$$\frac{0.80}{2.00} \times 100 = 40〔\%〕$$

化学 本試験(第1日程)

2021年度

問題番号 (配点)	設問	解答番号	正解	配点	チェック
第1問 (20)	問1	1	①	4	
	問2	2	⑤	4	✓
	問3	3	②	4	✓
	問4	4	④	4*	
		5	②		
		6	①	4	
第2問 (20)	問1	7	③	4	
	問2	8	③	4	
	問3	9	①	4	
		10	②	4	✓
		11	④	4	
第3問 (20)	問1	12	③	4	✓
	問2	13	③	2	✓
		14	④	2	✓
	問3	15	③	4	
		16	①	4	
		17	④	4	

問題番号 (配点)	設問	解答番号	正解	配点	チェック
第4問 (20)	問1	18	①	4	
	問2	19	③	3	
	問3	20	③	3	
		21	②	3	
	問4	22	①	3	
	問5	23	②	4	
第5問 (20)	問1	24	④	4	
		25	②	3	
		26	④	3	
	問2	27	①	3	
	問3	28	④	4	
		29	①	3	

(注) *は, 両方正解の場合のみ点を与える。

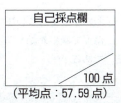

(平均点:57.59点)

第1問 金属元素の性質，結晶の密度，溶解と分子間力，蒸気圧と状態変化

問1　1　正解は①

ア　周期表では，Mg と Ba は 2 族，Al は 13 族，K は 1 族に属する。したがって，2 価の陽イオンになりやすいのは 2 族の元素である Mg と Ba である。

イ　Mg と Ba の硫酸塩 MgSO₄ と BaSO₄ のうち，水に溶けやすい硫酸塩は MgSO₄ である。

したがって，両方に当てはまる金属元素は① Mg である。

問2　2　正解は⑤

体心立方格子の単位格子には 2 個の原子が含まれている。したがって，与えられた結晶の密度 d は

$$d = \frac{\frac{M}{N_A} \times 2}{L^3}$$

よって，アボガドロ定数 N_A は

$$N_A = \frac{2M}{L^3 d} \text{〔/mol〕}$$

問3　3　正解は②

Ⅰ　(正)　ヘキサン分子は極性が小さく，極性溶媒である水にほとんど溶けない。

Ⅱ　(正)　ナフタレン分子どうし，ヘキサン分子どうし，およびナフタレン分子とヘキサン分子の間にはたらく分子間力がほぼ等しいため，互いによく混ざり合うことができる。

Ⅲ　(誤)　液体の分子間にはたらく**分子間力**が大きいほど，液体の**沸点は高くなる**。

問4　a　4　正解は④　　5　正解は②

90℃のままで体積を 5 倍にしたときの圧力は，ボイルの法則にしたがって $\frac{1}{5}$ 倍となるため

$$1.0 \times 10^5 \times \frac{1}{5} = 0.2 \times 10^5 \text{〔Pa〕}$$

したがって，この圧力を保ちながら温度を下げると，蒸気圧が 0.2×10^5 Pa となる温度で凝縮が始まる。よって，図 1 の蒸気圧曲線より，凝縮が始まる温度は **42℃** である。

b 6 正解は①

体積を一定にして液体の温度を上げていくと，液体の蒸発は激しくなるが，液体が存在する限りは気体の圧力は蒸気圧曲線に沿って変化する。すなわち，圧力は点Aから蒸気圧曲線に沿って大きくなる。液体の全量が気体になってからは，温度 T〔K〕と圧力 P〔Pa〕の関係は，気体の状態方程式にしたがう。このときの圧力 P はその温度での蒸気圧より小さい。

100℃のとき，0.024 mol の C_2H_5OH がすべて気体であると仮定して，その圧力を求めると

$$P \times 1.0 = 0.024 \times 8.3 \times 10^3 \times (100+273)$$
$$P = 0.743 \times 10^5 ≒ 0.74 \times 10^5 〔Pa〕$$

この値は，100℃での蒸気圧（1.0×10^5 Pa よりはるかに大きい）より小さいことから，100℃では C_2H_5OH すべてが気体であることがわかり，その状態は点Gである。よって，気体の圧力と温度の経路は点Aと点Gを通るから①が正解となる。

CHECK 図2の温度範囲で C_2H_5OH がすべて気体であると仮定すると，そのときの P と T の関係は，気体の状態方程式より

$$P \times 1.0 = 0.024 \times 8.3 \times 10^3 \times T \quad \cdots\cdots ①$$

0℃のときの P の値を求めると

$$P = 0.024 \times 8.3 \times 10^3 \times 273 = 0.543 \times 10^5 ≒ 0.54 \times 10^5 〔Pa〕$$

となり，この値は点Fである。したがって，式①は点Fと点Gを通る直線であることがわかる。このことから，式①と蒸気圧曲線の交点は点Cであり，点Cでの温度に達したときに液体の全量が気体になることがわかる。また，気体の圧力は，その温度での蒸気圧より大きくなることはないから，図2において，点Cより左側では式①の圧力が蒸気圧より大きいので，実際の圧力は蒸気圧であり，点Cより右側では式①の圧力のほうが小さいので，実際の圧力は式①の圧力となる。よって，温度と圧力の経路は，A→B→C→Gとなる。

第2問 化学反応と光，空気亜鉛電池の反応，氷の昇華と水素結合・昇華熱

問1 7 正解は③

① （正） 塩素と水素は反応しやすく，常温で混合気体に光を照射すると爆発的に反応して塩化水素を生じる。

$$Cl_2 + H_2 \xrightarrow{光} 2HCl$$

② （正） オゾン層中のオゾンは，紫外線を吸収して自らは酸素に変化する。

$$2O_3 \xrightarrow{光} 3O_2$$

③ （誤） 光合成では，太陽のエネルギーを吸収して，二酸化炭素と水からグルコースが生じるから，吸熱反応である。

$$6CO_2 + 6H_2O = C_6H_{12}O_6 + 6O_2 - 2803 \text{ kJ}$$

④ (正) TiO_2 は光が当たると触媒作用を示す光触媒である。

問2 [8] 正解は③

反応式より，質量の増加は Zn と化合した O 原子によるものであることがわかる。1 mol の O 原子が Zn と化合すると 2 mol の電子が流れるため，流れた電流を x 〔mA〕とすると

$$\frac{x \times 10^{-3} \times 7720}{9.65 \times 10^4} \times \frac{1}{2} \times 16 = 16.0 \times 10^{-3} \quad x = 25.0 \text{〔mA〕}$$

問3 a [9] 正解は①

水の状態図は下の図のとおり。三重点より低温かつ低圧の状態にある氷（点A）を昇華させるためには，(1)のように**温度を保ったまま減圧**するか，また(2)のように**圧力を保ったまま加熱**する必要がある。

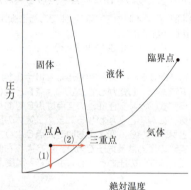

b [10] 正解は②

図1より，水素結合1本あたり2個の水分子が関与していることから，1個の水分子は水素結合1本あたり0.5本分寄与していると考えられる。1個の水分子は4個の水分子と水素結合しているから，1個の水分子の水素結合の数は $4 \times 0.5 = 2$ 本とみなせる。したがって，1 mol の氷には 2 mol の水素結合が存在することになり，氷の昇華熱は 2 mol の水素結合を切るエネルギーに等しい。よって，水素結合 1 mol を切るのに必要なエネルギーは $\frac{1}{2}Q$〔kJ/mol〕である。

c [11] 正解は④

0℃における氷の昇華熱 Q〔kJ/mol〕は，図2およびヘスの法則を用いると，次の4つの熱量（(1)〜(4)）の和に等しいことがわかる。

2021年度：化学/本試験(第Ⅰ日程)〈解答〉　**5**

(1)　0℃の氷の融解熱：6 kJ/mol
(2)　0℃の水を25℃に上昇させるのに必要な熱量：0.080×25 kJ/mol
(3)　25℃の水の蒸発熱：44 kJ/mol
(4)　25℃の水蒸気を0℃の水蒸気に冷却するときに放出する熱量：0.040×25 kJ/mol

したがって，0℃における氷の昇華熱 Q〔kJ/mol〕は

$$Q = 6 + 0.080 \times 25 + 44 + (-0.040 \times 25) = 51 \text{〔kJ/mol〕}$$

第3問　標準　溶融塩電解，金属元素の性質，錯イオンの反応と量的関係

問1　12　正解は③

① （正）　NaClの融点は鉄の融点より低いので，陰極に鉄を用いることができる。また，陽極には Cl_2 が発生するが，黒鉛とは反応性が低いため，黒鉛を用いることができる。

② （正）　各電極での反応は次のとおりである。

陽極：$2Cl^- \longrightarrow Cl_2 + 2e^-$　　陰極：$Na^+ + e^- \longrightarrow Na$

③ （誤）　1 molの電子が流れるとNaが1 mol生成し，Cl_2 は0.5 mol発生する。

④ （正）　NaClの水溶液を電気分解すると，Naのイオン化傾向が大きく，陰極では H_2O が還元されるため，Naではなく H_2 が発生する。

$$2H_2O + 2e^- \longrightarrow H_2 + 2OH^-$$

問2　13　正解は③　　14　正解は④

Ⅰ　希硫酸に溶けるのはSnとZnであり，溶けにくいのはAgとPbである。Pbは希硫酸に対して不溶性の $PbSO_4$ が生じ，反応が内部へ進行しないため希硫酸に溶けにくい。

Ⅱ　冷水にはほとんど溶けず，熱水には溶ける2価の塩化物は $PbCl_2$ であるので，**ウ**はPb，**エ**はAgとなる。

Ⅲ　与えられた金属のうち，同族元素であるのは14族のSnとPbであるので，**ア**がSn，**イ**がZnとなる。

問3　a　15　正解は③

① （誤）　水溶液中に存在する Fe^{3+} は H_2S によって還元されて Fe^{2+} となるため，Fe^{2+} が含まれていることを確かめることはできない。

② （誤）　サリチル酸は Fe^{3+} と反応して赤紫色を呈する（フェノール性 $-OH$ の検出）が，Fe^{2+} とは呈色反応を示さない。

③ （正） Fe^{2+} を含む水溶液に $K_3[Fe(CN)_6]$ 水溶液を加えると，ターンブルブルーの濃青色沈殿が生じる。この反応は Fe^{2+} の検出反応である。

④ （誤） Fe^{3+} は KSCN 溶液と錯イオンを生じ血赤色の溶液となるが，Fe^{2+} とは反応しない。

b 16 正解は①

1.0 mol の $[Fe(C_2O_4)_3]^{3-}$ が式(1)にしたがって完全に反応すると，1.0 mol の $[Fe(C_2O_4)_2]^{2-}$，0.5 mol の $C_2O_4^{2-}$，1.0 mol の CO_2 が生じる。$C_2O_4^{2-}$ の酸化反応は次のとおりである。

$$C_2O_4^{2-} \longrightarrow 2CO_2 + 2e^-$$

したがって，0.5 mol の $C_2O_4^{2-}$ が酸化されて，1.0 mol の CO_2 が発生したことになる。

c 17 正解は④

0.0109 mol の $[Fe(C_2O_4)_3]^{3-}$ に含まれる $C_2O_4^{2-}$ の物質量は

$$0.0109 \times 3 = 0.0327 \,[\text{mol}]$$

一方，沈殿した $CaC_2O_4 \cdot H_2O$ に含まれる $C_2O_4^{2-}$ の物質量は

$$\frac{4.38}{146} = 0.0300 \,[\text{mol}]$$

したがって，CO_2 へと酸化された $C_2O_4^{2-}$ の物質量は

$$0.0327 - 0.0300 = 0.0027 \,[\text{mol}]$$

であるから，生じた CO_2 と $[Fe(C_2O_4)_2]^{2-}$ の物質量はそれぞれ

$$0.0027 \times 2 = 0.0054 \,[\text{mol}]$$

よって，$[Fe(C_2O_4)_2]^{2-}$ に変化した $[Fe(C_2O_4)_3]^{3-}$ の割合は

$$\frac{0.0054}{0.0109} \times 100 = 49.5 \fallingdotseq 50.0 \,[\%]$$

第4問　標準　芳香族炭化水素，油脂，アルコールの構造と反応，合成高分子化合物，らせん状ポリペプチド鎖の長さ

問1 18 正解は①

① （誤） 生成物は o-キシレンではなく，無水フタル酸である。

ナフタレン　→（O_2, V_2O_5　酸化）→　無水フタル酸

② （正） ベンゼンのハロゲン化の一種である。

$$\text{ベンゼン} + Cl_2 \xrightarrow{Fe} \text{クロロベンゼン} + HCl$$

③ （正） ベンゼンのスルホン化である。

$$\text{ベンゼン} + H_2SO_4 \xrightarrow{\text{高温}} \text{ベンゼンスルホン酸}(SO_3H) + H_2O$$

④ （正） ベンゼンへの水素の付加反応である。

$$\text{ベンゼン} + 3H_2 \xrightarrow[\text{高温・高圧}]{Ni} \text{シクロヘキサン}$$

問2 　19　 正解は③

① （正） 油脂1molをけん化するのに必要なKOHは3molである。したがって，けん化価が大きいほど，油脂1gが含む物質量が大きいことになり，油脂の平均分子量は小さくなる。

② （正） 乾性油はC＝Cを多く含み，このC＝Cが酸素などに酸化されるため空気中で固化しやすい。ヨウ素は油脂中のC＝Cに付加するため，油脂中のC＝Cが多いとヨウ素価が大きくなる。

③ （誤） 硬化油は，C＝Cを多く含む液体の油脂に，水素を付加させて固体にした生成物である。水素が付加する反応なので**還元反応**である。

④ （正） 油脂はグリセリンと高級脂肪酸によるトリエステルである。

問3 　a　 　20　 正解は③

適切な酸化剤を作用させて，アルデヒドが生成するのは第1級アルコール，ケトンが生成するのは第2級アルコールである。したがって，ケトンが生成するのは，第2級アルコールである**イ，ウ，エの3種類**である。

　b　 　21　 正解は②

ア～エから生じるアルケンを示すと次のようになる。

8 2021年度：化学/本試験〈第1日程〉〈解答〉

ア
$$CH_3-\overset{\overset{\displaystyle CH_3}{|}}{CH}-CH=CH_2$$

イ
$$CH_3-CH_2-CH_2-CH=CH_2$$
$$CH_3-CH_2-CH=CH-CH_3$$
（シス-トランス異性体有り）

ウ
$$CH_3-CH_2-CH=CH-CH_3$$
（シス-トランス異性体有り）

エ
$$CH_2=CH-\overset{\overset{\displaystyle CH_3}{|}}{CH}-CH_3 \qquad CH_3-CH=\overset{\overset{\displaystyle CH_3}{|}}{C}-CH_3$$

したがって，異性体の数が最も多いアルコールはイで，異性体の数は3種類である。

問4　22　正解は①

①　（誤）　ナイロン6は，ε-カプロラクタムの開環重合で得られ，その構造は次のとおり。

$$n\text{H}_2\text{C}\underset{CH_2-CH_2-N-H}{\overset{CH_2-CH_2-C=O}{\big|}} \xrightarrow{\text{開環重合}} \left[\underset{H}{\overset{\displaystyle |}{N}}-(CH_2)_5-\underset{O}{\overset{\displaystyle C}{\big\|}} \right]_n$$
ε-カプロラクタム　　　　　　　　　　　　　　　　ナイロン6

したがって，繰り返し単位中のアミド結合は1つである。

②　（正）　ポリ酢酸ビニルは次のように加水分解し，ポリビニルアルコールを生じる。

$$\left[\underset{OCOCH_3}{\overset{\displaystyle CH_2-CH}{\big|}} \right]_n \xrightarrow{\text{加水分解}} \left[\underset{OH}{\overset{\displaystyle CH_2-CH}{\big|}} \right]_n$$
ポリ酢酸ビニル　　　　　　　ポリビニルアルコール

③　（正）　尿素樹脂は立体網目構造をしているので，熱硬化性樹脂である。

④　（正）　生ゴムに硫黄を加えることを加硫といい，これによって強度や弾性が向上する。

⑤　（正）　ポリエチレンテレフタラート（PET）は，ポリエステル繊維および合成樹脂として容器（PETボトル）などに用いられている。

問5　23　正解は②

ポリペプチド鎖Aの重合度を n とすると，Aの分子量は $71n$（$=(89-18)\times n$）と表されることから

$$71n=2.56\times10^4 \qquad n \fallingdotseq 360$$

したがって，らせんの巻き数は $\dfrac{360}{3.6}=100$ であるので，Aのらせんの全長 L は

$$L=0.54\times100=54 \text{〔nm〕}$$

第5問 水溶液中のグルコースの平衡，グルコースのメトキシ化，グルコースの分解反応

問1　a　24　正解は ④

鎖状構造の分子の物質量は無視できるので，平衡時の α-グルコースと β-グルコースの合計の物質量は，**実験Ⅰのはじめに用いた** α-グルコースの物質量に等しい。表1より，平衡時の α-グルコースの物質量は 0.032 mol であるので，平衡時の β-グルコースの物質量は

$$0.100 - 0.032 = \mathbf{0.068} \text{ [mol]}$$

b　25　正解は ②

表1の値をグラフに表すと次のようになる。

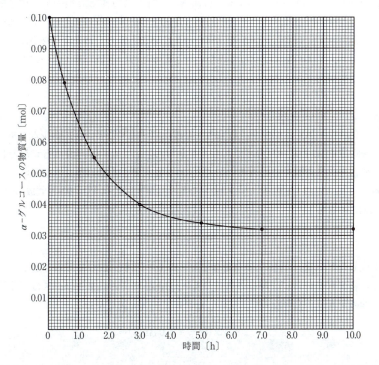

平衡時の β-グルコースの物質量は 0.068 mol であるから，その 50% である 0.034 mol に達したとき，α-グルコースの物質量は 0.066 mol である。したがって，グラフよりその値に達する時間を読み取ると，約 **1.0** 時間後となる。

c　26　正解は ④

α-グルコースと β-グルコースの間には化学平衡が成り立つ。

$$\alpha\text{-グルコース} \rightleftarrows \beta\text{-グルコース}$$

したがって，表1の値と a の解答を用いると，平衡定数 K は

$$K = \frac{[\beta\text{-グルコース}]}{[\alpha\text{-グルコース}]} = \frac{0.068}{0.032}$$

新たな平衡での β-グルコースの物質量を x〔mol〕とすると，α-グルコースの物質量は $0.200 - x$〔mol〕となるから

$$K = \frac{x}{0.200 - x} = \frac{0.068}{0.032} \qquad x = 0.136\,〔\text{mol}〕$$

CHECK K の単位は無次元なので，物質量の値をそのまま用いて計算してもよい。

問2　27　正解は ①

化合物 X が，グルコースのように直鎖構造を介して α 型と β 型の平衡状態を形成すると，直鎖構造はグルコースと同様，還元性のホルミル（アルデヒド）基をもつと考えられる。しかし，X が還元性を示さないことから，このような平衡状態は存在せず，α 型は β 型に変化していない。したがって，α 型の濃度は一定であり，① のグラフがあてはまる。

問3　a　28　正解は ④

有機化合物 Y は炭素原子を1個もち，銀鏡反応を示すことから，ホルムアルデヒド HCHO またはギ酸 HCOOH であると考えられる。しかし，ギ酸は還元剤として作用すると，自身は酸化されるので CO_2 となり，Z が水素原子を含むという条件を満たさない。したがって，Y は HCHO であり，Z はその酸化生成物である HCOOH である。

b　29　正解は ①

生成した Y と Z の物質量の合計は $2.0 + 10.0 = 12.0$〔mol〕であることから，これらに含まれている炭素原子の物質量も 12.0 mol である。グルコースは1分子中に6個の炭素原子を含むので，反応したグルコースの物質量は

$$12.0 \times \frac{1}{6} = 2.0\,〔\text{mol}〕$$

化学 本試験（第2日程）

問題番号 (配点)	設問	解答番号	正解	配点	チェック
第1問 (20)	問1	1	①	4	
	問2	2	③	4	
	問3	3	⑤	4	
	問4	4	③	4	
		5	⑤	4	
第2問 (20)	問1	6	②	4	
	問2	7	⑦	4*	
		8	⑨		
		9	⑧		
	問3	10	②	4	
		11	①	4	
		12	②	4	
第3問 (20)	問1	13	③	4	
	問2	14	②	4	
	問3	15	④	4	
	問4	16	①	4	
		17	③	4	

問題番号 (配点)	設問	解答番号	正解	配点	チェック
第4問 (20)	問1	18	①	3	
	問2	19	⑤	4	
	問3	20	②	1	
		21	④	1	
		22	⑤	1	
		23	④	3	
	問4	24	④	4	
	問5	25	③	3	
第5問 (20)	問1	26	②	4	
		27	④	4*	
		28	②		
	問2	29	②	2	
		30	④	2	
		31	③	4	
		32	①	4	

（注） *は，全部正解の場合のみ点を与える。

（平均点：39.28 点）

12 2021年度：化学/本試験（第2日程）〈解答〉

第1問 標準 共有結合と電子対，分圧の法則，コロイド粒子，薄層クロマトグラフィーによる混合物の分離

問1 ⎿ 1 ⏌ **正解は①**

ア ①〜⑤の構造式は次のとおり。

① $CH_3-\underset{\underset{O}{\parallel}}{C}-OH$　② $CH_3-CH_2-O-CH_2-CH_3$　③ $\underset{H}{\overset{H}{>}}C=C\underset{H}{\overset{H}{<}}$

④ $\underset{H}{\overset{H}{>}}C=C\underset{Cl}{\overset{H}{<}}$　⑤ $HO-CH_2-CH_2-OH$

したがって，二重結合をもつのは①，③，④の3種類である。

イ　C，H，Oのうちで，非共有電子対をもつのはO原子のみであり，1個のO原子は非共有電子対を2組もつ。したがって，①と⑤が非共有電子対を4組もつ。

以上より，ア，イの両方に当てはまるのは①酢酸である。

問2 ⎿ 2 ⏌ **正解は③**

混合後の窒素と酸素の分圧は

$$\text{窒素：}1.0\times10^5\times\frac{x}{x+y}\,\text{〔Pa〕}\qquad\text{酸素：}3.0\times10^5\times\frac{y}{x+y}\,\text{〔Pa〕}$$

したがって，分圧の法則より

$$1.0\times10^5\times\frac{x}{x+y}+3.0\times10^5\times\frac{y}{x+y}=2.0\times10^5$$

$$x=y$$

よって　　$x:y=1:1$

問3 ⎿ 3 ⏌ **正解は⑤**

ア　低分子のAが多数集合しているから**会合コロイド**である。

イ　Aの濃度が1.0×10^{-1} mol/Lであり，ミセルが生成しているから，この溶液はコロイド溶液となっており，**チンダル現象**を示す。

ウ　Aは次のように電離する。

$$C_{12}H_{25}-OSO_3{}^-Na^+\longrightarrow C_{12}H_{25}-OSO_3{}^-+Na^+$$

電離によって生じた$C_{12}H_{25}-OSO_3{}^-$がミセルを形成するため，このミセルは負に帯電している。したがって，電気泳動では**陽極**側に移動する。

問4 a ⎿ 4 ⏌ **正解は③**

Ⅰ　（誤）　Aの方がBより上昇しているから，Bの方がAよりシリカゲルに吸着しやすい（吸着しているために上昇しにくい）と考えられる。

Ⅱ　（正）　薄層板2の方が，BとCの距離が離れている（より分離されている）の

2021年度：化学/本試験(第2日程)〈解答〉　**13**

で，酢酸エチルを含むヘキサンの方が適している。

b　[5]　正解は⑤

I　(誤)　図2(a)でXはDと同じ高さに分離されたことから，XはDと同じ組成であり，Eは生成していない。

II　(正)　図2(b)のXは3つに分離され，そのうちの2つはDやEと同じ高さであることから，XはDとEの両方を含んでいる。

III　(正)　図2(c)のXは2つに分離され，1つはEと同じ高さであり，もう1つはDとは違う高さである。したがって，Eとは別の物質も生成したと考えられる。

第2問　やや難　鉄の腐食とイオン化傾向，緩衝作用，結合エネルギー，触媒と活性化エネルギー，NH_3の合成と化学平衡

問1　[6]　正解は②

ア・イ　装置ア・イは**電池**であり，イオン化傾向が大きい金属が負極（酸化反応），イオン化傾向が小さい金属が正極（還元反応）となる。イオン化傾向は$Zn>Fe>Sn$であるから，アではFeが正極となり酸化されず，イではFeが負極となって次のように酸化される。

$$Fe \longrightarrow Fe^{2+} + 2e^-$$

ウ・エ　装置ウ・エでは**電気分解**が起こり，陽極では酸化反応，陰極では還元反応が起こる。ウではFeは陰極であるから酸化されず，エではFeは陽極であるから次のように酸化される。

$$Fe \longrightarrow Fe^{2+} + 2e^-$$

CHECK　「電流は微小であり，電気分解はほとんど起こらない」というのは，陽極，陰極のそれぞれで次のような反応は生じないということである。

陽極：$2Cl^- \longrightarrow Cl_2 + 2e^-$　　陰極：$2H_2O + 2e^- \longrightarrow H_2 + 2OH^-$

問2　[7]　正解は⑦　　[8]　正解は⑨　　[9]　正解は⑧

同じ物質量のNH_3とNH_4Clを両方溶かした混合水溶液は緩衝液となっている。したがって，少量のH^+を加えると，その増加を打ち消すようにNH_3が反応し，NH_4^+を生じるため，pHはあまり変化しない。

$$H^+ + NH_3 \longrightarrow NH_4^+$$

また，少量のOH^-を加えると，その増加を打ち消すようにNH_4^+が反応し，NH_3とH_2Oを生成するため，pHはあまり変化しない。

$$OH^- + NH_4^+ \longrightarrow NH_3 + H_2O$$

14 2021年度：化学/本試験〈第2日程〉〈解答〉

問3 a 10 正解は②

図2より，2molのNH₃（気）の結合エネルギーは

$$92+1308+946=2346 (kJ)$$

この値はN−H結合6molの結合エネルギーに相当するから，N−H結合1mol当たりの結合エネルギーは

$$\frac{2346}{6}=391 (kJ)$$

b 11 正解は①

Ⅰ （正） 図2より，N₂（気）と3H₂（気）の結合エネルギーの和は946+1308 =2254〔kJ〕であり，この値は触媒の有無にかかわらず，反応の活性化エネルギーよりはるかに大きい。したがって，NH₃の生成反応は原子状態のNやHを経ていないことがわかる。

Ⅱ （正） 図3より，逆反応の活性化エネルギーは，触媒があるときもないときも1molのN₂と3molのH₂から2molのNH₃が生成するときの反応熱（発熱反応）の分だけ正反応の活性化エネルギーよりも大きいことがわかる。

Ⅲ （正） 図3より，反応熱の大きさは触媒の有無にかかわらず，N₂（気）+ 3H₂（気）と2NH₃（気）とのエネルギーの差であるから変わらない。なお，反応熱は図2より92kJである。

c 12 正解は②

図4より，全圧が$5.8×10^7$PaのときのNH₃の体積百分率は40％である。生成したNH₃の物質量をx〔mol〕とすると，各物質の平衡前後の物質量は次のとおりである。

	N₂	+	3H₂	⇌	2NH₃	合計	
平衡前	0.70		2.10		0	2.80	〔mol〕
平衡後	$0.70-\dfrac{x}{2}$		$2.10-\dfrac{3}{2}x$		x	$2.80-x$	〔mol〕

したがって，生成したNH₃の物質量は

$$\frac{x}{2.80-x}×100=40 \qquad x=0.80 (mol)$$

第3問 標準 金属元素とその用途，両性元素の反応，陽イオンの分離，SO₂水溶液の性質と電離平衡

問1 13 正解は③

① （正） 第4周期の遷移元素の最外殻電子数は，1または2である。

② （正） 銅は金や白金よりイオン化傾向が大きいので，天然に単体として存在することもあるが，硫黄の化合物（黄銅鉱）として産出されることが多い。

③ （誤） リチウムイオン電池は**二次電池**，リチウム電池は**一次電池**である。

④ （正） ガラスに銀鏡反応を応用したものが鏡である。

問2 　14　 正解は②

Al と $NaOH$ 水溶液は次のように反応し，Fe は反応しない。

$$2Al + 2NaOH + 6H_2O \longrightarrow 2Na[Al(OH)_4] + 3H_2$$

したがって，Al と Fe の混合物 $2.04\,g$ 中の Al の質量は

$$3.00 \times 10^{-2} \times \frac{2}{3} \times 27 = 0.54\,〔g〕$$

よって，混合物に含まれていた Fe の質量は

$$2.04 - 0.54 = 1.50\,〔g〕$$

問3 　15　 正解は④

ア〜エによって生じる沈殿をまとめると次のようになる。

	操作1	操作2	操作3
ア	AgI	$BaSO_4$	$Mn(OH)_2$
イ	AgI	$Mn(OH)_2$	$BaSO_4$
ウ	$BaSO_4$	AgI	$Mn(OH)_2$
エ	$BaSO_4$	Ag_2O $Mn(OH)_2$	沈殿なし

したがって，④エが分離できない。

問4　a　 16　 正解は①

実験の結果から試薬Bは酸化剤であることがわかる。したがって，①ヨウ素溶液が酸化剤，SO_2 が還元剤としてそれぞれ次のように反応したと考えられる。

$$\underset{(褐色)}{I_2} + 2e^- \longrightarrow \underset{(無色)}{2I^-}$$

$$\underset{(無色)}{SO_2} + 2H_2O \longrightarrow \underset{(無色)}{SO_4{}^{2-}} + 4H^+ + 2e^-$$

なお，③硫酸鉄（Ⅱ）$FeSO_4$ 水溶液と④硫化水素 H_2S 水は還元剤であり，酸化剤として作用しないので不適。また，水溶液Aは弱酸の亜硫酸 H_2SO_3 の水溶液であるので，これに赤色である②アルカリ性のフェノールフタレイン水溶液を加えると無色になるが，これは中和反応であり，酸化還元反応ではないので不適である。

16 　2021年度：化学/本試験〈第2日程〉〈解答〉

b 　17　 正解は③

2つの電離定数 K_1 と K_2 の積を求めると

$$K_1 \times K_2 = \frac{[H^+]^2[SO_3{}^{2-}]}{[SO_2]} = 7.92 \times 10^{-10}$$

これに，$[H^+] = 0.010 \, \text{mol/L}$，$[SO_2] = 8.3 \times 10^{-3} \, \text{mol/L}$ を代入すると

$$\frac{0.010^2 \times [SO_3{}^{2-}]}{8.3 \times 10^{-3}} = 7.92 \times 10^{-10}$$

$$[SO_3{}^{2-}] = 6.57 \times 10^{-8} \fallingdotseq 6.6 \times 10^{-8} \, [\text{mol/L}]$$

第4問 　（標準）　アルデヒドとケトン，異性体，サリチル酸の合成，芳香族化合物の分離，ビニル系高分子化合物，タンパク質とアミノ酸

問1 　18　 正解は①

① （誤） アセトン CH_3COCH_3 はケトンであるから還元性をもたない。

② （正） アセトンは CH_3CO- の構造をもつので，ヨードホルム反応を示す。

③ （正） アセトアルデヒド CH_3CHO は，工業的には，触媒（$PdCl_2$，$CuCl_2$）を用いたエテン $CH_2=CH_2$ の酸化により生成される。

$$2CH_2=CH_2 + O_2 \xrightarrow{PdCl_2, \ CuCl_2} 2CH_3CHO$$

④ （正） ホルムアルデヒドの沸点は $-19\,℃$ で，常温・常圧では気体であり，水によく溶ける。ホルムアルデヒドの約37％水溶液はホルマリンと呼ばれ，防腐剤などに用いられている。

問2 　19　 正解は⑤

C と H の数の関係から，化合物 $C_4H_{10}O$ は飽和化合物である。したがって，この化合物はアルコールまたはエーテルであり，鏡像異性体を含めて，次の8個の異性体が存在する（$^*C$ は不斉炭素原子）。

$$CH_3-CH_2-CH_2-CH_2-OH \qquad CH_3-CH_2-\overset{*}{\underset{\underset{OH}{|}}{C}}H-CH_3 \qquad CH_3-\underset{\underset{CH_3}{|}}{C}H-CH_2-OH$$

$$CH_3-\overset{\overset{CH_3}{|}}{\underset{\underset{OH}{|}}{C}}-CH_3 \qquad CH_3-CH_2-CH_2-O-CH_3 \qquad CH_3-CH_2-O-CH_2-CH_3$$

$$CH_3-\underset{\underset{CH_3}{|}}{C}H-O-CH_3$$

このうち Na と反応するのは**アルコール**であるから，異性体の数は**5つ**である。

問3 　**a** 　20　 正解は②　　21　 正解は④　　22　 正解は⑤

化合物A　クメンを酸化すると，クメンヒドロペルオキシドが得られる。

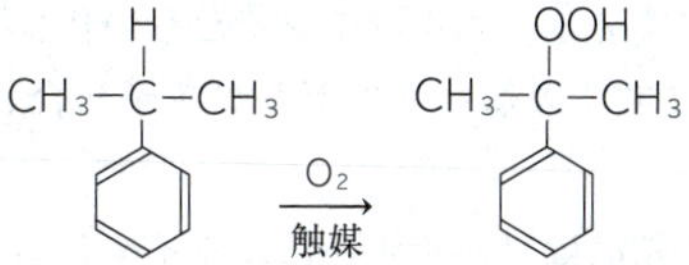

クメン　　A．クメンヒドロペルオキシド

化合物B　クメンヒドロペルオキシドを希硫酸で分解すると，フェノールとアセトンが生じる。

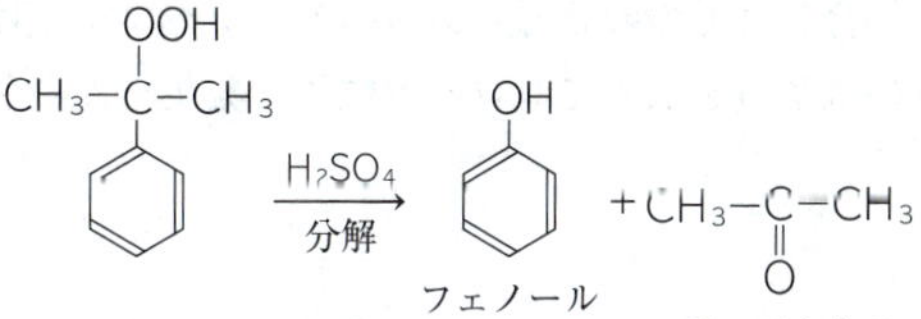

フェノール　　B．アセトン

化合物C　ナトリウムフェノキシドに高温・高圧でCO_2を作用させ，希硫酸で弱酸の遊離を行うとサリチル酸が得られる。

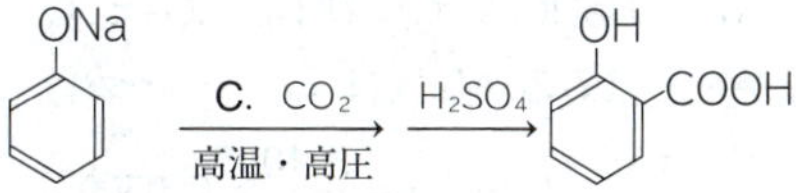

ナトリウムフェノキシド　　サリチル酸

b　23　正解は④

操作Ⅰ　$NaHCO_3$水溶液を加えると，サリチル酸がナトリウム塩となって水層に分離される。

操作Ⅱ　操作Ⅰのエーテル層に$NaOH$水溶液を加えるとフェノールがナトリウム塩となって水層に分離される。

操作Ⅲ　操作Ⅱの水層にジエチルエーテルと塩酸を加えると，フェノールは弱酸なので遊離しエーテル層に移る。

問4　24　正解は④

この重合反応は付加重合であるので，単量体Aの質量と高分子化合物Bの質量は等しい。したがって，Aの分子量をMとすると

$$0.130\times M=5.46 \qquad M=42.0$$

よって，Bの平均重合度nは

$$42.0\times n=2.73\times 10^4 \qquad n=650$$

18　2021年度：化学/本試験(第2日程)〈解答〉

問5　25　正解は③

① （正）　分子内にアミノ基とカルボキシ基をもつ化合物をアミノ酸といい，分子中の同じ炭素原子にアミノ基とカルボキシ基が結合しているアミノ酸を，α-アミノ酸という。

② （正）　アミノ酸の結晶は双性イオンによるイオン結晶であるため，分子量が同程度の分子結晶であるカルボン酸やアミンより融点が高いものが多い。

③ （誤）　グリシンとアラニンのペプチド結合の形成には，グリシンのカルボキシ基とアラニンのアミノ基が結合したものと，グリシンのアミノ基とアラニンのカルボキシ基が結合したものの2通りあるので，ジペプチドは2種類存在する。

④ （正）　多量の電解質を加えてコロイド粒子を凝集・沈殿させることを塩析という。

第5問　やや難　混合物の定量と炭酸塩の分解，コハク酸の滴定

問1　a　26　正解は②

式(3)，(4)より，1 mol の $NaHCO_3$ および Na_2CO_3 から，それぞれ 0.5 mol，1 mol の Na_2O が生じるから，求める関係式は

$$0.5x + y = \frac{3.10}{62} = 0.0500$$

$$x + 2y = 0.100$$

b　27　正解は④　　28　正解は②

$$x + y = 0.0750 \quad \cdots\cdots ①$$

$$x + 2y = 0.100 \quad \cdots\cdots ②$$

①，②を連立方程式として解くと　　$x = 0.050$〔mol〕

したがって，**試料Xに含まれていた** $NaHCO_3$ **の質量は**

$$0.050 \times 84 = 4.2 〔g〕$$

問2　a　29　正解は②　　30　正解は④

コハク酸イオンが A^{2-} であるから，コハク酸は H_2A である。また，コハク酸は2価の弱酸であるが，図2の滴定曲線は1段階の滴定とみなせるから，**ア**はほとんど中和が進んでいない状態の H_2A，**イ**は中和点を過ぎているので A^{2-} の状態だとみなせる。

CHECK　コハク酸は分子の構造が対称形である。そのため2つのカルボキシ基の電離定数に違いがなく，滴定曲線は見かけ上1段階となる。

b 　31　　正解は③

コハク酸と NaOH 水溶液の中和反応は次のとおり。

$$H_2A + 2NaOH \longrightarrow Na_2A + 2H_2O$$

したがって，10.00 g の**試料 X** に含まれていたコハク酸（分子量 118）の質量を x〔g〕とすると

$$1.00 \times \frac{50.00}{1000} = \frac{x}{118} \times 2 \qquad x = 2.95 \,〔\text{g}〕$$

c 　32　　正解は①

コハク酸の質量が正しい値よりも小さくなるということは，**実験Ⅲ**で得られた固体に塩基性の物質が含まれていたということである。そのため，**水溶液 Y** の中和に必要な NaOH 水溶液の量が少なくなり，結果としてコハク酸の質量が正しい値よりも小さく求まる。したがって，①が原因と考えられる。

②と④の場合には，NaOH 水溶液の滴下量が多くなるから，コハク酸の質量が正しい値よりも多く求まる。また，③は滴定に影響を与えない。

第２回 試行調査：化学

問題番号（配点）	設問		解答番号	正解	配点	チェック
第1問（26）	A	問1	1	④	4	
		問2	2	①	4*1	
			3	③		
			4	②		
	B	問3	5	⑤	4	
		問4	6	⑤	4	
	C	問5	7	③	3	
		問6	8	①	3	
		問7	9	④	4	
第2問（20）	A	問1	1	③	2	
			2	⑤	2	
		問2	3	④	3	
		問3	4	②	3	
	B	問4	5	①	3	
		問5	6	④	3	
		問6	7	④	4	

問題番号（配点）	設問		解答番号	正解	配点	チェック
第3問（20）	A	問1	1	①	3	
		問2	2	⑤	3	
		問3	3	①	2	
			4	④	2	
	B	問4	5	⑥	1	
		問5	6	③	3	
		問6	7	⑥	3	
第4問（19）		問1	1	④	4	
		問2	2	③	3*2	
			3	②		
			4	⑤	4	
		問3	5	④	4	
		問4	6	③	4	
第5問（15）		問1	1	②	4	
		問2	2 - 3	① - ③	4（各2）	
		問3	4	①	3	
		問4	5	①	4	

※平均点は2018年11月の試行調査の受検者のうち，３年生の得点の平均値を示しています。

自己採点欄

100 点

（平均点：50.77 点）

2　第 2 回 試行調査：化学〈解答〉

（注）

1　＊1 は，第 1 問の解答番号 1 で④を解答し，かつ，全部正解の場合に点を与える。ただし，第 1 問の解答番号 1 の解答に応じ，解答番号 2 ～ 4 を以下のいずれかの組合せで解答した場合も点を与える。

- 解答番号 1 で①を解答し，かつ，解答番号 2 で⑦，解答番号 3 で⑤，解答番号 4 で①を解答した場合
- 解答番号 1 で②を解答し，かつ，解答番号 2 で⑧，解答番号 3 で⑤，解答番号 4 で①を解答した場合
- 解答番号 1 で③を解答し，かつ，解答番号 2 で①，解答番号 3 で①，解答番号 4 で②を解答した場合
- 解答番号 1 で⑤を解答し，かつ，解答番号 2 で①，解答番号 3 で⑤，解答番号 4 で②を解答した場合

2　＊2 は，両方正解の場合のみ点を与える。

3　−（ハイフン）でつながれた正解は，順序を問わない。

第1問 蒸気圧，反応熱，反応速度，同位体，イオン化エネルギー，電気分解

問1 ｜1｜ 正解は④

条件 a より，20℃，1.013×10^5 Pa では気体でなければならないので，沸点は20℃以下でなければならない。よって，アルカンオは不適。また，条件 b より，蒸気圧が低いものが適しているので，最も適当なアルカンはエである。

問2 ｜2｜ 正解は①　｜3｜ 正解は③　｜4｜ 正解は②

アルカン X の分子量は 58 であることから，アルカン X はブタン C_4H_{10} である。ブタンの生成熱を Q [kJ/mol] とすると

$$4C(黒鉛) + 5H_2(気) = C_4H_{10}(気) + Q \text{ kJ} \quad \cdots\cdots(*)$$

与えられた熱化学方程式とブタンの燃焼熱は

$$C(黒鉛) + O_2(気) = CO_2(気) + 394 \text{ kJ} \quad \cdots\cdots(1)$$

$$H_2(気) + \frac{1}{2}O_2(気) = H_2O(液) + 286 \text{ kJ} \quad \cdots\cdots(2)$$

$$C_4H_{10}(気) + \frac{13}{2}O_2(気) = 4CO_2(気) + 5H_2O(液) + 2878 \text{ kJ} \quad \cdots\cdots(3)$$

ヘスの法則より，$(*) = (1) \times 4 + (2) \times 5 - (3)$ なので

$$Q = 394 \times 4 + 286 \times 5 - 2878 = 128 \fallingdotseq 1.3 \times 10^2 \text{ [kJ/mol]}$$

問3 ｜5｜ 正解は⑤

表2の空欄に入る数値を以下のように(1),(2),(3)とすると

時間 [min]	0	1	2	3	4
Aの濃度 [mol/L]	1.00	0.60	0.36	0.22	0.14
Aの平均濃度 $\bar{c}$ [mol/L]		0.80	[(2)]	0.29	[(3)]
平均の反応速度 $\bar{v}$ [mol/(L·min)]		[(1)]	0.24	0.14	0.08

(1) $-\dfrac{0.60 - 1.00}{1 - 0} = 0.40$ [mol/(L·min)]

(2) $\dfrac{0.36 + 0.60}{2} = 0.48$ [mol/L]　(3) $\dfrac{0.14 + 0.22}{2} = 0.18$ [mol/L]

Bの濃度は減少したAの濃度と同じだけ増加していくので，Bの濃度変化は，以下の表のようになる。これを表すグラフとして適当なものは⑤である。

時間	0	1	2	3	4
Aの濃度〔mol/L〕	1.00	0.60	0.36	0.22	0.14
Bの濃度〔mol/L〕	0	0.40	0.64	0.78	0.86

問4　6　正解は⑤

与えられた式，$\bar{v} = k\bar{c}$ より，反応速度定数は $k = \dfrac{\bar{v}}{\bar{c}}$ で求めることができる。空欄を補った表2の数値より

0分〜1分：$k = \dfrac{0.40}{0.80} = 0.50$　　　1分〜2分：$k = \dfrac{0.24}{0.48} = 0.50$

2分〜3分：$k = \dfrac{0.14}{0.29} ≒ 0.48$　　　3分〜4分：$k = \dfrac{0.08}{0.18} ≒ 0.44$

よって，最も適当な選択肢は⑤となる。図を作成した場合は，以下のような直線が得られ，k を表す傾きは約 0.5 であることが求められる。

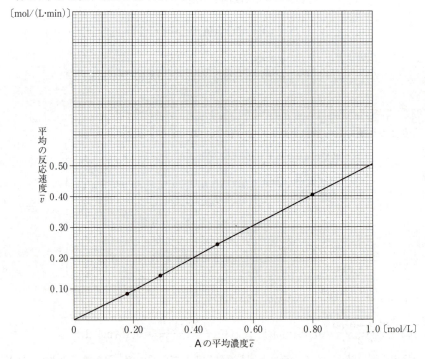

問5　7　正解は③

原子番号が同じで，中性子の数，質量数の異なる原子を互いに**同位体**という。

第2回 試行調査：化学〈解答〉 **5**

問6 | 8 | 正解は①

　原子から電子1個を取り去って，1価の陽イオンにするのに必要なエネルギーを**イオン化エネルギー**という。イオン化エネルギーは，同一周期では原子番号が大きいほど大きく，同一族では原子番号が小さいほど大きい傾向を示す。特に電子配置が安定な希ガスのイオン化エネルギーが大きく，価電子を1つだけもつ1族元素のイオン化エネルギーが小さいのが特徴であり，適切な図は①である。③は原子半径，④は電子親和力，⑤は価電子数の変化を示す図である。

問7 | 9 | 正解は④

　陰極では $Cu^{2+} + 2e^- \longrightarrow Cu$ の反応が起こり，Cu が析出する。I〔A〕の電流を t〔秒〕流して析出した Cu が m〔g〕なので，Cu の原子量を M，ファラデー定数を F〔C/mol〕とすると，この実験で得られる式は

$$\frac{m}{M} \times 2 = \frac{I \times t}{F}$$

である。

① （正）　電流を流す時間 t と析出する銅の質量 m は比例する。

② （正）　電流の値 I と析出する銅の質量 m は比例する。

③ （正）　陰極では銅（II）イオンが還元され，銅が析出する。

④ （誤）　陽極では Cu 電極が酸化され，Cu^{2+} が発生する。

$$Cu \longrightarrow Cu^{2+} + 2e^-$$

⑤ （正）　溶液中の SO_4^{2-} は反応に関与しないので，物質量は変化しない。

第2問 　標準　 CS_2 の燃焼，気体の発生，酸化還元反応，イオンとその溶解性

問1 | 1 | 正解は③ 　 | 2 | 正解は⑤

　生成物イは，亜硫酸ナトリウムと希硫酸の反応でも生成することから，SO_2 である。

$$Na_2SO_3 + H_2SO_4 \longrightarrow Na_2SO_4 + H_2O + SO_2$$

また，反応式の両辺の原子の種類，数から生成物アは CO_2 である。

問2 | 3 | 正解は④

　亜硫酸ナトリウムと希硫酸の反応で SO_2 を発生させる反応に加熱は不要である。また，SO_2 は水に可溶で空気より重い気体なので**下方置換**で捕集する。

問3 | 4 | 正解は②

① Na の酸化数が0から+1に，H の酸化数が+1から0に変化している酸化還元反応である。

6　第2回 試行調査：化学〈解答〉

② いずれの原子の酸化数も変化していないので酸化還元反応ではない。

③ Nの酸化数が+4（NO_2 中のN）から+5（HNO_3 中のN）と+2（NO中のN）に変化している酸化還元反応である。

④ Cの酸化数が+2から+4に，Hの酸化数が+1から0に変化している酸化還元反応である。

問4　 5 　正解は①

同じ電子配置のイオンの場合，原子核中の陽子数が多いほうが，強く電子を引き付けるため，イオン半径が小さくなる。よって，最もイオン半径が大きいものは，最も陽子数が少ない，つまり原子番号が小さい O^{2-} である。

　　　原子番号　 O (8)＜F (9)＜Mg (12)＜Al (13)　（（　）内が原子番号）
　　　イオン半径　 O^{2-}＞F^-＞Mg^{2+}＞Al^{3+}

問5　 6 　正解は④

陽イオンと陰イオンの間に生じる引力は**静電気力（クーロン力）**である。

問6　 7 　正解は④

① F^- と Mg^{2+}，F^- と Ca^{2+} は電荷の偏りが起こりにくいイオンどうしなので MgF_2，CaF_2 はいずれも水に溶けにくい。これは下線部(c)の説明と一致する。

② Al^{3+} は偏りが起こりにくいイオン，S^{2-} は偏りが起こりやすいイオンなので，Al^{3+} と S^{2-} では沈殿が生じないが，Al^{3+} と OH^- は偏りが起こりにくいイオンどうしなので $Al(OH)_3$ は水に溶けにくく沈殿を生じる。これは下線部(c)の説明と一致する。

③ I^- と Ag^+，S^{2-} と Ag^+ は偏りが起こりやすいイオンどうしなので AgI，Ag_2S はいずれも水に溶けにくい。これは下線部(c)の説明と一致する。

④ $SO_4{}^{2-}$ と Mg^{2+} は偏りが起こりにくいイオンどうしなので，本来なら $MgSO_4$ が水に溶けにくいはずであるが，$MgSO_4$ は水に溶けやすいので，下線部(c)では説明しきれない。

第3問　標準　有機化学工業と化合物，アセトアミノフェンの合成

問1　 1 　正解は①

触媒の存在下でアセチレンに水を付加すると，不安定なビニルアルコールを経て，アセトアルデヒドを生じる。よって，**A**はアセチレンである。

$$CH \equiv CH + H_2O \longrightarrow CH_3CHO$$

また，触媒の存在下でエチレンを酸化すると，アセトアルデヒドを生じる。よって，Bはエチレンである。

$$2CH_2=CH_2 + O_2 \longrightarrow 2CH_3CHO$$

① （誤）　エチレンの C=C 結合の方がアセチレンの C≡C 結合よりも長い。

② （正）　アセチレンを臭素水に吹き込むと，付加反応が起こるため臭素水が脱色される。

③ （正）　アセチレンの 2 つの C 原子と 2 つの H 原子はすべて同一直線上に存在する。

④ （正）　エチレンは常温・常圧で気体である。

⑤ （正）　エチレンを付加重合すると，ポリエチレンを生じる。

問2　　2　　正解は⑤

プロペンを触媒の存在下で酸化すると，主にアセトンを生じる。よって，**C はアセトン**，構造異性体であるアルデヒド**D はプロピオンアルデヒド**である。

$$2CH_2=CH-CH_3 + O_2 \longrightarrow 2CH_3COCH_3$$

① （正）　アセトンは CH_3CO- の構造と，この基の隣に C 原子があるのでヨードホルム反応を示す。

② （正）　酢酸カルシウムを乾留するとアセトンを生じる。

$$(CH_3COO)_2Ca \longrightarrow CH_3COCH_3 + CaCO_3$$

③ （正）　クメン法では，クメンを酸化して生じるクメンヒドロペルオキシドを分解して，フェノールとアセトンを得る。

④ （正）　プロピオンアルデヒドは還元性をもつため，フェーリング液を還元する。

⑤ （誤）　2-プロパノールを硫酸酸性の二クロム酸カリウム水溶液で酸化すると，プロピオンアルデヒドではなくアセトンを生じる。

問3　　3　　正解は①　　　4　　正解は④

触媒の存在下で CO と H_2 を反応させるとメタノールを生じる。

$$CO + 2H_2 \longrightarrow CH_3OH$$

また，アセトアルデヒドを酸化すると酢酸を生じる。

8　第2回 試行調査：化学〈解答〉

$$CH_3CHO \xrightarrow{\text{酸化}} CH_3COOH$$

よって，化合物Eはメタノール，Fは酢酸である。

問4　5　正解は⑤

p-アミノフェノールにはヒドロキシ基とアミノ基が存在する。無水酢酸を反応さ
せると，ヒドロキシ基，アミノ基ともアセチル化される可能性がある。最初の合成
で生じた固体Xは塩酸に不溶なので，塩基性のアミノ基はアセチル化され，
$-NHCOCH_3$になっていることがわかるが，アセトアミノフェンではないというこ
とから，ヒドロキシ基もアセチル化された化合物と推定される。

$$H_3C-\underset{\underset{O}{\|}}{C}-O-\underset{}{\bigcirc}-\underset{\underset{H}{|}}{N}-\underset{\underset{O}{\|}}{C}-CH_3$$

固体X

固体Yは不純物を含み，精製するとアセトアミノフェンが得られることから，アセ
トアミノフェンと固体Xの混合物と考えられる。

以上より，塩化鉄(Ⅲ)で呈色するのはフェノール性ヒドロキシ基をもつアセトアミ
ノフェンを含む固体Yのみ，固体Xにも固体Yにもアミノ基をもつ化合物は存在し
ないので，さらし粉ではいずれも呈色しない。

問5　6　正解は③

理論上得られるはずのアセトアミノフェンの物質量は，反応に用いたp-アミノフ

ェノールの物質量と等しく　　$\dfrac{2.18}{109} = 0.020 \,〔mol〕$

実際に得られたアセトアミノフェンの物質量は　　$\dfrac{1.51}{151} = 0.010 \,〔mol〕$

よって，求める収率は　　$\dfrac{0.010}{0.020} \times 100 = 50 \,〔\%〕$

問6　7　正解は⑥

不純物を含む固体を高温で溶解させ，再び冷却して不純物を含まない結晶を取り出
す。このような温度による溶解度の差を利用した固体物質の精製法を**再結晶**という。
また，不純物を含むと，純物質よりも融点（＝凝固点）が低くなる。この現象を**凝
固点降下**という。

第 2 回 試行調査：化学〈解答〉 **9**

第4問 やや難 CO_2 の電離平衡・溶解度・状態変化

問1 $\boxed{1}$ 正解は④

水に溶ける気体の物質量は，その気体の分圧に比例する。大気は CO_2 を 0.040 ％含むので，大気中の CO_2 の分圧は $1.0\times10^5\times\dfrac{0.040}{100}$〔Pa〕である。よって，溶解する CO_2 の物質量は

$$0.033\times\frac{1.0\times10^5\times\dfrac{0.040}{100}}{1.0\times10^5}=1.32\times10^{-5}\fallingdotseq\mathbf{1.3\times10^{-5}}\text{〔mol〕}$$

問2 a $\boxed{2}$ 正解は③　　$\boxed{3}$ 正解は②

化学平衡の法則より，式(3)の電離定数 K_2 は以下のように表される。

$$K_2=\frac{[\mathrm{H^+}][\mathrm{CO_3^{2-}}]}{[\mathrm{HCO_3^-}]}$$

b $\boxed{4}$ 正解は⑤

式(3)の対数をとると

$$\mathrm{p}K_2=-\log_{10}K_2=-\log_{10}[\mathrm{H^+}]-\log_{10}\frac{[\mathrm{CO_3^{2-}}]}{[\mathrm{HCO_3^-}]}$$

図1の $\mathrm{HCO_3^-}$ と $\mathrm{CO_3^{2-}}$ の曲線が交わる pH では，$[\mathrm{HCO_3^-}]=[\mathrm{CO_3^{2-}}]$ となるため，$\mathrm{p}K_2=-\log_{10}[\mathrm{H^+}]=\mathrm{pH}$ の関係となる。よって，$\mathrm{p}K_2$ は約 **10.3** である。

問3 $\boxed{5}$ 正解は④

pH が 8.17 のとき $[\mathrm{H^+}]=10^{-8.17}$〔mol/L〕，pH が 8.07 のとき $[\mathrm{H^+}]=10^{-8.07}$〔mol/L〕なので，水素イオン濃度は

$$\frac{10^{-8.07}}{10^{-8.17}}=10^{0.10}\text{〔倍〕}$$

になる。$\log_{10}10^{0.10}=0.10$ なので，表1の常用対数表より，0.100 となる 1.26 を読み

$$\frac{10^{-8.07}}{10^{-8.17}}=10^{0.10}=1.26\fallingdotseq\mathbf{1.3}\text{〔倍〕}$$

問4 $\boxed{6}$ 正解は③

図2より，600 Pa，20℃では CO_2 は気体状態で存在している。圧力 600 Pa を保ち，20℃から −140℃に温度を下げていくと，約 −130℃で気体から固体に状態変化することが図2からわかる。気体の状態では，シャルルの法則より，温度と体積は比

10　第2回 試行調査：化学〈解答〉

例し変化するが，状態が固体に変化すると体積は一気に小さくなる。よって，最も適当な図は③である。

第5問　標準　グルタミン酸の性質，物質の分離

問1　　1　　正解は②

リード文の「この溶液をビーカーに入れて横からレーザー光を当てたところ，光の通路がよく見えた」という記述は，コロイド溶液の**チンダル現象**であり，この溶液はコロイド粒子を含むことがわかる。グルタミン酸ナトリウム，ヨウ化ナトリウムはコロイド粒子ではないため，アルギン酸ナトリウムがコロイド粒子である。コロイド粒子を分離する方法は**透析**であり，セロハンの袋に混合溶液を入れ，純水を入れたビーカーに浸すと，アルギン酸ナトリウムのみがセロハンの袋の中に残る。

問2　　2　・　3　　正解は①・③

アルギン酸ナトリウムを構成する単糖の1種類（与えられた構造式の左側の単糖）は，1,2,3位のC原子に上向きにOH基が，4位のC原子に下向きにOH基が，5位のC原子に上向きにCOOH基が結合している。よって，この単糖は①。もう1種類（与えられた構造式の右側の単糖）は，1位のC原子に上向きにOH基が，2,3,4位のC原子に下向きにOH基が，5位のC原子に上向きにCOOH基が結合している。よって，この単糖は③。

問3　　4　　正解は①

操作3で塩素を吹き込むと，ヨウ化物イオンI^-が酸化され，ヨウ素I_2を生じる。ヨウ素は水に溶けにくく，ヘキサンに溶けやすい。よって，ヘキサン層にヨウ素が，水層にグルタミン酸ナトリウムが含まれる。また，ヘキサンは水よりも密度が小さいため，ヘキサンが上層，水が下層となる。

問4　　5　　正解は①

グルタミン酸は水溶液中では酸性のカルボキシ基，塩基性のアミノ基のうち少なくとも1つが電離したイオンの状態として存在する。よって，①のような電荷をもたない分子の構造となることはない。

第1回 試行調査：化学

問題番号 (配点)	設　問	解答番号	正解	備考	チェック
第1問	問1	1	④		
	問2	2	①		
	問3	3	④		
	問4	4	③		
		5	②		
		6	⓪	*1	
		7	①		
第2問	問1	1	①		
		2	⑤		
		3	⓪	*2	
		4	⑤		
		5	⑨		
	問2	6	⑤, ⑥	*3	
		7	④		
	問3	8	⑤		

問題番号 (配点)	設　問	解答番号	正解	備考	チェック
第3問	問1	1	①, ②	*3	
	問2	2	⑤		
	問3	3	②	*2	
		4	④		
		5	②		
	問4	6	⑤	*2	
		7	③		
		8	⑥		
第4問	問1	1	④		
	問2	2	①		
		3	⑥		
		4	①		
	問3	5	⑤	*2	
		6	⑧		
		7	⓪		
第5問	問1	1	③		
	問2	2	④		
	問3	3	②		
	問4	4	④, ⑥	*4	

● 配点は非公表。

自己採点欄　34問

2 第 1 回 試行調査：化学〈解答〉

（注）

＊1は，全部を正しくマークしている場合を正解とする。ただし，第1問の解答番号4で選択した解答に応じ，解答番号5～7を以下の組合せで解答した場合も正解とする。

- 解答番号4で①を選択し，解答番号5を③，解答番号6を⓪，解答番号7を①とした場合
- 解答番号4で②を選択し，解答番号5を②，解答番号6を②，解答番号7を①とした場合
- 解答番号4で④を選択し，解答番号5を①，解答番号6を⑥，解答番号7を①とした場合

＊2は，全部を正しくマークしている場合のみ正解とする。

＊3は，過不足なくマークしている場合のみ正解とする。

＊4は，過不足なくマークしている場合に正解とする。正解のいずれかをマークしている場合に部分点を与えるかどうかは，本調査の分析結果を踏まえ，検討する予定。

第1問 アボガドロの法則と分子量，熱化学方程式と化学エネルギー，化学平衡の移動，凝固点降下

問1 　1　　正解は ④

同温・同圧で同体積の気体の物質量は等しい。よって，元素 X の原子量を M とすると

$$\frac{0.64}{M+16\times 2} = \frac{0.20}{20} \quad \therefore M = 32$$

問2 　2　　正解は ①

設問文で示された3つの熱化学方程式を(1), (2), (3)式とする。

$$C(ダイヤモンド) + O_2(気) = CO_2(気) + 396\,kJ \quad \cdots\cdots(1)$$
$$C_{60}(フラーレン) + 60O_2(気) = 60CO_2(気) + 25930\,kJ \quad \cdots\cdots(2)$$
$$C(黒鉛) = C(ダイヤモンド) - 2\,kJ \quad \cdots\cdots(3)$$

(3)より，黒鉛 1 mol がダイヤモンド 1 mol に変化するとき，2 kJ の吸熱を伴う。よって，化学エネルギーは「ダイヤモンド＞黒鉛」である。また，(1)を 60 倍すると

$$60C(ダイヤモンド) + 60O_2(気) = 60CO_2(気) + 23760\,kJ \quad \cdots\cdots(4)$$

(2)−(4)より　　$C_{60}(フラーレン) = 60C(ダイヤモンド) + 2170\,kJ$

これより，フラーレン 1 mol が 60 mol のダイヤモンドに変化するとき，2170 kJ の発熱を伴う。よって，化学エネルギーは「フラーレン C_{60} ＞ダイヤモンド」である。

問3 　3　　正解は ④

体積一定で温度を高くすると，気体の圧力は大きくなる。よって，この操作では「温度を高くする」と「圧力を大きくする」という二つの要因が平衡移動に影響を与えることとなる。ルシャトリエの原理により，圧力を大きくすると，平衡は圧力が小さくなる方向，つまり粒子数の減る方向である N_2O_4 生成方向に移動する。この平衡移動が起こるにもかかわらず，気体の色は濃くなっていることから，実際には平衡は NO_2 生成方向に大きく移動しており，圧力変化が平衡移動に及ぼす影響よりも，温度変化が平衡移動に及ぼす影響のほうが大きいことがわかる。また，温度を高くすると，温度が低くなる方向，つまり吸熱反応の方向に平衡は移動するため，NO_2 生成方向が吸熱反応の方向である。よって，N_2O_4 が生成する右向きの反応は発熱反応であり，$Q>0$ である。

問4 a 　4　　正解は ③

表1のデータをプロットすると以下のようになる。これは冷却曲線であり，8 分以降の右下がりの直線を左にのばし，この直線とグラフが交わる点の温度，6.22 ℃が凝固点となる。

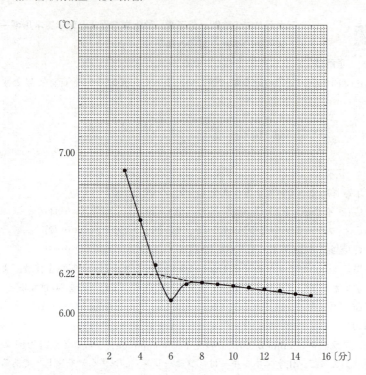

b　$\boxed{5}$　正解は②　　$\boxed{6}$　正解は⓪　　$\boxed{7}$　正解は①

凝固点降下度 Δt ＝モル凝固点降下 K_f ×溶液の質量モル濃度 m なので，シクロヘキサンのモル凝固点降下 K_f は

$$6.52 - 6.22 = K_f \times \frac{30.0 \times 10^{-3}}{128} \times \frac{1000}{15.80} \quad \therefore \quad K_f = 20.2 \fallingdotseq \mathbf{2.0 \times 10^1} \, [\text{K}\cdot\text{kg/mol}]$$

第2問　やや難　溶解度積，金属イオンの分離，身のまわりの無機物質

問1　a　$\boxed{1}$　正解は①

図1より pH＝4のとき，$[Cr^{3+}] = 1.0 \times 10^{-1}$ mol/L である。

b　$\boxed{2}$　正解は⑤　　$\boxed{3}$　正解は⓪　　$\boxed{4}$　正解は⑤　　$\boxed{5}$　正解は⑨

図1より，$[Cr^{3+}] = 1.0 \times 10^{-4}$ mol/L となるときの pH は 5.0 であり，これより pH が大きいとき $[Cr^{3+}]$ は 1.0×10^{-4} mol/L 未満となる。
また，$[Ni^{2+}] = 1.0 \times 10^{-1}$ mol/L で沈殿が生じる pH は図1より 5.9 である。よって，求める pH の範囲は 5.0＜pH＜5.9 となる。

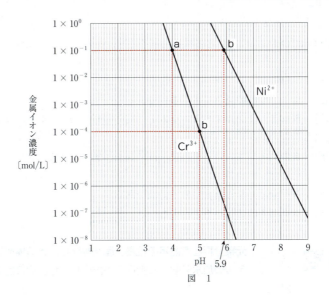

図 1

問 2　a　6　正解は⑤・⑥

沈殿 A：希塩酸 HCl を加えて生じる沈殿 A は AgCl の白色沈殿である。ゆえに，水溶液アは Ag^+ を含む。

沈殿 B：ろ液は，希塩酸により酸性条件となっており，そこに硫化水素 H_2S を通じて生じる沈殿 B は，CuS の黒色沈殿である。ゆえに，水溶液アは Cu^{2+} を含む。

沈殿 C：ろ液を煮沸して硫化水素を追い出し，硫化水素によって還元されて生じた Fe^{2+} を希硝酸によって Fe^{3+} へと戻し，そこにアンモニア水を過剰に加えると，$Al(OH)_3$ の白色沈殿と，$Fe(OH)_3$ の赤褐色沈殿が生じる。沈殿 C はこの二つの沈殿の混合物である。

一方，Zn^{2+} と K^+ が水溶液アに存在した場合，Zn^{2+} は過剰のアンモニア水によって錯イオン $[Zn(NH_3)_4]^{2+}$ となり，K^+ は塩基と沈殿物をつくらず，ろ液中に存在することになる。

沈殿 D・ろ液 E：沈殿 C に過剰の水酸化ナトリウム水溶液を加えると，Fe^{3+} は塩基で錯イオン化しないので，$Fe(OH)_3$ のまま沈殿 D となり，Al^{3+} は錯イオン化して $[Al(OH)_4]^-$ となり，ろ液 E に含まれる。ゆえに，水溶液アには，Fe^{3+} と Al^{3+} が含まれることがわかる。

よって，沈殿 A，B，D およびろ液 E にない Zn^{2+} と K^+ が，水溶液アに含まれていないとわかるので，答えは⑤と⑥となる。

6 第1回 試行調査：化学〈解答〉

b　　7　　正解は④

沈殿 **D** は $Fe(OH)_3$ なので，含まれる金属イオンは④の Fe^{3+} とわかる。

問3　　8　　正解は⑤

① （正）　ナトリウムの炎色反応は黄色である。

② （正）　ジュラルミンはアルミニウムを主成分とし，銅，マグネシウム，マンガンを含む合金である。

③ （正）　炭酸ナトリウムの工業的製法はアンモニアソーダ法（ソルベー法）である。

④ （正）　ヨウ素は昇華性をもつ分子結晶である。

⑤ （誤）　次亜塩素酸は強い酸化力をもつ。

第3問　標準　元素分析と官能基の性質，脂肪族炭化水素の構造決定，エステルの加水分解，置換反応の配向性と化合物の合成

問1　　1　　正解は①・②

$1mol$ の CO_2 に含まれる C は $1mol$，$1mol$ の H_2O に含まれる H は $2mol$ なので，有機化合物 $12g$ 中に含まれている C，H，O の質量は

$$C：0.60×12＝7.2〔g〕$$
$$H：0.80×2×1.0＝1.6〔g〕$$
$$O：12－(7.2＋1.6)＝3.2〔g〕$$

よって，この有機化合物の組成式は

$$C：H：O＝\frac{7.2}{12}：\frac{1.6}{1.0}：\frac{3.2}{16}＝3：8：1$$

より，C_3H_8O となる。この組成式は一般式 $C_nH_{2n+2}O$ の関係と一致し，鎖状構造で単結合のみをもち，O 原子を1つ含むアルコール，エーテルの分子式と考えられる。ほかはすべて二重結合をもつので不適である。

問2　　2　　正解は⑤

ア　水素1分子が付加した生成物に幾何異性体が存在するものは②，④，⑤である。

① $CH_3-CH_2-\overset{\overset{\displaystyle CH_3}{|}}{CH}-CH=CH_2$

② $\overset{\overset{\displaystyle CH_3}{|}}{CH_3-CH}\underset{\underset{\displaystyle H}{|}}{-C}=\overset{\overset{\displaystyle H}{|}}{C}-CH_3$ 　　$\overset{\overset{\displaystyle CH_3}{|}}{CH_3-CH}\underset{\underset{\displaystyle H}{|}}{-C}=\overset{\overset{\displaystyle H}{|}}{C}-CH_3$

③ $CH_3-CH_2-CH_2-\overset{\overset{\displaystyle CH_3}{|}}{CH}-CH=CH_2$

第 1 回 試行調査：化学〈解答〉　7

④
$$CH_3-CH<\begin{smallmatrix}CH_3\\\\H\end{smallmatrix}\quad C=C\quad <\begin{smallmatrix}CH_3\\\\H\end{smallmatrix}>CH-CH_3$$

$$CH_3-CH<\begin{smallmatrix}CH_3\\\\H\end{smallmatrix}\quad C=C\quad <\begin{smallmatrix}H\\\\CH-CH_3\\CH_3\end{smallmatrix}$$

⑤
$$CH_3-CH_2-CH<\begin{smallmatrix}CH_3\\\\H\end{smallmatrix}\quad C=C\quad <\begin{smallmatrix}CH_3\\\\H\end{smallmatrix}>CH-CH_3$$

$$CH_3-CH_2-CH<\begin{smallmatrix}CH_3\\\\H\end{smallmatrix}\quad C=C\quad <\begin{smallmatrix}H\\\\CH-CH_3\\CH_3\end{smallmatrix}$$

イ　水素が 2 分子付加した生成物に不斉炭素原子 C^* が存在するものは③，⑤である。

① $CH_3-CH_2-\overset{\underset{\textstyle |}{CH_3}}{CH}-CH_2-CH_3$　　② $CH_3-\overset{\underset{\textstyle |}{CH_3}}{CH}-CH_2-CH_2-CH_3$

③ $CH_3-CH_2-CH_2-\overset{\underset{\textstyle |}{CH_3}}{C^*}H-CH_2-CH_3$　　④ $CH_3-\overset{\underset{\textstyle |}{CH_3}}{CH}-CH_2-CH_2-\overset{\underset{\textstyle |}{CH_3}}{CH}-CH_3$

⑤ $CH_3-CH_2-\overset{\underset{\textstyle |}{CH_3}}{C^*}H-CH_2-CH_2-\overset{\underset{\textstyle |}{CH_3}}{CH}-CH_3$

よって，両方を満たすものは⑤である。

問3　a　[3]　正解は②　　[4]　正解は④

化合物 C と化合物 D は互いに異性体であること，および化合物 D の酸化で化合物 B を生じることから，化合物 B，C，D の炭素数は等しい。エステル A の炭素数は 4 なので，化合物 B，C，D はいずれも炭素数 2 の化合物である。また，エステルの加水分解で生じる官能基はカルボキシ基とヒドロキシ基であることから，酸化生成物の化合物 B がカルボン酸，化合物 C がアルコールである。また，化合物 C は不安定で異性体 D に変化するので，炭素間二重結合 C＝C にヒドロキシ基が結合していると考えられる。よって，化合物 B が酢酸，化合物 C がビニルアルコール，化合物 D がアセトアルデヒドである。

8　第Ⅰ回 試行調査：化学〈解答〉

$$CH_3-\underset{\underset{O}{\|}}{C}-O-CH=CH_2 \xrightarrow{\text{加水分解}} CH_3-\underset{\underset{O}{\|}}{C}-OH + CH_2=\underset{\underset{OH}{|}}{CH}$$

エステルA　　　　　　　　　化合物B　　化合物C
　　　　　　　　　　　　　　　　　　　（不安定）

酸化 ↑　　　　　↓

$$CH_3-\underset{\underset{O}{\|}}{C}-H$$

化合物D

b　　5　　正解は②

① アセトンにヨウ素と水酸化ナトリウム水溶液を加えて加熱すると，ヨードホルム反応が起こり，ヨードホルムと酢酸ナトリウムを生じる。

$$CH_3-\underset{\underset{O}{\|}}{C}-CH_3 \xrightarrow{I_2,\ NaOH} CHI_3 + CH_3-\underset{\underset{O}{\|}}{C}-ONa$$

② 触媒の存在下でアセチレンに水を付加すると，不安定なビニルアルコールを経てアセトアルデヒドを生じる。

$$CH\equiv CH \xrightarrow{H_2O} CH_2=\underset{\underset{OH}{|}}{CH} \longrightarrow CH_3-\underset{\underset{O}{\|}}{C}-H$$

③ 酢酸カルシウムを乾留すると，アセトンを生じる。

$$(CH_3COO)_2Ca \xrightarrow{\text{乾留}} CH_3-\underset{\underset{O}{\|}}{C}-CH_3 + CaCO_3$$

④ 2-プロパノールに二クロム酸カリウムの硫酸酸性溶液を加えて加熱すると，2-プロパノールが酸化されてアセトンを生じる。

$$CH_3-\underset{\underset{OH}{|}}{CH}-CH_3 \xrightarrow{\text{酸化}} CH_3-\underset{\underset{O}{\|}}{C}-CH_3$$

⑤ エタノールを濃硫酸とともに160〜170℃で加熱すると，分子内脱水によりエチレンを生じる。

$$CH_3-CH_2-OH \xrightarrow{\text{分子内脱水}} CH_2=CH_2 + H_2O$$

問4　　6　　正解は⑤　　　7　　正解は③　　　8　　正解は⑥

目的物はベンゼンの m-二置換体なので，**操作1**では m- の位置に置換反応を起こしやすい官能基を導入する必要がある。m-位に置換反応を起こしやすい官能基は，選択肢中では①のスルホン化と⑤のニトロ化が考えられるが，最終生成物がアニリン誘導体であることから，**操作1**は⑤のニトロ化が適当で，化合物Aはニトロベン

ゼンとなる。次にニトロベンゼンのニトロ基の m-位に塩素を置換させる必要がある。④の操作では塩素の付加反応が起きるので，③の操作が適当で，化合物Bは m-クロロニトロベンゼンとなる。最後に⑥の操作により，ニトロ基をスズと塩酸で還元し，水酸化ナトリウム水溶液を加えるとニトロ基がアミノ基になるので，目的の m-クロロアニリンを得ることができる。

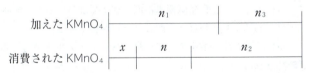

第4問　標準　COD（化学的酸素要求量）

問1　1　正解は ④

C 原子の酸化数は +3 から +4 に変化し，1 増加している。

$$\underset{+3}{\underline{C}_2O_4^{2-}} \longrightarrow 2\underset{+4}{\underline{C}O_2} + 2e^-$$

問2　a　2　正解は ③　　3　正解は ⑥

操作1～3 で試料水に対して加えた $KMnO_4$ の総物質量 $n_1 + n_3$ 〔mol〕は，加熱により分解した x〔mol〕，試料水中の有機化合物と反応した n〔mol〕，$Na_2C_2O_4$ と反応した n_2〔mol〕の和と等しい。

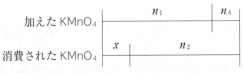

よって　　$n_1 + n_3 = x + n + n_2$

同様に，**操作1～3** で純水に対して加えた $KMnO_4$ の総物質量 $n_1 + n_4$〔mol〕は，加熱により分解した x〔mol〕，$Na_2C_2O_4$ と反応した n_2〔mol〕の和と等しい。

よって　　$n_1 + n_4 = x + n_2$

10 第 I 回 試行調査：化学〈解答〉

b 　　4 　　正解は①

a で求めた 2 式を整理すると

$$n = n_3 + (n_1 - n_2 - x) = n_3 - n_4 \text{[mol]}$$

問3 　　5 　　正解は⑤　　　6 　　正解は⑧　　　7 　　正解は⓪

4 mol の $KMnO_4$ が受け取る e^- と同じ物質量の e^- を受け取る O_2 の物質量は

$$4 \times 5 \times \frac{1}{4} = 5 \text{[mol]}$$

よって，試料水 100 mL 中の有機化合物を酸化するのに必要な O_2（分子量 32）の質量を y [mg] とすると

$$2.0 \times 10^{-5} \times 5 \times \frac{1}{4} = \frac{y \times 10^{-3}}{32} \quad \therefore \quad y = 0.80 \text{[mg]}$$

試料水 1.0 L に対する値に換算すると

$$0.80 \times \frac{1000}{100} = 8.0 \text{[mg/L]}$$

第5問　標準　デンプンのりによる紙の接着のしくみ

問1 　　1 　　正解は③

① 臭素水の脱色で確認できるのは，C＝C 結合や C≡C 結合の存在である。

② ヨウ素ヨウ化カリウム水溶液との呈色で確認できるのは，デンプンである。

③ グルコースにアンモニア性硝酸銀水溶液を加えて加熱すると，鎖状構造に存在するアルデヒド基により銀鏡反応が起こり，銀が析出する。

④ アルコールに酢酸と濃硫酸を加えて加熱するとエステル化が起こり，エステルの芳香が確認される。

⑤ ニンヒドリン溶液はアミノ酸やタンパク質の検出に用いられる。

⑥ 濃硝酸を加えて加熱し，黄色の呈色で確認できるのは，ベンゼン環の存在であり，タンパク質中の芳香族アミノ酸の検出に用いられる。キサントプロテイン反応と呼ばれる。

問2 　　2 　　正解は④

図 1 の鎖状構造が環状構造に変化するとき，ヒドロキシ基の H 原子がアルデヒド基の O 原子に結合，アルデヒド基の C＝O が単結合に変化，ヒドロキシ基の O 原子とアルデヒド基の C 原子が単結合で結合している。これと同じ変化がメタノールとアセトアルデヒドに起こると考える。

第Ⅰ回 試行調査：化学〈解答〉 11

$$-O \overset{\frown}{+} H \qquad \longrightarrow \qquad -O \diagdown C \diagup H$$
$$\overset{\diagup}{C} \overset{\displaystyle \searrow}{O} \qquad \qquad \qquad OH$$

鎖状構造　　　　　　　　　環状構造

$$CH_3 - O \overset{\frown}{+} H \qquad \longrightarrow \qquad CH_3 - O \diagdown C \diagup H$$
$$CH_3 \overset{\diagup}{C} \overset{\displaystyle \searrow}{O} \qquad \qquad \qquad CH_3 \diagup C \diagdown OH$$

問3　　3　　正解は②

①，③，④はいずれも分子量の違いによる状態の違い，沸点の違いに関する記述であり，ファンデルワールス力の大小で説明できるが，②は分子量が同じ構造異性体の沸点の違いに関する記述であり，1-ブタノールとジエチルエーテルの沸点の差は水素結合形成の有無で説明できる。

問4　　4　　正解は④・⑥

水素結合はH原子と電気陰性度の大きいF，O，N原子の間にのみはたらく分子間力である。よって，分子内にO原子を含み，極性の大きい官能基をもつ④と⑥が適当である。④は液体のりに含まれるポリビニルアルコール（PVA），⑥はスティックのりに含まれるポリビニルピロリドン（PVP）である。

|||||||||||||||||| NOTE ||||||||||||||||||||||||||||||||||||||||||||||||||||||||||||||||||||||||||||||||||||||||||||||||||||||||||||||||||||||||||||||||||

NOTE

NOTE

NOTE

NOTE

NOTE

NOTE

||||||||||||||||| NOTE ||||||||||||||||||||||||||||||||||||||||||||||||||||||||||||||||||||||||||||||||||||||||||||||||||||||||||||||||||||||||||||||

NOTE

NOTE

NOTE

||||||||||||||||| NOTE |||||||||||||||||||||||||||||||||||||||||||||||||||||||||||||||||||||||||||||||||||||||||||||||||||||||||||||||||||||||

IIIIIIIIIIIIIIIII NOTE IIIIIIIIIIIIIIIIIIIIIIIIIIIIIIIIIIIIIIIIIIIIIIIIIIIIIIIIIIIIIIIIIIIIIIIIIIIIIIIIIIIIIIIIIIIIIIIIIIIIIIIIIIIIIIIIIIII

2025年版

共通テスト
過去問研究

化学

問題編

矢印の方向に引くと
本体から取り外せます ▶
ゆっくり丁寧に取り外しましょう

問題編

化学（9回分）

- 2024 年度　本試験
- 2023 年度　本試験
- 2023 年度　追試験
- 2022 年度　本試験
- 2022 年度　追試験
- 2021 年度　本試験（第 1 日程）[※1]
- 2021 年度　本試験（第 2 日程）[※1]
- 第 2 回試行調査[※2]
- 第 1 回試行調査[※2]

◎ マークシート解答用紙（2 回分）

本書に付属のマークシートは編集部で作成したものです。実際の試験とは異なる場合があります が，ご了承ください。

※ 1　2021 年度の共通テストは，新型コロナウイルス感染症の影響に伴う学業の遅れに対応する選択肢を確保するため，本試験が以下の 2 日程で実施されました。
第 1 日程：2021 年 1 月 16 日（土）および 17 日（日）
第 2 日程：2021 年 1 月 30 日（土）および 31 日（日）
※ 2　試行調査はセンター試験から共通テストに移行するに先立って実施されました。
第 2 回試行調査（2018 年度），第 1 回試行調査（2017 年度）

共通テスト
本試験

2024

化学

解答時間 60 分
配点 100 点

2 2024年度：化学/本試験

化　　　　　学

$$\left(\text{解答番号}\ \boxed{1}\ \sim\ \boxed{31}\right)$$

必要があれば，原子量は次の値を使うこと。			
H　1.0	Li　6.9	C　12	N　14
O　16	S　32	Cl　35.5	Mn　55
Ni　59	Cu　64	Zn　65	Ag　108

気体は，実在気体とことわりがない限り，理想気体として扱うものとする。

第 1 問　次の問い(**問 1 ～ 4**)に答えよ。(配点　20)

問 1　次のイオンのうち，配位結合してできたイオンとして**適当でないもの**を，次の①～④のうちから一つ選べ。　$\boxed{1}$

① $NH_4{}^+$

② H_3O^+

③ $[Ag(NH_3)_2]^+$

④ $HCOO^-$

問 2　温度 111 K，圧力 1.0×10^5 Pa で，液体のメタン CH_4(分子量 16)の密度は 0.42 g/cm³ である。同圧でこの液体 16 g を 300 K まで加熱してすべて気体にしたとき，体積は何倍になるか。最も適当な数値を，次の①～④のうちから一つ選べ。ただし，気体定数は $R = 8.3 \times 10^3$ Pa・L/(K・mol) とする。
$\boxed{2}$ 倍

① 6.5×10^2　　② 1.3×10^3　　③ 1.0×10^4　　④ 9.6×10^5

問 3 水に入れてよくかき混ぜたグルコース，砂，およびトリプシン(水中で分子コロイドになる)のうち，ろ紙を通過できるものと，セロハンの膜を通過できるものの組合せとして最も適当なものを，次の①～⑨のうちから一つ選べ。

　3

	ろ紙を通過できるもの	セロハンの膜を通過できるもの
①	グルコース，砂	グルコース
②	グルコース，砂	砂
③	グルコース，砂	グルコース，砂
④	グルコース，トリプシン	グルコース
⑤	グルコース，トリプシン	トリプシン
⑥	グルコース，トリプシン	グルコース，トリプシン
⑦	砂，トリプシン	砂
⑧	砂，トリプシン	トリプシン
⑨	砂，トリプシン	砂，トリプシン

問 4　水 H_2O（分子量 18）に関する次の問い（a～c）に答えよ。

a　図 1 は水の状態図である。水の状態変化に関する記述として**誤りを含むも**のはどれか。最も適当なものを，後の①～④のうちから一つ選べ。　4

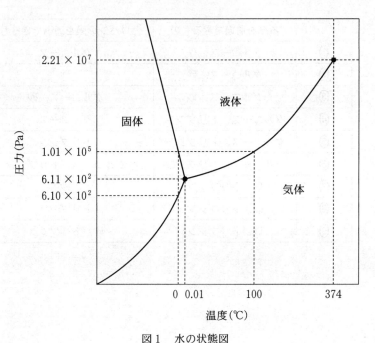

図 1　水の状態図

① 2×10^2 Pa の圧力のもとでは，氷は 0 ℃ より低い温度で昇華する。

② 0 ℃のもとで，1.01×10^5 Pa の氷にさらに圧力を加えると，氷は融解する。

③ 0.01 ℃，6.11×10^2 Pa では，氷，水，水蒸気の三つの状態が共存できる。

④ 9×10^4 Pa の圧力のもとでは，水は 100 ℃ より高い温度で沸騰する。

b 図2は1.01×10⁵ Pa の圧力のもとでの氷および水の密度の温度変化を表したものである。この図から読み取れる内容として正しいものはどれか。最も適当なものを，後の①〜④のうちから一つ選べ。　5

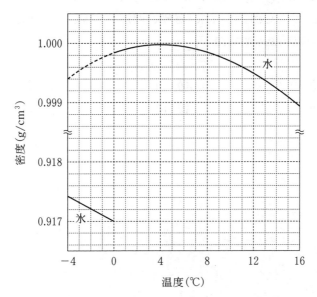

図2　1.01×10⁵ Pa の圧力のもとでの氷および水の密度の温度変化
　　　（破線は過冷却の状態の水の密度を表す）

① 0℃での氷1gの体積は同温での水1gの体積よりも小さい。
② 氷の密度は0℃で最大になる。
③ 12℃での水の密度は，−4℃での過冷却の状態の水の密度よりも大きい。
④ 断熱容器に入った4℃の水の液面をゆっくりと冷却すると，温度の低い水が下の方へ移動する。

c 1.01×10^5 Pa の圧力のもとにある 0 ℃ の氷 54 g がヒーターとともに断熱容器の中に入っている。ヒーターを用いて 6.0 kJ の熱を加えたところ，氷の一部が融解して水になった。残った氷の体積は何 cm³ か。最も適当な数値を，次の①~⑥のうちから一つ選べ。ただし，氷の融解熱は 6.0 kJ/mol とし，加えた熱はすべて氷の融解に使われたものとする。また，氷の密度は図 2 から読み取ること。 6 cm³

① 18 ② 19 ③ 20

④ 36 ⑤ 39 ⑥ 40

第2問　次の問い(問1〜4)に答えよ。(配点　20)

問1　市販の冷却剤には，硝酸アンモニウム NH_4NO_3(固)が水に溶解するときの吸熱反応を利用しているものがある。この反応のエネルギー図として最も適当なものを，次の①〜④のうちから一つ選べ。ただし，太矢印は反応の進行方向を示す。　7

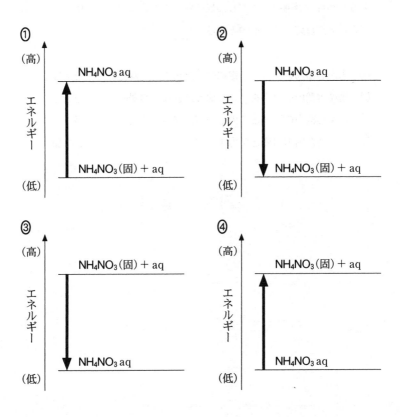

問 2 容積可変の密閉容器に二酸化炭素 CO_2 と水素 H_2 を入れて，800 ℃ に保った ところ，次の式(1)の反応が平衡に達した。

$$CO_2 + H_2 \rightleftharpoons CO + H_2O \qquad\qquad (1)$$

平衡状態の CO の物質量を増やす操作として最も適当なものを，次の①～④ のうちから一つ選べ。ただし，反応物，生成物はすべて気体として存在し，正 反応は吸熱反応であるものとする。　　8

① 密閉容器内の圧力を一定に保ったまま，容器内の温度を下げる。

② 密閉容器内の温度を一定に保ったまま，容器内の圧力を上げる。

③ 密閉容器内の温度と圧力を一定に保ったまま，H_2 を加える。

④ 密閉容器内の温度と圧力を一定に保ったまま，アルゴンを加える。

問 3 アルカリマンガン乾電池，空気亜鉛電池（空気電池），リチウム電池の，放電における電池全体での反応はそれぞれ式(2)～(4)で表されるものとする。それぞれの電池の放電反応において，反応物の総量が 1 kg 消費されるときに流れる電気量 Q を比較する。これらの電池を，Q の大きい順に並べたものはどれか。最も適当なものを，後の①～⑥のうちから一つ選べ。ただし，反応に関与する物質の式量（原子量・分子量を含む）は表 1 に示す値とする。 | 9 |

アルカリマンガン乾電池

$$2\,MnO_2 + Zn + 2\,H_2O \longrightarrow 2\,MnO(OH) + Zn(OH)_2 \quad (2)$$

空気亜鉛電池 $\quad O_2 + 2\,Zn \longrightarrow 2\,ZnO \quad\quad\quad\quad\quad\quad\quad (3)$

リチウム電池 $\quad Li + MnO_2 \longrightarrow LiMnO_2 \quad\quad\quad\quad\quad\quad (4)$

表 1　電池の反応に関与する物質の式量

物　質	式　量	物　質	式　量
MnO_2	87	O_2	32
Zn	65	ZnO	81
H_2O	18	Li	6.9
$MnO(OH)$	88	$LiMnO_2$	94
$Zn(OH)_2$	99		

	反応物の総量が 1 kg 消費されるときに流れる電気量 Q の大きい順
①	アルカリマンガン乾電池　＞　空気亜鉛電池　＞　リチウム電池
②	アルカリマンガン乾電池　＞　リチウム電池　＞　空気亜鉛電池
③	空気亜鉛電池　＞　アルカリマンガン乾電池　＞　リチウム電池
④	空気亜鉛電池　＞　リチウム電池　＞　アルカリマンガン乾電池
⑤	リチウム電池　＞　アルカリマンガン乾電池　＞　空気亜鉛電池
⑥	リチウム電池　＞　空気亜鉛電池　＞　アルカリマンガン乾電池

10   2024年度：化学/本試験

問 4　1価の弱酸 HA の電離，および HA 水溶液へ水酸化ナトリウム NaOH 水溶液を滴下するときの水溶液中の分子やイオンの濃度変化に関する次の問い（**a ～ c**）に答えよ。ただし，水溶液の温度は変化しないものとする。

a　純水に弱酸 HA を溶解させた水溶液を考える。HA 水溶液のモル濃度 c(mol/L) と HA の電離度 α の関係を表したグラフとして最も適当なものを，次の①～⑤のうちから一つ選べ。ただし，HA 水溶液のモル濃度が c_0(mol/L) のときの HA の電離度を α_0 とし，α は 1 よりも十分小さいものとする。　| 10 |

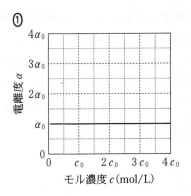

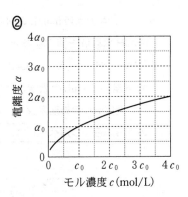

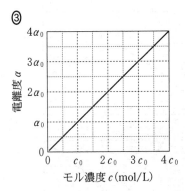

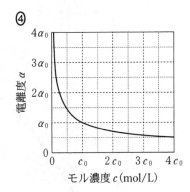

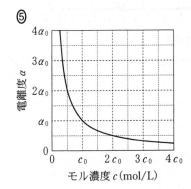

b モル濃度 0.10 mol/L の HA 水溶液 10.0 mL に，モル濃度 0.10 mol/L の NaOH 水溶液を滴下すると，水溶液中の HA，H⁺，A⁻，OH⁻ のモル濃度 [HA]，[H⁺]，[A⁻]，[OH⁻] は，図1のように変化する。NaOH 水溶液の滴下量が 2.5 mL のとき，H⁺ のモル濃度は [H⁺] = 8.1×10^{-5} mol/L である。弱酸 HA の電離定数 K_a は何 mol/L か。最も適当な数値を，後の①〜⑥のうちから一つ選べ。 11 mol/L

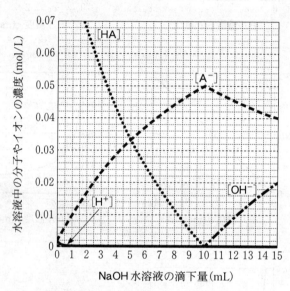

図1 NaOH 水溶液の滴下量と水溶液中の分子やイオンの濃度の関係

① 2.0×10^{-5} ② 2.7×10^{-5} ③ 1.1×10^{-4}
④ 2.4×10^{-4} ⑤ 3.2×10^{-4} ⑥ 6.7×10^{-3}

c **b** で設定した条件において，NaOH 水溶液の滴下に伴う水溶液中の分子やイオンの濃度変化を説明する記述として，下線部に**誤りを含むもの**はどれか。最も適当なものを，次の①〜④のうちから一つ選べ。 $\boxed{12}$

① NaOH 水溶液の滴下量によらず，<u>陽イオンの総数と陰イオンの総数は等しい。</u>

② NaOH 水溶液の滴下量によらず，<u>$[H^+]$ と $[OH^-]$ の積は一定</u>である。

③ NaOH 水溶液の滴下量が 10 mL 未満の範囲では，<u>HA の電離平衡の移動により $[A^-]$ が増加する。</u>

④ NaOH 水溶液の滴下量が 10 mL より多い範囲では，<u>中和反応により $[A^-]$ が減少する。</u>

14 2024年度：化学/本試験

第3問 次の問い（問1～4）に答えよ。（配点 20）

問 1 実験室で使用する化学物質の取扱いに関する記述として下線部に**誤りを含む**ものを，次の①～⑤のうちから二つ選べ。ただし，解答の順序は問わない。

| 13 |

| 14 |

① ナトリウムは空気中の酸素や水と反応するため，<u>エタノール中に保存する</u>。

② 水酸化ナトリウム水溶液を誤って皮膚に付着させたときは，ただちに<u>多量の水で洗う</u>。

③ 濃硫酸から希硫酸をつくるときは，<u>濃硫酸に少しずつ水を加える</u>。

④ 濃硝酸は光で分解するため，<u>褐色びんに入れて保存する</u>。

⑤ 硫化水素は有毒な気体なので，<u>ドラフト内で取り扱う</u>。

問 2 17族に属するフッ素 F，塩素 Cl，臭素 Br，ヨウ素 I，アスタチン At はハロゲンとよばれる。At には安定な同位体が存在しないが，F，Cl，Br，I から推定されるとおりの物理的・化学的性質を示すとされている。At の単体や化合物の性質に関する記述として**適当でないもの**を，次の①～④のうちから一つ選べ。 | 15 |

① At の単体の融点と沸点は，ともにハロゲン単体の中で最も高い。

② At の単体は常温で水に溶けにくい。

③ 硝酸銀水溶液をアスタチン化ナトリウム NaAt 水溶液に加えると，難溶性のアスタチン化銀 AgAt を生じる。

④ 臭素水を NaAt 水溶液に加えても，酸化還元反応は起こらない。

問 3 表1にステンレス鋼とトタンの主な構成元素を示す。**ア**と**イ**に当てはまる元素として最も適当なものを，後の①〜⑤のうちから一つずつ選べ。

ア $\boxed{16}$

イ $\boxed{17}$

表1　ステンレス鋼とトタンの主な構成元素

	主な構成元素		
ステンレス鋼	Fe	ア	Ni
トタン	Fe	イ	

① Al　　　② Ti　　　③ Cr　　　④ Zn　　　⑤ Sn

16 2024年度：化学/本試験

問 4 ニッケルの製錬には，鉱石から得た硫化ニッケル(Ⅱ)NiS を塩化銅(Ⅱ)
CuCl₂ の水溶液と反応させて塩化ニッケル(Ⅱ)NiCl₂ の水溶液とし，この水溶
液の電気分解によって単体のニッケル Ni を得る方法がある。次の問い(**a ～
c**)に答えよ。

a 塩酸で酸性にした CuCl₂ 水溶液に固体の NiS を加えて反応させると，
式(1)に示すように，NiS は NiCl₂ の水溶液として溶解させることができる。
なお，硫黄 S は析出し分離することができる。

$$NiS + 2\,CuCl_2 \longrightarrow NiCl_2 + 2\,CuCl + S \qquad (1)$$

式(1)の反応におけるニッケル原子と硫黄原子の化学変化に関する説明の組
合せとして正しいものはどれか。最も適当なものを，次の①～⑥のうちから
一つ選べ。 18

	ニッケル原子	硫黄原子
①	酸化される	酸化される
②	酸化される	還元される
③	酸化も還元もされない	酸化される
④	酸化も還元もされない	還元される
⑤	還元される	酸化される
⑥	還元される	還元される

b 式(1)で $NiCl_2$ と塩化銅（I）$CuCl$ が得られた水溶液に塩素 Cl_2 を吹き込むと，式(2)に示すように $CuCl$ から $CuCl_2$ が生じ，再び式(1)の反応に使うことができる。

$$2\,CuCl + Cl_2 \longrightarrow 2\,CuCl_2 \tag{2}$$

$CuCl_2$ を 40.5 kg 使い，NiS を 36.4 kg 加えて Cl_2 を吹き込んだ。式(1)と(2)の反応によって，すべてのニッケルが $NiCl_2$ として水溶液中に溶解し，銅はすべて $CuCl_2$ に戻されたとする。このとき式(1)と(2)の反応で消費された Cl_2 の物質量は何 mol か。最も適当な数値を，次の①～⑧のうちから一つ選べ。 $\boxed{19}$ mol

① 150   ② 200   ③ 300   ④ 350

⑤ 400   ⑥ 500   ⑦ 550   ⑧ 700

c 式(1)で $NiCl_2$ と $CuCl$ が得られた水溶液から $CuCl$ を除いた後，その水溶液を電気分解すると，単体の Ni が得られる。このとき陰極では，式(3)と(4)に示すように Ni の析出と気体の水素 H_2 の発生が同時に起こる。陽極では，式(5)に示すように気体の Cl_2 が発生する。

$$NiS + 2\,CuCl_2 \longrightarrow NiCl_2 + 2\,CuCl + S \qquad (1) \quad (再掲)$$

$$\textbf{陰極}\quad Ni^{2+} + 2\,e^- \longrightarrow Ni \qquad\qquad\qquad (3)$$

$$2\,H^+ + 2\,e^- \longrightarrow H_2 \qquad\qquad\qquad (4)$$

$$\textbf{陽極}\quad 2\,Cl^- \longrightarrow Cl_2 + 2\,e^- \qquad\qquad\quad (5)$$

　電気分解により H_2 と Cl_2 が安定に発生しはじめてから，さらに時間 $t\,(s)$ だけ電気分解を続ける。この間に発生する H_2 と Cl_2 の体積が，温度 $T\,(K)$，圧力 $P\,(Pa)$ のもとでそれぞれ $V_{H_2}\,(L)$ と $V_{Cl_2}\,(L)$ のとき，陰極に析出する Ni の質量 $w\,(g)$ を表す式として最も適当なものを，後の①～⑥のうちから一つ選べ。

　ただし，Ni のモル質量は $M\,(g/mol)$，気体定数は $R\,(Pa \cdot L/(K \cdot mol))$ とする。また，流れた電流はすべて式(3)～(5)の反応に使われるものとし，H_2 と Cl_2 の水溶液への溶解は無視できるものとする。

$$w = \boxed{\ 20\ }$$

① $\dfrac{MP(V_{Cl_2} + V_{H_2})}{RT}$　　　　② $\dfrac{MP(V_{Cl_2} - V_{H_2})}{RT}$

③ $\dfrac{MP(V_{H_2} - V_{Cl_2})}{RT}$　　　　④ $\dfrac{2\,MP(V_{Cl_2} + V_{H_2})}{RT}$

⑤ $\dfrac{2\,MP(V_{Cl_2} - V_{H_2})}{RT}$　　　⑥ $\dfrac{2\,MP(V_{H_2} - V_{Cl_2})}{RT}$

第4問　次の問い(問1～4)に答えよ。(配点　20)

問1　式(1)のようにエチレン(エテン)$CH_2=CH_2$ を，塩化パラジウム(Ⅱ)$PdCl_2$ と塩化銅(Ⅱ)$CuCl_2$ を触媒として適切な条件下で酸化すると，化合物 A が得られる。化合物 A の構造式として最も適当なものを，後の①～④のうちから一つ選べ。　21

$$2 \ \underset{H}{\overset{H}{C}}=\underset{H}{\overset{H}{C}} \ + \ O_2 \ \xrightarrow{\text{触媒}(PdCl_2,\ CuCl_2)} \ 2 \ A \qquad (1)$$

①
$$H-\underset{H}{\overset{H}{C}}-\underset{H}{\overset{H}{C}}-OH$$

②
$$H-\underset{H}{\overset{H}{C}}-O-\underset{H}{\overset{H}{C}}-H$$

③
$$H-\underset{H}{\overset{H}{C}}-\overset{O}{\overset{\|}{C}}-H$$

④
$$H-\underset{H}{\overset{H}{C}}-\overset{O}{\overset{\|}{C}}-OH$$

問2　高分子化合物に関する記述として下線部に**誤りを含むもの**はどれか。最も適当なものを，次の①～④のうちから一つ選べ。　22

① デンプンの成分の一つであるアミロペクチンは，<u>冷水に溶けやすい。</u>

② アクリル繊維は，<u>アクリロニトリル $CH_2=CH-CN$ が付加重合した高分子</u>を主成分とする合成繊維である。

③ 生ゴムに数%の硫黄粉末を加えて加熱すると，鎖状のゴム分子のところどころに硫黄原子による<u>架橋構造が生じ</u>，弾性，強度，耐久性が向上する。

④ レーヨンは，一般に<u>セルロース</u>を適切な溶媒に溶解させた後，繊維として再生させたものである。

20　2024年度：化学/本試験

問 3　図1に示すトリペプチドの水溶液に対して，後に示す検出反応**ア〜ウ**をそれぞれ行う。このとき，特有の変化を示す検出反応はどれか。すべてを正しく選択しているものとして最も適当なものを，後の**①〜⑦**のうちから一つ選べ。

23

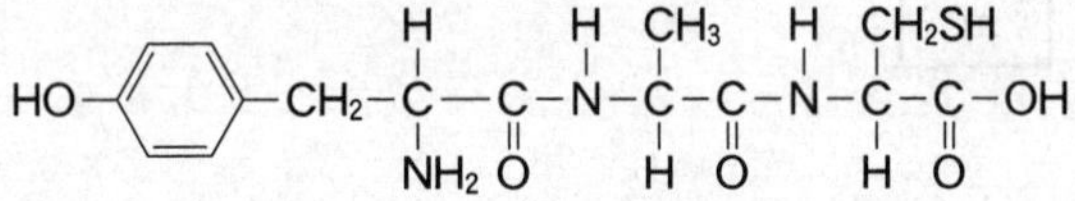

$$HO-\text{(benzene)}-CH_2-\overset{H}{\underset{NH_2}{C}}-\overset{}{\underset{O}{C}}-\overset{H}{N}-\overset{H,CH_3}{\underset{H,O}{C}}-\overset{}{C}-\overset{H}{N}-\overset{H,CH_2SH}{\underset{H,O}{C}}-\overset{}{C}-OH$$

図1　トリペプチドの構造

検出反応に用いる主な試薬と操作

ア　ニンヒドリン反応：ニンヒドリン水溶液を加えて加熱する。

イ　キサントプロテイン反応：濃硝酸 HNO_3 を加えて加熱し，冷却後アンモニア水を加えて塩基性にする。

ウ　ビウレット反応：水酸化ナトリウム $NaOH$ 水溶液を加えて塩基性にした後，薄い硫酸銅(II) $CuSO_4$ 水溶液を少量加える。

① ア　　　　② イ　　　　③ ウ　　　　④ ア，イ

⑤ ア，ウ　　⑥ イ，ウ　　⑦ ア，イ，ウ

問 4 医薬品に関する次の問い（**a ～ c**）に答えよ。

a ヤナギの樹皮に含まれるサリシンは，サリチルアルコールとグルコースが脱水縮合したかたちのグリコシド結合をもつ化合物である。サリシンは消化管を通る間に，図2に示すように加水分解される。生成したサリチルアルコールは酸化され，生じたサリチル酸が解熱鎮痛作用を示す。しかしサリチル酸を服用すると胃に炎症を起こすため，そのかわりにアセチルサリチル酸が開発された。アセチルサリチル酸のように病気の症状を緩和する医薬品を対症療法薬という。

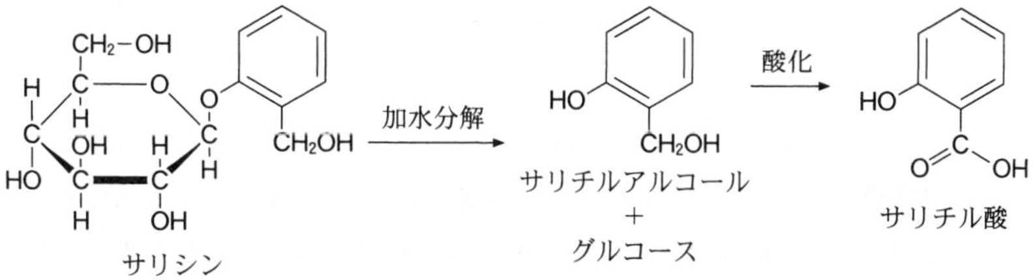

図2 サリシンの加水分解で得られるサリチルアルコールを経由したサリチル酸の生成

次の記述のうち下線部に**誤りを含むもの**はどれか。最も適当なものを，次の①～④のうちから一つ選べ。 24

① グリコシド結合は，希硫酸と加熱することにより加水分解される。

② サリシンを溶かした水溶液は，銀鏡反応を示す。

③ サリチル酸は，ナトリウムフェノキシドと二酸化炭素を高温・高圧で反応させた後，酸性にすることにより得られる。

④ サリチル酸とメタノールを反応させてできるエステルは，消炎鎮痛剤として用いられる。

b イギリスの細菌学者フレミングがアオカビから発見した抗生物質ペニシリンGは，病原菌の増殖を抑えて感染症を治す化学療法薬である。図3に示すペニシリンGは，破線で囲まれたβ-ラクタム環とよばれる環状のアミド構造をもつことで抗菌作用を示す。

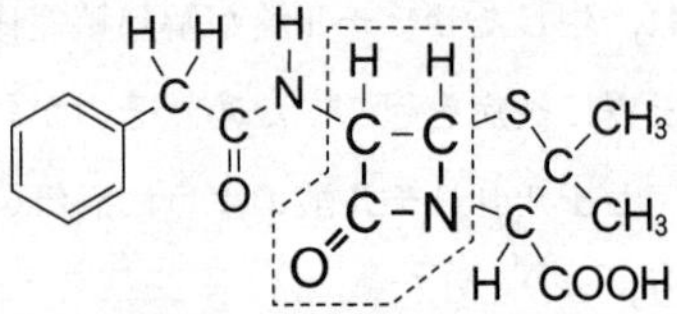

図3　ペニシリンGの構造

（破線で囲まれた部分がβ-ラクタム環）

ペニシリンGのβ-ラクタム環は反応性が高く，図4のように細菌の増殖に重要なはたらきをする酵素の活性部位にあるヒドロキシ基と反応する。その結果，この酵素のはたらきが阻害されるため，細菌の増殖が抑えられる。

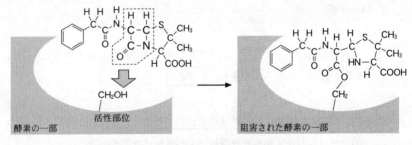

図4　ペニシリンGと細菌内の酵素との反応

分子内の脱水反応により β-ラクタム環ができる化合物はどれか。最も適当なものを，次の①～⑤のうちから一つ選べ。 | 25 |

① $H_2N-\overset{\overset{\displaystyle H}{|}}{\underset{\underset{\displaystyle H}{|}}{C}}-\overset{\overset{\displaystyle O}{\|}}{C}-OH$

② $H_2N-\overset{\overset{\displaystyle H}{|}}{\underset{\underset{\displaystyle H}{|}}{C}}-\overset{\overset{\displaystyle H}{|}}{\underset{\underset{\displaystyle H}{|}}{C}}-\overset{\overset{\displaystyle O}{\|}}{C}-OH$

③ $H_2N-\overset{\overset{\displaystyle H}{|}}{\underset{\underset{\displaystyle H}{|}}{C}}-\overset{\overset{\displaystyle H}{|}}{\underset{\underset{\displaystyle H}{|}}{C}}-\overset{\overset{\displaystyle H}{|}}{\underset{\underset{\displaystyle H}{|}}{C}}-\overset{\overset{\displaystyle O}{\|}}{C}-OH$

④ $H_2N-\overset{\overset{\displaystyle H}{|}}{\underset{\underset{\displaystyle H}{|}}{C}}-\overset{\overset{\displaystyle H}{|}}{\underset{\underset{\displaystyle H}{|}}{C}}-\overset{\overset{\displaystyle H}{|}}{\underset{\underset{\displaystyle H}{|}}{C}}-\overset{\overset{\displaystyle H}{|}}{\underset{\underset{\displaystyle H}{|}}{C}}-\overset{\overset{\displaystyle O}{\|}}{C}-OH$

⑤ $H_2N-\overset{\overset{\displaystyle H}{|}}{\underset{\underset{\displaystyle H}{|}}{C}}-\overset{\overset{\displaystyle H}{|}}{\underset{\underset{\displaystyle H}{|}}{C}}-\overset{\overset{\displaystyle H}{|}}{\underset{\underset{\displaystyle H}{|}}{C}}-\overset{\overset{\displaystyle H}{|}}{\underset{\underset{\displaystyle H}{|}}{C}}-\overset{\overset{\displaystyle H}{|}}{\underset{\underset{\displaystyle H}{|}}{C}}-\overset{\overset{\displaystyle O}{\|}}{C}-OH$

24 2024年度：化学/本試験

c p-アミノ安息香酸エチルは局所麻酔薬として用いられる合成医薬品である。図5にトルエンから化合物 A，B，C を経由して合成する経路を示す。化合物 B として最も適当なものを，後の①～⑥のうちから一つ選べ。

化合物 B ☐ 26

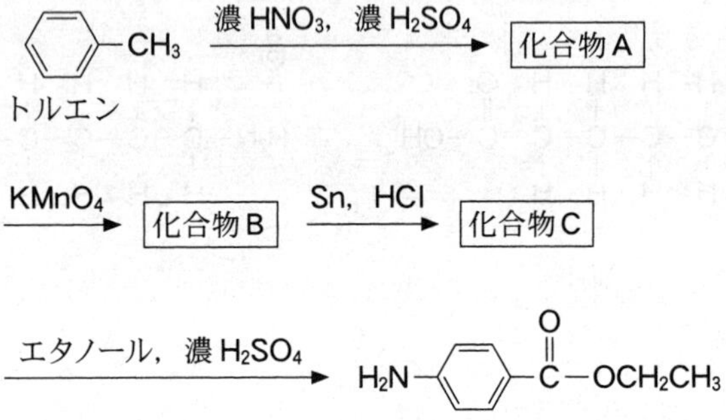

$$\text{トルエン} \quad \ce{CH3} \xrightarrow{\text{濃 } HNO_3, \text{ 濃 } H_2SO_4} \text{化合物 A}$$

$$\xrightarrow{KMnO_4} \text{化合物 B} \xrightarrow{Sn, \ HCl} \text{化合物 C}$$

$$\xrightarrow{\text{エタノール，濃 } H_2SO_4} \ce{H2N-C6H4-C(=O)-OCH2CH3}$$
p-アミノ安息香酸エチル

図5 p-アミノ安息香酸エチルを合成する経路

① $\ce{H2N-C6H4-CH3}$

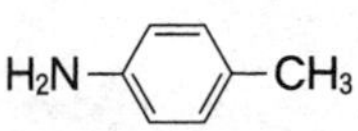

② $\ce{H2N-C6H4-C(=O)H}$

③ $\ce{H2N-C6H4-C(=O)-OH}$

④ $\ce{O2N-C6H4-CH3}$

⑤ $\ce{O2N-C6H4-C(=O)-OH}$

⑥ $\ce{O2N-C6H4-C(=O)-OCH2CH3}$

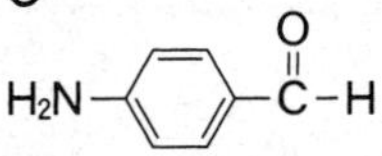

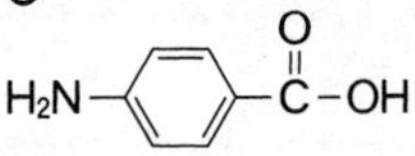

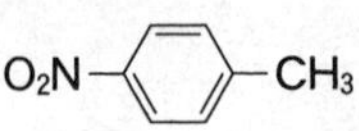

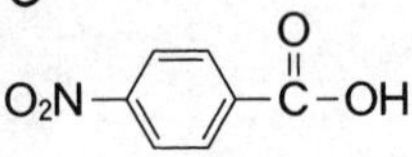

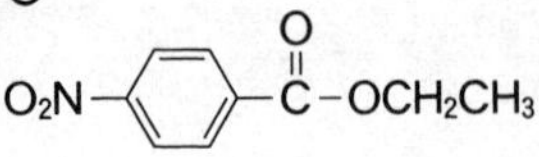

2024年度：化学/本試験　**25**

第5問　質量分析法に関する次の文章を読み，後の問い（**問1～3**）に答えよ。
（配点　20）

質量分析法では，$_{(a)}$きわめて微量な成分を分析することができる。この方法では，真空中で原子や分子をイオン化した後，電気や磁気の力を利用して$_{(b)}$イオンを質量ごとに分離し，これを検出することで，イオン化した原子や分子の個数を知ることができる。

問1　下線部(a)に関連して，質量分析法はスポーツ競技における選手のドーピング検査などに利用されている。ドーピング検査では，検査対象となった選手から90 mL 以上の尿を採取し，その一部を質量分析に用いて，対象物質の量が適正な範囲内であるかを調べる。

テストステロンは，生体内に存在するホルモンであるが，筋肉増強効果があるためドーピング禁止物質に指定されている。

図1に既知の質量のテストステロンを含む尿を質量分析法で分析した結果を示した。横軸は，尿 3.0 mL に含まれるテストステロンの質量で，縦軸は，テストステロンに由来する陽イオン A^+ の検出された個数（信号強度）である。ここで縦軸の数値は，尿 3.0 mL 中テストステロンの質量が 5.0×10^{-8} g のときの A^+ の信号強度を 100 とした相対値で表している。

ある選手の尿 3.0 mL から得られた A^+ の信号強度は 10 であった。この選手の尿 90 mL 中に含まれるテストステロンの質量は何 g か。最も適当な数値を，後の①～⑥のうちから一つ選べ。　　27　　g

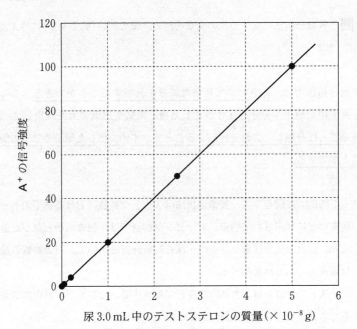

図1 尿中のテストステロンの質量と質量分析法で検出した
テストステロンに由来するイオン A⁺ の信号強度との関係

① 1.5×10^{-8} ② 9.0×10^{-8} ③ 6.0×10^{-7}
④ 1.5×10^{-7} ⑤ 9.0×10^{-7} ⑥ 6.0×10^{-6}

問 2　下線部(b)に関連して，質量分析法により，ある元素の同位体の物質量の割合を測定することで，試料中に含まれるその元素の物質量を求めることができる。

　　ある金属試料 X 中に含まれる銀 Ag の物質量を求めるため，次の**実験 I ・ II** を行った。金属試料 X 中に含まれていた Ag の物質量は何 mol か。最も適当な数値を，後の**①**〜**④**のうちから一つ選べ。　　28　　mol

実験 I　X をすべて硝酸に完全に溶解させ 200 mL とした。この溶液中の ^{107}Ag と ^{109}Ag の物質量の割合を質量分析法により求めたところ，^{107}Ag が 50.0 %，^{109}Ag が 50.0 % であった。

実験 II　実験 I で調製した溶液から 100 mL を取り分け，それに ^{107}Ag の物質量の割合が 100 % である Ag 粉末を 5.00×10^{-3} mol 添加し，完全に溶解させた。この溶液中の ^{107}Ag と ^{109}Ag の物質量の割合を質量分析法により求めたところ，^{107}Ag が 75.0 %，^{109}Ag が 25.0 % であった。

①　1.00×10^{-3}　　**②**　5.00×10^{-3}　　**③**　1.00×10^{-2}　　**④**　5.00×10^{-2}

問 3 イオンの質量(^{12}C 原子の質量を 12 とした「相対質量」)に対して，検出したそのイオンの個数（またはその最大値を 100 とした相対値で表した「相対強度」）をグラフにしたものを質量スペクトルという。質量スペクトルに関する次の文章を読み，後の問い(a ～ c)に答えよ。

　図 2 は，メタン CH_4 を例としたイオン化の模式図である。外部から大きなエネルギーを与えると，CH_4 から電子が放出され，CH_4^+ が生成する。与えられるエネルギーがさらに大きいと，CH_4^+ の結合が切断された CH_3^+ や CH_2^+ などが生成することもある。

　CH_4 をあるエネルギーでイオン化したときの質量スペクトルを図 3 に，相対質量 12～17 のイオンの相対強度を表 1 に示す。相対質量が 17 のイオンは，天然に 1 ％存在する $^{13}CH_4$ に由来する $^{13}CH_4^+$ である。CH_4^+ のような，電子を放出しただけのイオンを「分子イオン」，CH_3^+ や CH_2^+ のような結合が切断されたイオンを「断片イオン」とよぶ。

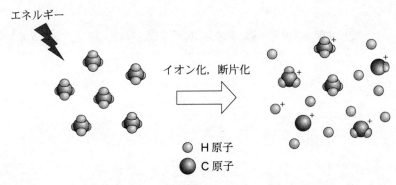

図 2　メタンのイオン化，断片化の模式図

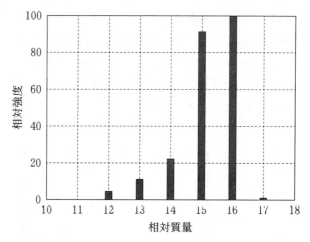

図3 メタンの質量スペクトル

表1 メタンの質量スペクトルにおけるイオンの強度分布

相対質量	相対強度	主なイオン
12	5	$^{12}C^+$
13	11	$^{12}CH^+$
14	22	$^{12}CH_2^+$
15	91	$^{12}CH_3^+$
16	100	$^{12}CH_4^+$
17	1	$^{13}CH_4^+$

a 塩素 Cl には2種の同位体 ^{35}Cl と ^{37}Cl があり，それらは天然におよそ 3：1 の割合で存在する。図3と同じエネルギーでクロロメタン CH_3Cl をイオン化した場合の，相対質量が 50 付近の質量スペクトルはどれか。最も適当なものを，次の①～⑥のうちから一つ選べ。ただし，^{35}Cl と ^{37}Cl の相対質量は，それぞれ 35，37 とする。 29

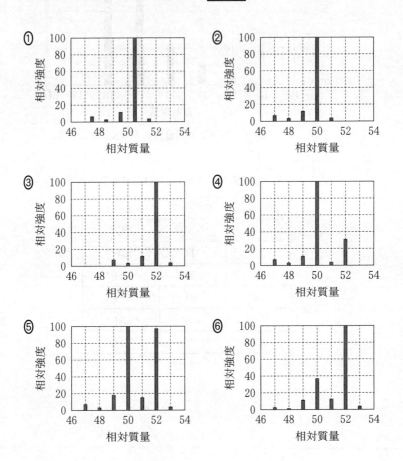

b ¹²C 以外の原子の相対質量は，その原子の質量数とはわずかに異なる。分子量がいずれもおよそ 28 である一酸化炭素 CO，エチレン（エテン）C₂H₄，窒素 N₂ の混合気体 X の，相対質量 27.98〜28.04 の範囲の質量スペクトルを図 4 に示す。図中の**ア〜ウ**に対応する分子イオンの組合せとして正しいものはどれか。最も適当なものを，後の**①〜⑥**のうちから一つ選べ。ただし，¹H，¹²C，¹⁴N，¹⁶O の相対質量はそれぞれ，1.008，12，14.003，15.995 とし，これら以外の同位体は無視できるものとする。 | 30 |

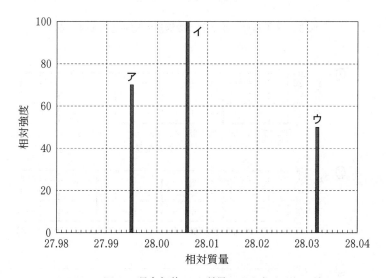

図 4 混合気体 X の質量スペクトル

	ア	イ	ウ
①	CO⁺	C₂H₄⁺	N₂⁺
②	CO⁺	N₂⁺	C₂H₄⁺
③	C₂H₄⁺	CO⁺	N₂⁺
④	C₂H₄⁺	N₂⁺	CO⁺
⑤	N₂⁺	CO⁺	C₂H₄⁺
⑥	N₂⁺	C₂H₄⁺	CO⁺

c あるエネルギーでメチルビニルケトン CH₃COCH＝CH₂（分子量 70）をイオン化すると，図5の破線で示した位置で結合が切断された断片イオンができやすいことがわかっている。メチルビニルケトンの質量スペクトルとして最も適当なものを，後の①〜④のうちから一つ選べ。ただし，相対強度が10未満のイオンは省略した。 31

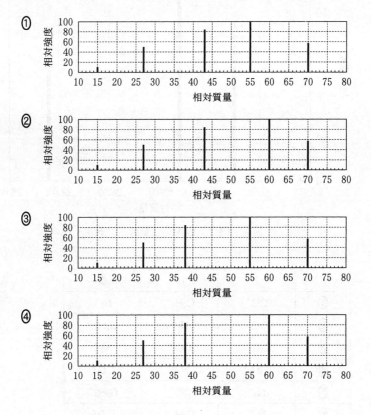

図5 メチルビニルケトンの構造と切断されやすい結合

共通テスト
本試験

2023

化学

解答時間 60 分
配点 100 点

2 2023年度：化学/本試験

化　　　　　　学

$$\left(\text{解答番号}\ \boxed{1}\ \sim\ \boxed{35}\right)$$

必要があれば，原子量は次の値を使うこと。

H	1.0	Li	6.9	Be	9.0	C	12
O	16	Na	23	Mg	24	S	32
K	39	Ca	40	I	127		

気体は，実在気体とことわりがない限り，理想気体として扱うものとする。
また，必要があれば，次の値を使うこと。

$\sqrt{2} = 1.41$

第 1 問　次の問い（**問 1 ～ 4**）に答えよ。（配点　20）

問 1　すべての化学結合が単結合からなる物質として最も適当なものを，次の①～
④のうちから一つ選べ。　$\boxed{1}$

① CH_3CHO　　　② C_2H_2　　　③ Br_2　　　④ $BaCl_2$

問 2 次の文章を読み，下線部(a)・(b)の状態を示す用語の組合せとして最も適当なものを，後の①〜⑧のうちから一つ選べ。 2

　　海藻であるテングサを乾燥し，熱湯で溶出させると流動性のあるコロイド溶液が得られる。この溶液を冷却すると(a)流動性を失ったかたまりになる。さらに，このかたまりから水分を除去すると(b)乾燥した寒天ができる。

	(a)	(b)
①	ゾル	エーロゾル(エアロゾル)
②	ゾル	キセロゲル
③	エーロゾル(エアロゾル)	ゾル
④	エーロゾル(エアロゾル)	ゲル
⑤	ゲル	エーロゾル(エアロゾル)
⑥	ゲル	キセロゲル
⑦	キセロゲル	ゾル
⑧	キセロゲル	ゲル

問 3　水蒸気を含む空気を温度一定のまま圧縮すると，全圧の増加に比例して水蒸気の分圧は上昇する。水蒸気の分圧が水の飽和蒸気圧に達すると，水蒸気の一部が液体の水に凝縮し，それ以上圧縮しても水蒸気の分圧は水の飽和蒸気圧と等しいままである。

分圧 3.0×10^3 Pa の水蒸気を含む全圧 1.0×10^5 Pa，温度 300 K，体積 24.9 L の空気を，気体を圧縮する装置を用いて，温度一定のまま，体積 8.3 L にまで圧縮した。この過程で水蒸気の分圧が 300 K における水の飽和蒸気圧である 3.6×10^3 Pa に達すると，水蒸気の一部が液体の水に凝縮し始めた。図 1 は圧縮前と圧縮後の様子を模式的に示したものである。圧縮後に生じた液体の水の物質量は何 mol か。最も適当な数値を，後の ①〜⑥ のうちから一つ選べ。ただし，気体定数は $R = 8.3 \times 10^3$ Pa・L/(K・mol) とし，全圧の変化による水の飽和蒸気圧の変化は無視できるものとする。　| 3 |　mol

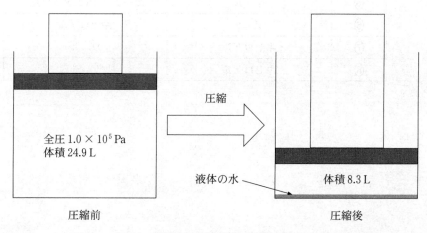

図 1　水蒸気を含む空気の圧縮の模式図

① 0.012　　② 0.018　　③ 0.030
④ 0.12　　 ⑤ 0.18　　 ⑥ 0.30

問 4 硫化カルシウム CaS（式量 72）の結晶構造に関する次の記述を読み，後の問い（a～c）に答えよ。

CaS の結晶中では，カルシウムイオン Ca^{2+} と硫化物イオン S^{2-} が図 2 に示すように規則正しく配列している。結晶中の Ca^{2+} と S^{2-} の配位数はいずれも ア で，単位格子は Ca^{2+} と S^{2-} がそれぞれ 4 個ずつ含まれる立方体である。隣り合う Ca^{2+} と S^{2-} は接しているが，(a)電荷が等しい Ca^{2+} どうし，および S^{2-} どうしは，結晶中で互いに接していない。Ca^{2+} のイオン半径を r_{Ca}，S^{2-} のイオン半径を R_S とすると $r_{Ca} < R_S$ であり，CaS の結晶の単位格子の体積 V は イ で表される。

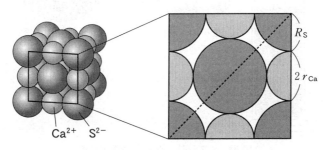

図 2 CaS の結晶構造と単位格子の断面

a 空欄 ア ・ イ に当てはまる数字または式として最も適当なものを，それぞれの解答群の①～⑤のうちから一つずつ選べ。

アの解答群　4
① 4　　② 6　　③ 8　　④ 10　　⑤ 12

イの解答群　5
① $V = 8(R_S + r_{Ca})^3$　　② $V = 32(R_S^3 + r_{Ca}^3)$
③ $V = (R_S + r_{Ca})^3$　　④ $V = \dfrac{16}{3}\pi(R_S^3 + r_{Ca}^3)$
⑤ $V = \dfrac{4}{3}\pi(R_S^3 + r_{Ca}^3)$

b エタノール 40 mL を入れたメスシリンダーを用意し，CaS の結晶 40 g をこのエタノール中に加えたところ，結晶はもとの形のまま溶けずに沈み，図3に示すように，40 の目盛りの位置にあった液面が 55 の目盛りの位置に移動した。この結晶の単位格子の体積 V は何 cm³ か。最も適当な数値を，後の①〜⑤のうちから一つ選べ。ただし，アボガドロ定数を 6.0×10^{23}/mol とする。 6 cm³

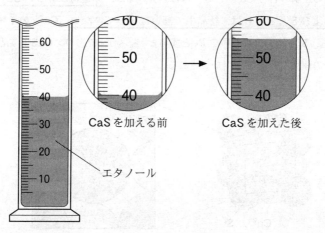

図3 メスシリンダーの液面の移動

① 4.5×10^{-23} ② 1.8×10^{-22} ③ 3.6×10^{-22}
④ 6.6×10^{-22} ⑤ 1.3×10^{-21}

c 図2に示すような配列の結晶構造をとる物質はCaS以外にも存在する。そのような物質では，下線部(a)に示すのと同様に，結晶中で陽イオンどうし，および陰イオンどうしが互いに接していないものが多い。結晶を構成する2種類のイオンのうち，イオンの大きさが大きい方のイオン半径をR，小さい方のイオン半径をrとして結晶の安定性を考える。このとき，Rが$\left(\sqrt{\boxed{ウ}} + \boxed{エ}\right)r$以上になると，図2に示す単位格子の断面の対角線(破線)上で大きい方のイオンどうしが接するようになる。その結果，この結晶構造が不安定になり，異なる結晶構造をとりやすくなることが知られている。

空欄 $\boxed{ウ}$・$\boxed{エ}$ に当てはまる数字として最も適当なものを，後の①~⓪のうちから一つずつ選べ。ただし，同じものを繰り返し選んでもよい。

ウ $\boxed{7}$

エ $\boxed{8}$

① 1　　② 2　　③ 3　　④ 4　　⑤ 5

⑥ 6　　⑦ 7　　⑧ 8　　⑨ 9　　⓪ 0

8 2023年度：化学/本試験

第2問 次の問い(**問1～4**)に答えよ。(配点 20)

問1 二酸化炭素 CO_2 とアンモニア NH_3 を高温・高圧で反応させると，尿素 $(NH_2)_2CO$ が生成する。このときの熱化学方程式⑴の反応熱 Q は何 kJ か。最も適当な数値を，後の①～⑧のうちから一つ選べ。ただし，CO_2(気)，NH_3(気)，$(NH_2)_2CO$(固)，水 H_2O(液)の生成熱は，それぞれ 394 kJ/mol，46 kJ/mol，333 kJ/mol，286 kJ/mol とする。 ⬜9⬜ kJ

$$CO_2(気) + 2\,NH_3(気) = (NH_2)_2CO(固) + H_2O(液) + Q\,kJ \qquad (1)$$

① -179 ② -153 ③ -133 ④ -107

⑤ 107 ⑥ 133 ⑦ 153 ⑧ 179

問2 硝酸銀 $AgNO_3$ 水溶液の入った電解槽 V に浸した2枚の白金電極(電極 A，B)と，塩化ナトリウム $NaCl$ 水溶液の入った電解槽 W に浸した2本の炭素電極(電極 C，D)を，図1に示すように電源に接続した装置を組み立てた。この装置で電気分解を行った結果に関する記述として**誤りを含むもの**を，次の①～⑤のうちから二つ選べ。ただし，解答の順序は問わない。

⬜10⬜

⬜11⬜

① 電解槽 V の水素イオン濃度が増加した。

② 電極 A に銀 Ag が析出した。

③ 電極 B で水素 H_2 が発生した。

④ 電極 C にナトリウム Na が析出した。

⑤ 電極 D で塩素 Cl_2 が発生した。

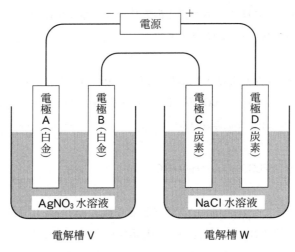

図1　電気分解の装置

問3　容積一定の密閉容器Xに水素H_2とヨウ素I_2を入れて，一定温度Tに保ったところ，次の式(2)の反応が平衡状態に達した。

$$H_2(気) + I_2(気) \rightleftarrows 2HI(気) \qquad (2)$$

平衡状態のH_2，I_2，ヨウ化水素HIの物質量は，それぞれ0.40 mol，0.40 mol，3.2 molであった。

次に，Xの半分の一定容積をもつ密閉容器Yに1.0 molのHIのみを入れて，同じ一定温度Tに保つと，平衡状態に達した。このときのHIの物質量は何molか。最も適当な数値を，次の①～⑥のうちから一つ選べ。ただし，H_2，I_2，HIはすべて気体として存在するものとする。　12　mol

① 0.060　② 0.11　③ 0.20　④ 0.80　⑤ 0.89　⑥ 0.94

10 2023年度：化学/本試験

問 4 過酸化水素 H_2O_2 の水 H_2O と酸素 O_2 への分解反応に関する次の文章を読み，後の問い(**a ～ c**)に答えよ。

 H_2O_2 の分解反応は次の式(3)で表され，水溶液中での分解反応速度は H_2O_2 の濃度に比例する。H_2O_2 の分解反応は非常に遅いが，酸化マンガン(IV)MnO_2 を加えると反応が促進される。

$$2\,H_2O_2 \longrightarrow 2\,H_2O + O_2 \tag{3}$$

 試験管に少量の MnO_2 の粉末とモル濃度 0.400 mol/L の過酸化水素水 10.0 mL を入れ，一定温度 20 ℃ で反応させた。反応開始から1分ごとに，それまでに発生した O_2 の体積を測定し，その物質量を計算した。10 分までの結果を表1と図2に示す。ただし，反応による水溶液の体積変化と，発生した O_2 の水溶液への溶解は無視できるものとする。

表 1 反応温度 20 ℃ で各時間までに発生した O_2 の物質量

反応開始からの 時間(min)	発生した O_2 の 物質量($\times 10^{-3}$ mol)
0	0
1.0	0.417
2.0	0.747
3.0	1.01
4.0	1.22
5.0	1.38
6.0	1.51
7.0	1.61
8.0	1.69
9.0	1.76
10.0	1.81

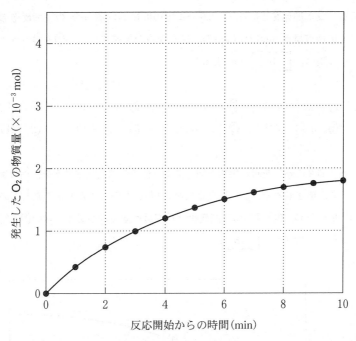

図2 反応温度 20 ℃ で各時間までに発生した O_2 の物質量

a H_2O_2 の水溶液中での分解反応に関する記述として**誤りを含むもの**はどれか。最も適当なものを，次の①〜④のうちから一つ選べ。 13

① 少量の塩化鉄(Ⅲ) $FeCl_3$ 水溶液を加えると，反応速度が大きくなる。
② 肝臓などに含まれるカタラーゼを適切な条件で加えると，反応速度が大きくなる。
③ MnO_2 の有無にかかわらず，温度を上げると反応速度が大きくなる。
④ MnO_2 を加えた場合，反応の前後でマンガン原子の酸化数が変化する。

b 反応開始後 1.0 分から 2.0 分までの間における H_2O_2 の分解反応の平均反応速度は何 mol/(L・min) か。最も適当な数値を，次の ①〜⑧ のうちから一つ選べ。 ┃ 14 ┃ mol/(L・min)

① 3.3×10^{-4} ② 6.6×10^{-4} ③ 8.3×10^{-4} ④ 1.5×10^{-3}
⑤ 3.3×10^{-2} ⑥ 6.6×10^{-2} ⑦ 8.3×10^{-2} ⑧ 0.15

c 図 2 の結果を得た実験と同じ濃度と体積の過酸化水素水を，別の反応条件で反応させると，反応速度定数が 2.0 倍になることがわかった。このとき発生した O_2 の物質量の時間変化として最も適当なものを，次の ①〜⑥ のうちから一つ選べ。 ┃ 15 ┃

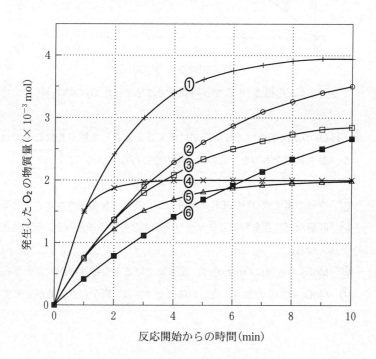

第3問 次の問い（**問1～3**）に答えよ。（配点 20）

問1 フッ化水素 HF に関する記述として**誤りを含むもの**はどれか。最も適当なものを，次の①～④のうちから一つ選べ。 16

① 水溶液は弱い酸性を示す。

② 水溶液に銀イオン Ag^+ が加わっても沈殿は生じない。

③ 他のハロゲン化水素よりも沸点が高い。

④ ヨウ素 I_2 と反応してフッ素 F_2 を生じる。

問2 金属イオン Ag$^+$，Al^{3+}，Cu^{2+}，Fe^{3+}，Zn^{2+} の硝酸塩のうち二つを含む水溶液Aがある。Aに対して次の図1に示す**操作Ⅰ～Ⅳ**を行ったところ，それぞれ図1に示すような**結果**が得られた。Aに含まれる二つの金属イオンとして最も適当なものを，後の**①～⑤**のうちから二つ選べ。ただし，解答の順序は問わない。

17
18

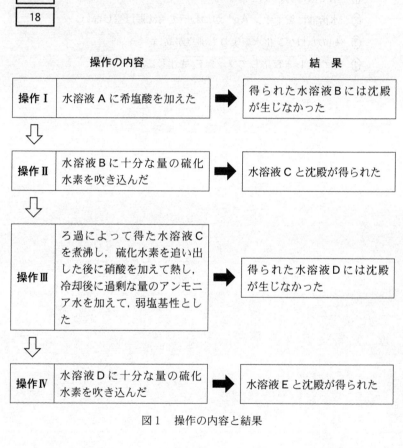

図1　操作の内容と結果

① Ag$^+$　　② Al^{3+}　　③ Cu^{2+}　　④ Fe^{3+}　　⑤ Zn^{2+}

問3 1族，2族の金属元素に関する次の問い（a ～ c）に答えよ。

a 金属X，Yは，1族元素のリチウムLi，ナトリウムNa，カリウムK，2族元素のベリリウムBe，マグネシウムMg，カルシウムCa のいずれかの単体である。Xは希塩酸と反応して水素H_2を発生し，Yは室温の水と反応してH_2を発生する。そこで，さまざまな質量のX，Yを用意し，Xは希塩酸と，Yは室温の水とすべて反応させ，発生したH_2の体積を測定した。反応させたX，Yの質量と，発生したH_2の体積（0 ℃，1.013×10^5 Paにおける体積に換算した値）との関係を図2に示す。

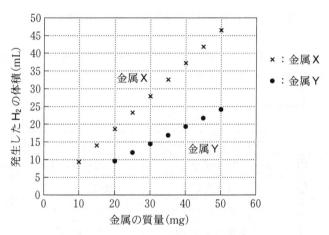

図2 反応させた金属X，Yの質量と発生したH_2の体積（0 ℃，1.013×10^5 Paにおける体積に換算した値）の関係

このとき，X，Yとして最も適当なものを，後の①～⑥のうちからそれぞれ一つずつ選べ。ただし，気体定数は$R = 8.31 \times 10^3$ Pa・L/(K・mol)とする。

X 19
Y 20

① Li   ② Na   ③ K
④ Be   ⑤ Mg   ⑥ Ca

b マグネシウムの酸化物 MgO, 水酸化物 Mg(OH)₂, 炭酸塩 MgCO₃ の混合物 A を乾燥した酸素中で加熱すると，水 H₂O と二酸化炭素 CO₂ が発生し，後に MgO のみが残る。図 3 の装置を用いて混合物 A を反応管中で加熱し，発生した気体をすべて吸収管 B と吸収管 C で捕集する実験を行った。

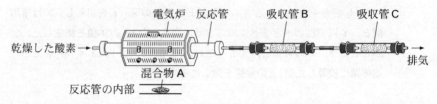

図3 混合物 A を加熱し発生する気体を捕集する装置

このとき，B と C にそれぞれ 1 種類の気体のみを捕集したい。B, C に入れる物質の組合せとして最も適当なものを，次の①〜⑥のうちから一つ選べ。 21

	吸収管 B に入れる物質	吸収管 C に入れる物質
①	ソーダ石灰	酸化銅(II)
②	ソーダ石灰	塩化カルシウム
③	塩化カルシウム	ソーダ石灰
④	塩化カルシウム	酸化銅(II)
⑤	酸化銅(II)	塩化カルシウム
⑥	酸化銅(II)	ソーダ石灰

c b の実験で，ある量の混合物 A を加熱すると MgO のみが 2.00 g 残った。また捕集された H₂O と CO₂ の質量はそれぞれ 0.18 g, 0.22 g であった。加熱前の混合物 A に含まれていたマグネシウムのうち，MgO として存在していたマグネシウムの物質量の割合は何 % か。最も適当な数値を，次の①〜⑤のうちから一つ選べ。 22 ％

① 30   ② 40   ③ 60   ④ 70   ⑤ 80

2023年度：化学/本試験　**17**

第4問　次の問い（問1 ～ 4）に答えよ。（配点　20）

問1　次の条件（**ア・イ**）をともに満たすアルコールとして最も適当なものを，後の
①～④のうちから一つ選べ。　| 23 |

ア　ヨードホルム反応を示さない。

イ　分子内脱水反応により生成したアルケンに臭素を付加させると，不斉炭素
原子をもつ化合物が生成する。

①
$$CH_3-\overset{\overset{\displaystyle CH_3}{|}}{CH}-OH$$

②
$$CH_3-CH_2-CH_2-OH$$

③
$$CH_3-\overset{\overset{\displaystyle CH_3}{|}}{\underset{\underset{\displaystyle CH_3}{|}}{C}}-OH$$

④
$$CH_3-\overset{\overset{\displaystyle CH_3}{|}}{CH}-CH_2-OH$$

問2　芳香族化合物に関する記述として**誤りを含むもの**はどれか。最も適当なもの
を，次の①～④のうちから一つ選べ。　| 24 |

① フタル酸を加熱すると，分子内で脱水し，酸無水物が生成する。

② アニリンは，水酸化ナトリウム水溶液と塩酸のいずれにもよく溶ける。

③ ジクロロベンゼンには，ベンゼン環に結合する塩素原子の位置によって3
種類の異性体が存在する。

④ アセチルサリチル酸に塩化鉄（Ⅲ）水溶液を加えても呈色しない。

問 3 高分子化合物の構造に関する記述として**誤りを含むもの**はどれか。最も適当なものを，次の①〜④のうちから一つ選べ。 25

① セルロースでは，分子内や分子間に水素結合が形成されている。

② DNA 分子の二重らせん構造中では，水素結合によって塩基対が形成されている。

③ タンパク質のポリペプチド鎖は，分子内で形成される水素結合により二次構造をつくる。

④ ポリプロピレンでは，分子間に水素結合が形成されている。

問 4　グリセリンの三つのヒドロキシ基がすべて脂肪酸によりエステル化された化合物をトリグリセリドと呼び，その構造は図 1 のように表される。

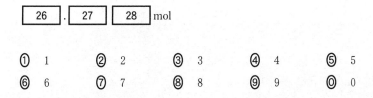

図 1　トリグリセリドの構造（R¹，R²，R³ は鎖式炭化水素基）

あるトリグリセリド X（分子量 882）の構造を調べることにした。(a)X を触媒とともに水素と完全に反応させると，消費された水素の量から，1 分子の X には 4 個の C＝C 結合があることがわかった。また，X を完全に加水分解したところ，グリセリンと，脂肪酸 A（炭素数 18）と脂肪酸 B（炭素数 18）のみが得られ，A と B の物質量比は 1：2 であった。トリグリセリド X に関する次の問い（**a 〜 c**）に答えよ。

a　下線部(a)に関して，44.1 g の X を用いると，消費される水素は何 mol か。その数値を小数第 2 位まで次の形式で表すとき，| 26 | 〜 | 28 | に当てはまる数字を，後の ① 〜 ⓪ のうちから一つずつ選べ。ただし，同じものを繰り返し選んでもよい。また，X の C＝C 結合のみが水素と反応するものとする。

| 26 |．| 27 || 28 | mol

①　1　　②　2　　③　3　　④　4　　⑤　5
⑥　6　　⑦　7　　⑧　8　　⑨　9　　⓪　0

20 2023年度：化学/本試験

b トリグリセリド X を完全に加水分解して得られた脂肪酸 A と脂肪酸 B を，硫酸酸性の希薄な過マンガン酸カリウム水溶液にそれぞれ加えると，いずれも過マンガン酸イオンの赤紫色が消えた。脂肪酸 A（炭素数 18）の示性式として最も適当なものを，次の①～⑤のうちから一つ選べ。　29

① $CH_3(CH_2)_{16}COOH$

② $CH_3(CH_2)_7CH=CH(CH_2)_7COOH$

③ $CH_3(CH_2)_4CH=CHCH_2CH=CH(CH_2)_7COOH$

④ $CH_3CH_2CH=CHCH_2CH=CHCH_2CH=CH(CH_2)_7COOH$

⑤ $CH_3CH_2CH=CHCH_2CH=CHCH_2CH=CHCH_2CH=CH(CH_2)_4COOH$

c トリグリセリド X をある酵素で部分的に加水分解すると，図 2 のように脂肪酸 A，脂肪酸 B，化合物 Y のみが物質量比 1：1：1 で生成した。また，X には鏡像異性体（光学異性体）が存在し，Y には鏡像異性体が存在しなかった。A を R^A-COOH，B を R^B-COOH と表すとき，図 2 に示す化合物 Y の構造式において，　ア　・　イ　に当てはまる原子と原子団の組合せとして最も適当なものを，後の①～④のうちから一つ選べ。　30

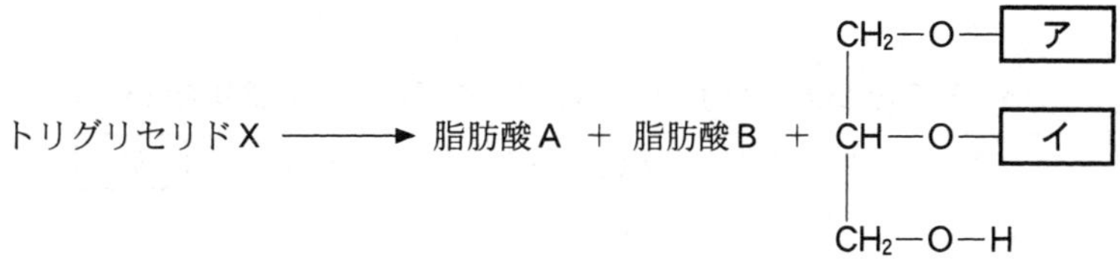

$$トリグリセリド X \longrightarrow 脂肪酸 A ＋ 脂肪酸 B ＋$$

$$\begin{array}{l} CH_2-O-\boxed{\text{ア}} \\ | \\ CH-O-\boxed{\text{イ}} \\ | \\ CH_2-O-H \end{array}$$

化合物 Y

図 2　ある酵素によるトリグリセリド X の加水分解

	ア	イ
①	$\overset{O}{\underset{\parallel}{C}}-R^A$	H
②	$\overset{O}{\underset{\parallel}{C}}-R^B$	H
③	H	$\overset{O}{\underset{\parallel}{C}}-R^A$
④	H	$\overset{O}{\underset{\parallel}{C}}-R^B$

22 2023年度：化学/本試験

第5問 硫黄 S の化合物である硫化水素 H_2S や二酸化硫黄 SO_2 を，さまざまな物質と反応させることにより，人間生活に有用な物質が得られる。一方，H_2S と SO_2 はともに火山ガスに含まれる有毒な気体であり，健康被害を及ぼす量のガスを吸い込むことがないように，大気中の濃度を求める必要がある。次の問い（**問 1 ～ 3**）に答えよ。（配点 20）

問 1 H_2S と SO_2 が関わる反応について，次の問い（**a・b**）に答えよ。

a H_2S と SO_2 の発生や反応に関する記述として**誤りを含むもの**はどれか。最も適当なものを，次の①～④のうちから一つ選べ。 31

① 硫化鉄（Ⅱ）FeS に希硫酸を加えると，H_2S が発生する。

② 硫酸ナトリウム Na_2SO_4 に希硫酸を加えると，SO_2 が発生する。

③ H_2S の水溶液に SO_2 を通じて反応させると，単体の S が生じる。

④ 水酸化ナトリウム NaOH の水溶液に SO_2 を通じて反応させると，亜硫酸ナトリウム Na_2SO_3 が生じる。

b 酸化バナジウム（Ⅴ）V_2O_5 を触媒として SO_2 と O_2 の混合気体を反応させると，正反応が発熱反応である，次の式(1)の反応が起こる。SO_2 と O_2 の混合気体と触媒をピストン付きの密閉容器に入れて反応させるとき，式(1)の反応に関する記述として下線部に**誤りを含むもの**はどれか。最も適当なものを，後の①～④のうちから一つ選べ。 32

$$2\,SO_2 + O_2 \rightleftharpoons 2\,SO_3 \tag{1}$$

① 反応が平衡状態に達した後，温度一定で密閉容器内の圧力を減少させる
と，平衡は右に移動する。

② 反応が平衡状態に達した後，圧力一定で密閉容器内の温度を上昇させる
と，平衡は左に移動する。

③ SO_2 の濃度を 2 倍にしたとき，正反応の反応速度が何倍になるかは，反
応式中の係数から単純に導き出すことはできない。

④ 平衡状態では，正反応と逆反応の反応速度が等しくなっている。

問 2 窒素と H_2S からなる気体試料 A がある。気体試料 A に含まれる H_2S の量を
次の式(2)〜(4)で表される反応を利用した酸化還元滴定によって求めたいと考
え，後の実験を行った。

$$H_2S \longrightarrow 2H^+ + S + 2e^- \qquad (2)$$

$$I_2 + 2e^- \longrightarrow 2I^- \qquad (3)$$

$$2S_2O_3{}^{2-} \longrightarrow S_4O_6{}^{2-} + 2e^- \qquad (4)$$

実験 ある体積の気体試料 A に含まれていた H_2S を水に完全に溶かした水溶
液に，0.127 g のヨウ素 I_2（分子量 254）を含むヨウ化カリウム KI 水溶液を
加えた。そこで生じた沈殿を取り除き，ろ液に 5.00×10^{-2} mol/L チオ硫
酸ナトリウム $Na_2S_2O_3$ 水溶液を 4.80 mL 滴下したところで少量のデンプ
ンの水溶液を加えた。そして，$Na_2S_2O_3$ 水溶液を全量で 5.00 mL 滴下した
ときに，水溶液の青色が消えて無色となった。

この実験で用いた気体試料 A に含まれていた H_2S は，0 ℃，1.013×10^5 Pa
において何 mL か。最も適当な数値を，次の①〜⑤のうちから一つ選べ。ただ
し，気体定数は $R = 8.31 \times 10^3$ Pa·L/(K·mol)とする。　 33 　mL

① 2.80　　② 5.60　　③ 8.40　　④ 10.0　　⑤ 11.2

問 3 火口周辺での SO_2 の濃度は，SO_2 が光を吸収する性質を利用して測定できる。光の吸収を利用して物質の濃度を求める方法の原理を調べたところ，次の記述が見つかった。

> 多くの物質は紫外線を吸収する。紫外線が透過する方向の長さが L の透明な密閉容器に，モル濃度 c の気体試料が封入されている。ある波長の紫外線(光の量，I_0)を密閉容器に入射すると，その一部が気体試料に吸収され，透過した光の量は少なくなり I となる。このことを模式的に表したものが図1である。
>
>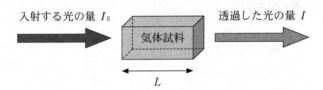
>
> 図1　密閉容器内の気体試料に紫外線を入射したときの模式図
>
> 入射する光の量 I_0 に対する透過した光の量 I の比を表す透過率 $T = \dfrac{I}{I_0}$ を用いると，$\log_{10} T$ は c および L と比例関係となる。

次の問い（**a ・ b**）に答えよ。

a　圧力一定の条件で，窒素で満たされた長さ L の密閉容器内に物質量の異なる SO_2 を添加し，ある波長の紫外線に対する透過率 T をそれぞれ測定した。SO_2 のモル濃度 c と得られた $\log_{10} T$ を次ページの表 1 に示す。次に，窒素中に含まれる SO_2 のモル濃度が不明な気体試料 B に対して，同じ条件で透過率 T を測定したところ 0.80 であった。気体試料 B に含まれる SO_2 のモル濃度を次の形式で表すとき，　 **34** 　 に当てはまる数値として最も適当なものを，後の**①**～**⑤**のうちから一つ選べ。必要があれば，次ページの方眼紙や $\log_{10} 2 = 0.30$ の値を使うこと。ただし，窒素および密閉容器による紫外線の吸収，反射，散乱は無視できるものとする。

気体試料 B に含まれる SO_2 のモル濃度 　**34**　 $\times 10^{-8}$ mol/L

①　2.2 　　　**②**　2.6 　　　**③**　3.0 　　　**④**　3.4 　　　**⑤**　3.8

表 1　密閉容器内の気体に含まれる SO_2 のモル濃度 c と $\log_{10} T$ の関係

SO_2 のモル濃度 c ($\times 10^{-8}$ mol/L)	$\log_{10} T$
0.0	0.000
2.0	− 0.067
4.0	− 0.133
6.0	− 0.200
8.0	− 0.267
10.0	− 0.333

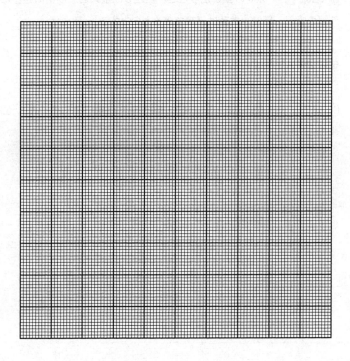

b 図2に示すように，**a**で用いたものと同じ密閉容器を二つ直列に並べて長さ$2L$とした密閉容器を用意した。それぞれに**a**と同じ条件で気体試料Bを封入して，**a**で用いた波長の紫外線を入射させた。このときの透過率Tの値として最も適当な数値を，後の①～⑤のうちから一つ選べ。ただし，窒素および密閉容器による紫外線の吸収，反射，散乱は無視できるものとする。 35

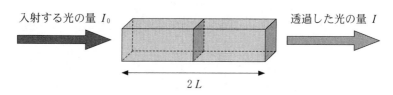

図2 密閉容器を直列に並べた場合の模式図

① 0.32　　② 0.40　　③ 0.60　　④ 0.64　　⑤ 0.80

共通テスト
追試験

2023

化学

解答時間 60分
配点 100点

化　　　　　学

$\left(\text{解答番号}\ \boxed{1}\ \sim\ \boxed{31}\right)$

必要があれば，原子量は次の値を使うこと。

H	1.0	C	12	N	14	O	16
Mg	24	S	32	Cl	35.5	K	39
Cu	64	Ba	137				

気体は，実在気体とことわりがない限り，理想気体として扱うものとする。

第1問　次の問い(問1～5)に答えよ。(配点　20)

問1　次の**ア**～**オ**のうち，常温・常圧で電気を最もよく通すものはどれか。最も適
当なものを，後の**①**～**⑤**のうちから一つ選べ。　$\boxed{1}$

ア　アセトン　　　　　　　　　**イ**　1 mol/L のグルコース水溶液
ウ　1 mol/L の酢酸水溶液　　　**エ**　1 mol/L の塩酸
オ　塩化ナトリウム

①　ア　　　　**②**　イ　　　　**③**　ウ　　　　**④**　エ　　　　**⑤**　オ

問 2 超臨界流体に関する次の記述（**ア・イ**）について，正誤の組合せとして最も適当なものを，後の**①**～**④**のうちから一つ選べ。 | 2 |

ア 物質が超臨界流体になると，固体，液体，気体が平衡状態で共存する。

イ 圧力と温度がともに臨界点より高い状態にある物質は，超臨界流体である。

	ア	イ
①	正	正
②	正	誤
③	誤	正
④	誤	誤

問 3 電解質 AB_2（式量 200）は水中で陽イオン A^{2+} と陰イオン B^- に完全に電離する。この電解質 AB_2 と非電解質 C（分子量 150）との混合物 0.50 g が水 100 g に完全に溶けた溶液を考える。すべての溶質粒子 A^{2+}，B^-，C を合わせた質量モル濃度が 0.050 mol/kg であるとき，混合物中の電解質 AB_2 の含有率（質量パーセント）は何%か。最も適当な数値を，次の**①**～**⑤**のうちから一つ選べ。ただし，水溶液中では A^{2+}，B^-，C はそれぞれ単独の溶質粒子として存在するとし，電離以外の化学反応は起こらないものとする。 | 3 | ％

① 20 　　　**②** 33 　　　**③** 40 　　　**④** 50 　　　**⑤** 67

問 4 実在気体に関する記述として**誤りを含むもの**はどれか。最も適当なものを，次の①〜④のうちから一つ選べ。 ‪4‬

① 実在気体は，低温・高圧になるにつれて，理想気体のふるまいに近づく。

② 分子の極性は，実在気体のふるまいが理想気体のふるまいからずれる原因の一つになる。

③ 分子自身の体積は，実在気体のふるまいが理想気体のふるまいからずれる原因の一つになる。

④ 実在気体が理想気体とみなせるとき，1 mol の気体の圧力と体積の積と絶対温度の比の値は，物質の種類によらない。

問 5　図1に示す塩化カリウム KCl，硝酸カリウム KNO₃，および硫酸マグネシウム MgSO₄ の水に対する溶解度曲線を用いて，固体の溶解および析出に関する後の問い（**a**・**b**）に答えよ。

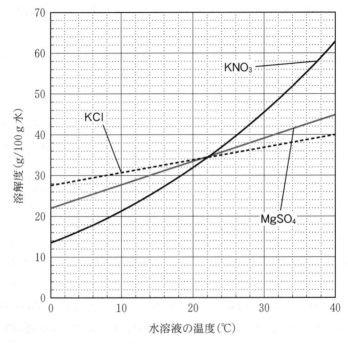

図1　KCl，KNO₃，および MgSO₄ の溶解度曲線

a KCl(式量 74.5)と KNO_3(式量 101)の水への溶解と水溶液からの析出に関する記述として**誤りを含むもの**はどれか。最も適当なものを，次の①～④のうちから一つ選べ。 5

① KCl の飽和水溶液と KNO_3 の飽和水溶液では，いずれも温度が低い方がカリウムイオンの濃度が小さい。

② 水 100 g に KCl を溶かした 30 ℃ の飽和水溶液と，水 100 g に KNO_3 を溶かした 30 ℃ の飽和水溶液を調製し，両方の温度を 10 ℃ に下げると，析出する塩の質量は KCl の方が大きい。

③ 水 100 g に KCl を溶かした 22 ℃ の飽和水溶液と，水 100 g に KNO_3 を溶かした 22 ℃ の飽和水溶液を比べると，カリウムイオンの物質量は KNO_3 の飽和水溶液の方が小さい。

④ 水 100 g に KCl 25 g を加えると，10 ℃ ではすべて溶けるが，水 100 g に KNO_3 25 g を加えると，10 ℃ では一部が溶けずに残る。

b $MgSO_4$ の水溶液を冷却して得られる結晶は，$MgSO_4$ の水和物である。水 100 g に，ある量の $MgSO_4$ が溶けている水溶液 A を 14 ℃ に冷却する。このとき，析出する $MgSO_4$ の水和物の質量が 12.3 g であり，その中の水和水の質量が 6.3 g である場合，冷却前の水溶液 A に溶けている $MgSO_4$ の質量は何 g か。最も適当な数値を，次の①～⑥のうちから一つ選べ。 6 g

① 28 ② 30 ③ 32 ④ 34 ⑤ 36 ⑥ 42

第2問 次の問い(問1～4)に答えよ。(配点 20)

問1 図1は，化学反応 A＋B ⇄ C＋D におけるエネルギー変化を表したものである。この化学反応のしくみに関する記述として下線部に**誤りを含むもの**はどれか。最も適当なものを，後の①～④のうちから一つ選べ。 7

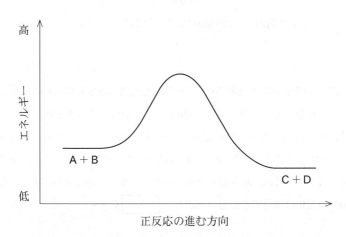

図1 化学反応 A＋B ⇄ C＋D におけるエネルギー変化

① 反応物の濃度が大きくなると，反応に関与する粒子どうしの単位時間当たりの衝突回数が増える。
② 反応に関与する粒子どうしが衝突しても，活性化エネルギーを超えるエネルギーをもたないと反応が起こらない。
③ 逆反応と正反応の活性化エネルギーの差が反応熱と等しくなるのは，同じ活性化状態(遷移状態)を経由して反応が進行するためである。
④ 温度を上げると反応速度が大きくなるのは，活性化エネルギーが小さくなるためである。

36 2023年度：化学/追試験

問 2 　自動車等に用いられる鉛蓄電池は，負極活物質に鉛 Pb，正極活物質に酸化
鉛(Ⅳ)PbO$_2$，電解液として希硫酸を用いる。鉛蓄電池の充電と放電における
反応をまとめると次の式(1)で表され，電極の質量が変化するとともに硫酸
H$_2$SO$_4$ の濃度が変化する。

$$\text{Pb} + \text{PbO}_2 + 2\,\text{H}_2\text{SO}_4 \underset{充電}{\overset{放電}{\rightleftarrows}} 2\,\text{PbSO}_4 + 2\,\text{H}_2\text{O} \tag{1}$$

濃度 3.00 mol/L の硫酸 100 mL を用いた鉛蓄電池を外部回路に接続し，しば
らく放電させたところ，硫酸の濃度が 2.00 mol/L に低下した。このとき，外
部回路に流れた電気量は何 C か。最も適当な数値を，次の①〜⑥のうちから
一つ選べ。ただし，ファラデー定数は 9.65×10^4 C/mol とし，電極で生じた
電子はすべて外部回路を流れたものとする。また，電極での反応による電解液
の体積変化は無視できるものとする。　　8　　C

① 　9.65×10^1 　　　② 　1.93×10^2 　　　③ 　2.90×10^2

④ 　9.65×10^3 　　　⑤ 　1.93×10^4 　　　⑥ 　2.90×10^4

問 3　ある 2 価の酸 H_2A は，水溶液中では次の式(2)と(3)で表されるように二段階で電離する。

$$H_2A \longrightarrow H^+ + HA^- \tag{2}$$

$$HA^- \rightleftharpoons H^+ + A^{2-} \tag{3}$$

式(2)に示した一段階目の反応では H_2A は H^+ と HA^- に完全に電離し，式(3)に示した二段階目の反応では電離平衡の状態になる。式(3)の反応の平衡定数 K は，次の式(4)で表される。

$$K = \frac{[H^+][A^{2-}]}{[HA^-]} \tag{4}$$

H_2A 水溶液のモル濃度を c，二段階目の反応における HA^- の電離度を α としたとき，K を表す式として最も適当なものを，次の①～④のうちから一つ選べ。　|　9　|

①　$\dfrac{c\alpha^2}{1-\alpha}$　　②　$\dfrac{c\alpha(1+\alpha)}{1-\alpha}$　　③　$\dfrac{c\alpha^2}{1+\alpha}$　　④　$\dfrac{c\alpha(1+2\alpha)}{1+\alpha}$

問 4 白金触媒式カイロは,図 2 に示すように,液体のアルカンを燃料とし,蒸発したアルカンが白金触媒表面上で酸素により酸化される反応(酸化反応)の発熱を利用して暖をとる器具である。この反応の反応熱(燃焼熱)を Q(kJ/mol) とし,直鎖状のアルカンであるヘプタン C_7H_{16}(分子量 100)を例にとると,熱化学方程式は次の式(5)で表される。

$$C_7H_{16}(気) + 11\,O_2(気) = 7\,CO_2(気) + 8\,H_2O(気) + Q\,kJ \quad (5)$$

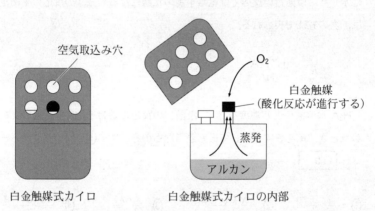

図 2　白金触媒式カイロの模式図

アルカンの酸化反応に関する次の問い（**a・b**）に答えよ。

a 白金触媒式カイロを使用して暖をとるために利用できる熱量を，式(5)や状態変化で出入りする熱量から求めたい。実際のカイロでは白金触媒は約 200 ℃ になっているが，その温度での反応を考えなくてよい。

気温 5 ℃ でカイロを使用し始め，生成物の温度が最終的に 25 ℃ になるとすると，暖をとるために利用できる熱量は 5 ℃ の C_7H_{16}(液)と O_2 を 25 ℃ まで温めるための熱量，25 ℃ における C_7H_{16} の蒸発熱，25 ℃ における反応熱から計算できる。

5 ℃ の C_7H_{16}(液) 10.0 g（0.100 mol）と 5 ℃ の O_2 から出発し，すべての C_7H_{16} が反応して 25 ℃ の CO_2 と H_2O(気)が生成するとき，利用できる熱量は何 kJ か。最も適当な数値を，次の①～⑤のうちから一つ選べ。ただし，C_7H_{16}(液)と O_2 を 5 ℃ から 25 ℃ まで温めるために必要な熱量は，1 mol あたりそれぞれ 4.44 kJ，0.600 kJ とし，25 ℃ における C_7H_{16} の蒸発熱は 36.6 kJ/mol とする。また，式(5)で表される C_7H_{16}(気)の反応熱 Q は，25 ℃ において 4.50×10^3 kJ/mol とする。 $\boxed{ 10 }$ kJ

① 4.41×10^2　　　　② 4.45×10^2　　　　③ 4.50×10^2

④ 4.41×10^3　　　　⑤ 4.45×10^3

b 炭素数 n が4以上の直鎖状のアルカンでは，図3に示すように，炭素数 n が1増えると CH_2 どうしによる C—C 単結合も一つ増える。そのため，気体のアルカンの生成熱や燃焼熱を炭素数 n に対してグラフにすると，n が大きくなると直線になることが知られている。いくつかの直鎖状のアルカンおよび CO_2（気）と H_2O（気）の 25 ℃ における生成熱を表1に示す。この温度における直鎖状のアルカン C_8H_{18}（気）の燃焼熱は何 kJ/mol か。最も適当な数値を，後の①～⑤のうちから一つ選べ。ただし，生成する H_2O は気体である。必要があれば方眼紙を使うこと。 | 11 | kJ/mol

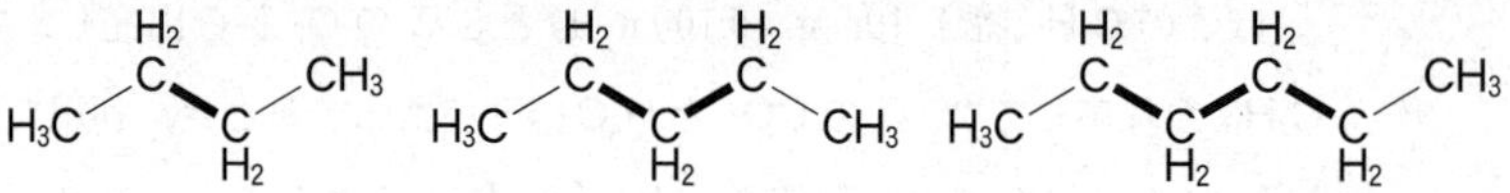

図3　直鎖状のアルカンの構造式（太線は CH_2 どうしの C—C 単結合）

表1　直鎖状のアルカン，CO_2，H_2O の生成熱（25 ℃）

化合物	生成熱（kJ/mol）
C_4H_{10}（気）	126
C_5H_{12}（気）	147
C_6H_{14}（気）	167
C_7H_{16}（気）	188
CO_2（気）	394
H_2O（気）	242

① 2.09×10^2　　② 4.69×10^3　　③ 5.12×10^3

④ 5.15×10^3　　⑤ 5.27×10^3

2023年度：化学/追試験　41

42 2023年度：化学/追試験

第3問 次の問い(問1～4)に答えよ。(配点 20)

問1 窒素の単体および窒素化合物に関する記述として正しいものはどれか。最も適当なものを，次の①～④のうちから一つ選べ。 | 12 |

① 大気圧(1.013×10^5 Pa)下では液体の窒素は存在しない。

② 濃硝酸中で，銀の表面は不動態となる。

③ 硝酸は，水と二酸化窒素を反応させると得られる。

④ テトラアンミン亜鉛(Ⅱ)イオン中の配位結合は，亜鉛イオンの非共有電子対がアンモニアに与えられて生じる。

問2 次の化学反応ではいずれも気体が発生する。これらのうち，**酸化還元反応ではないもの**はどれか。次の①～⑤のうちから適当なものを二つ選べ。ただし，解答の順序は問わない。

| 13 |

| 14 |

① $Zn + 2\,NaOH + 2\,H_2O \longrightarrow Na_2[Zn(OH)_4] + H_2$

② $Ca(ClO)_2 \cdot 2\,H_2O + 4\,HCl \longrightarrow CaCl_2 + 4\,H_2O + 2\,Cl_2$

③ $NH_4Cl + NaOH \longrightarrow NaCl + H_2O + NH_3$

④ $Cu + 2\,H_2SO_4 \longrightarrow CuSO_4 + 2\,H_2O + SO_2$

⑤ $NaCl + H_2SO_4 \longrightarrow NaHSO_4 + HCl$

問 3　銅化合物に関する記述として下線部に**誤りを含むもの**はどれか。最も適当な
ものを，次の①〜④のうちから一つ選べ。　15

① 　酸化銅(Ⅱ)は，希硫酸に溶ける。

② 　タンパク質水溶液は，水酸化ナトリウム水溶液を加えたのち硫酸銅(Ⅱ)水
溶液を加えると，赤紫色に呈色する。

③ 　フェーリング液にアルデヒドを加えて加熱すると，酸化銅(Ⅱ)が生じる。

④ 　濃アンモニア水に水酸化銅(Ⅱ)を溶かした水溶液は，銅アンモニアレーヨ
ン(キュプラ)の製造に用いられる。

問 4 純粋な硫酸銅(Ⅱ)五水和物 $CuSO_4 \cdot 5H_2O$ を 102 ℃ で長時間加熱すると三水和物 $CuSO_4 \cdot 3H_2O$ が得られるが，水和水は加熱中に徐々に失われていく。そのため，試料全体で平均した組成を化学式 $CuSO_4 \cdot xH_2O$ で表すと，102 ℃ で加熱した試料では，x は $3 \leqq x \leqq 5$ を満たす実数となる。また，さらに高温(150 ℃ 以上)で加熱すると，x は 0 まで減少し，硫酸銅(Ⅱ)無水塩 $CuSO_4$(式量 160) が得られる。

加熱により，一部の水和水を失った試料 A がある。試料 A の化学式 $CuSO_4 \cdot xH_2O$ における x の値を求めるための実験について，次の問い（**a・b**）に答えよ。ただし，試料 A 中には Cu^{2+}，SO_4^{2-} と水和水以外は含まれないものとする。

a 試料 A 中の SO_4^{2-} 含有量から x の値を求めるために，次の**実験 I** を行った。

実験 I 1.178 g の試料 A を水に完全に溶かし，塩化バリウム $BaCl_2$ 水溶液を硫酸バリウム $BaSO_4$(式量 233) の白色沈殿が新たに生じなくなるまで徐々に加えた。白色沈殿をすべてろ過により取り出し，洗浄，乾燥して質量を求めたところ，1.165 g であった。

1.178 g の試料 A 中の SO_4^{2-} がすべて白色沈殿に含まれたと仮定すると，x の値はいくらか。x を小数第 1 位までの数値として次の形式で表すとき，$\boxed{16}$ と $\boxed{17}$ に当てはまる数字を，後の **①**〜**⓪** のうちから一つずつ選べ。ただし，同じものを繰り返し選んでもよい。

$$x = \boxed{16} . \boxed{17}$$

① 1 　　**②** 2 　　**③** 3 　　**④** 4 　　**⑤** 5

⑥ 6 　　**⑦** 7 　　**⑧** 8 　　**⑨** 9 　　**⓪** 0

b 試料 A における x の値は，SO_4^{2-} の含有量の代わりに，Cu^{2+} の含有量を用いて求めることもできる。試料 A 中の Cu^{2+} 含有量を調べる 2 通りの手法として，次の**実験Ⅱ**および**実験Ⅲ**を考えた。

実験Ⅱ Cu^{2+} を含む水溶液に，水酸化ナトリウム NaOH 水溶液を十分に加え，生じる沈殿をすべてろ過により取り出し，十分に加熱して純粋な酸化銅（Ⅱ）CuO（式量 80）としてから，その質量を求める。

実験Ⅲ Cu^{2+} を含む水溶液を，陽イオン交換樹脂を詰めたカラムに通し，流出液に含まれる水素イオン H^+ の物質量を，中和滴定により求める。

　　ある質量の試料 A を溶かした水溶液 B を用意し，その 10 mL を用いて**実験Ⅱ**を行ったところ，質量 w(mg) の CuO が得られた。また，別の 10 mL の 水溶液 B を用いて**実験Ⅲ**を行ったところ，濃度 c(mol/L) の NaOH 水溶液が，中和滴定の終点までに V(mL) 必要であった。用いた水溶液 B 中の Cu^{2+} が，**実験Ⅱ**ではすべて CuO となり，**実験Ⅲ**ではすべて陽イオン交換樹脂により H^+ に交換されたものとすると，求められる Cu^{2+} の含有量の値は，**実験Ⅱ**と**実験Ⅲ**で同じ値となる。このとき，w，c，V の値の関係はどのような式で表されるか。最も適当なものを，次の**①**～**⑥**のうちから一つ選べ。 $\boxed{18}$

① $V = \dfrac{25\,w}{c}$　　　　**②** $V = \dfrac{25\,w}{2\,c}$　　　　**③** $V = \dfrac{25\,w}{4\,c}$

④ $V = \dfrac{w}{40\,c}$　　　　**⑤** $V = \dfrac{w}{80\,c}$　　　　**⑥** $V = \dfrac{w}{160\,c}$

46　2023年度：化学/追試験

第4問　次の問い（問1～4）に答えよ。（配点　20）

問1　アセチレンの反応に関する記述として**誤りを含むもの**はどれか。最も適当なものを，次の①～④のうちから一つ選べ。　19

①　アセチレンに1分子の臭素を反応させると，1,2-ジブロモエチレンが生成する。

②　適当な触媒を用いてアセチレンに酢酸を反応させると，酢酸ビニルが生成する。

③　適当な触媒を用いてアセチレンに1分子の水を付加させると，酢酸が生成する。

④　適当な触媒を用いてアセチレンに水素を反応させると，エチレン（エテン）を経てエタンが生成する。

問2　塩化ベンゼンジアゾニウムとナトリウムフェノキシドから，図1に示す p-ヒドロキシアゾベンゼンを合成するカップリング（ジアゾカップリング）に関する記述として正しいものはどれか。最も適当なものを，後の①～④のうちから一つ選べ。　20

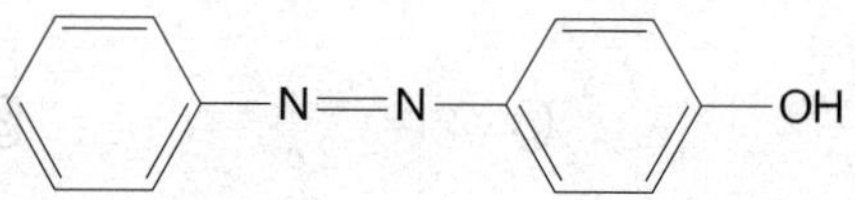

図1　p-ヒドロキシアゾベンゼンの構造式

①　カップリングに用いる塩化ベンゼンジアゾニウムはアニリンと硝酸ナトリウムから得られる。

②　カップリングでは塩化ナトリウムが生成する。

③　カップリングでは窒素が発生する。

④　カップリングで生成する p-ヒドロキシアゾベンゼンは無色である。

問 3 単量体 A $(CH_2=CHC_6H_5)$ と単量体 B $(CH_2=CHCN)$ を反応させることで，共重合体を合成した。この共重合体中のベンゼン環に結合した水素原子の数と，それ以外の水素原子の総数の比は，5：4であった。このとき反応した単量体 A と B の物質量の比として最も適当なものを，次の①～⑤のうちから一つ選べ。 21

① 1：3　　② 4：5　　③ 1：1　　④ 5：4　　⑤ 3：1

48 2023年度：化学/追試験

問 4 酸素を含む有機化合物に関する次の問い（**a** ～ **c**）に答えよ。

a エステルに関する記述として**誤りを含むもの**はどれか。最も適当なものを，次の①～④のうちから一つ選べ。 22

① サリチル酸に無水酢酸を反応させると，アセチルサリチル酸が生成する。

② 濃硫酸を触媒として，酢酸とエタノールから酢酸エチルを合成する反応は，可逆反応である。

③ ニトログリセリンはグリセリンと硝酸とのエステルである。

④ 水酸化ナトリウム水溶液を用いる酢酸エチルの加水分解反応は，可逆反応である。

b ある植物の葉には，炭素，水素，酸素のみからなるエステル A が含まれている。49.0 mg の A を完全に加水分解すると，カルボン酸 B と，分子式 $C_{10}H_{18}O$ の 1 価アルコール C 38.5 mg が得られた。B の示性式として最も適当なものを，次の①～④のうちから一つ選べ。 23

① CH_3COOH ② CH_3CH_2COOH

③ $HOOC-COOH$ ④ $HOOC-CH_2-COOH$

c 　1価アルコール C は不斉炭素原子をもち，シス－トランス異性体は存在
しない。C のすべての二重結合に，触媒を用いて水素を付加させた。得られ
たアルコールは，硫酸酸性の二クロム酸カリウム水溶液と加熱しても，酸化
されなかった。C の構造式として最も適当なものを，次の①～④のうちから
一つ選べ。　24

①

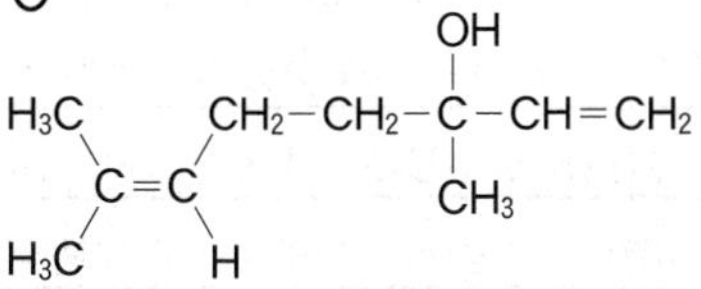

$$H_3C-C=C-CH_2-CH_2-C-CH=CH_2$$

with H_3C and H on the left $C=C$, OH and CH_3 on the central C

②

$$H_3C-C=C-CH_2-CH-CH-CH=CH_2$$

with H_3C and H on the left $C=C$, CH_3, OH on the central carbons

③

with H_3C, H_3C on left $C=C$, central C bearing CH_3 and OH, right $C=C$ bearing CH_3, CH_3 and H, H

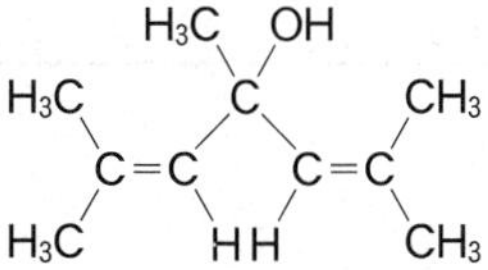

④

with H_3C-H_2C and H on left $C=C$, CH_2, central C bearing OH and CH_3, right $C=C$ bearing H, $C-CH_3$, H

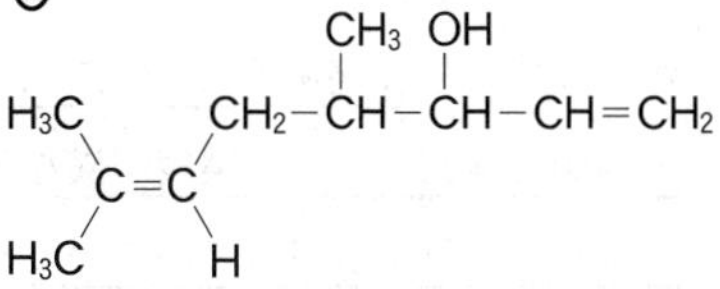

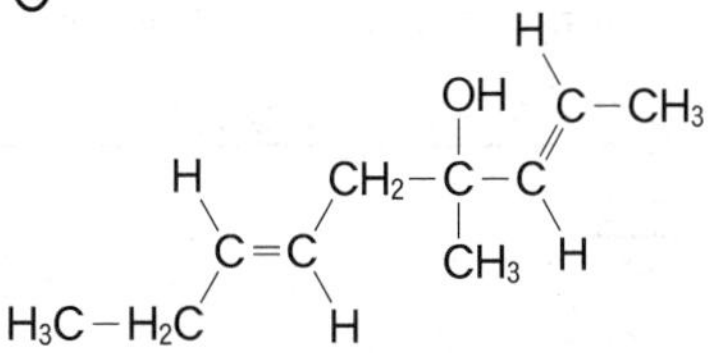

第5問 次の文章を読み，後の問い(問1～4)に答えよ。(配点 20)

(a)モノマー間の共有結合だけで網目状の立体構造をつくっている高分子や，架橋構造(橋かけ構造)により網目状の立体構造をつくっている高分子は，機能性高分子などとして身のまわりで多く利用されている。(b)ポリアクリル酸ナトリウムに架橋構造をもたせ，網目状の立体構造となった高分子は，高吸水性樹脂(吸水性高分子)として利用されている。この高吸水性樹脂内部には電離する官能基—COONaが存在する。(c)高吸水性樹脂を水に浸すと，水分子が樹脂の中に吸収され，樹脂の内側と外側でイオン濃度が異なるため浸透圧が生じる。すると水分子がさらに吸収され，網目が広がって図1のように樹脂が膨らむが，分子鎖が共有結合で架橋されているため，樹脂内に一定量の水が保持された状態で吸水がとまる。

浸透圧については，希薄溶液では一般にファントホッフの法則が成り立つ。(d)ファントホッフの法則を用いると，浸透圧や溶質の分子量を決定することができる。

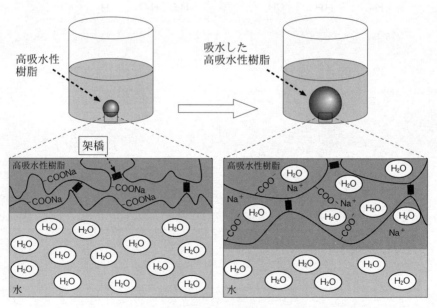

図1 高吸水性樹脂の吸水前後の様子

問 1 下線部(a)に関して，**網目状の立体構造をもたない**高分子はどれか。最も適当なものを，次の①〜④のうちから一つ選べ。 $\boxed{25}$

① フェノール樹脂　　　　　　　② 尿素樹脂

③ アルキド樹脂　　　　　　　　④ スチロール樹脂（ポリスチレン）

52 2023年度：化学/追試験

問 2　下線部(b)に関して，架橋構造をもつポリアクリル酸ナトリウムは，アクリル酸ナトリウム $CH_2=CHCOONa$ を付加重合させる際に，少量の他のモノマーと共重合させることにより得られる。このとき架橋構造をもたせるために共重合させるモノマーとして最も適当なものを，次の①～④のうちから一つ選べ。 26

①　$CH_2=CH$
　　　$\quad\ \ |$
　　　$\quad COOCH_3$

②　$CH_2=CH \qquad\qquad CH=CH_2$
　　　$\quad\ \ |\qquad\qquad\qquad\ |$
　　　$\quad COOCH_2CH_2OOC$

③　$H\diagdown \underset{\displaystyle \underset{\displaystyle H\diagup\ \ \diagdown COONa}{\|}}{C}\diagup COONa$

④　$H\diagdown \underset{\displaystyle \underset{\displaystyle H\diagup\ \ \diagdown COOCH_3}{\|}}{C}\diagup COOCH_3$

問 3　下線部(c)に関して，純水に浸した場合と塩化ナトリウム $NaCl$ 水溶液に浸した場合に起こる現象の記述として正しいものはどれか。最も適当なものを，次の①～④のうちから一つ選べ。 27

①　樹脂に吸収される水の量は，純水よりも $NaCl$ 水溶液に浸した場合の方が少ない。

②　樹脂に吸収される水の量は，純水よりも $NaCl$ 水溶液に浸した場合の方が多い。

③　樹脂に吸収される水の量は，いずれの場合も同じである。

④　$NaCl$ 水溶液に浸した場合は，架橋が切れて樹脂が溶解する。

2023年度：化学/追試験　**53**

問 4　下線部⒟に関する次の問い（**a・b**）に答えよ。

a　浸透圧 Π に関するファントホッフの法則は，次の式⑴のように表すことができる。

$$\Pi = \frac{C_{\mathrm{w}}RT}{M} \tag{1}$$

ここで，C_{w} は質量濃度とよばれ，溶質の質量 w，溶液の体積 V を用いて $C_{\mathrm{w}} = \dfrac{w}{V}$ で定義される。また，R は気体定数，T は絶対温度，M は溶質のモル質量である。式⑴はスクロースなどの比較的低分子量の非電解質の M の決定に広く用いられている。

　$300\,\mathrm{K}$，$C_{\mathrm{w}} = 0.342\,\mathrm{g/L}$ のスクロース（分子量 342）水溶液の Π は何 Pa か。その数値を有効数字 2 桁の次の形式で表すとき，$\boxed{28}$ ～ $\boxed{30}$ に当てはまる数字を，後の①～⓪のうちから一つずつ選べ。ただし，同じものを繰り返し選んでもよい。なお，気体定数は $R = 8.31 \times 10^{3}\,\mathrm{Pa \cdot L/(K \cdot mol)}$ とする。

$$\boxed{28}\ .\ \boxed{29} \times 10^{\boxed{30}}\ \mathrm{Pa}$$

① 1　　　② 2　　　③ 3　　　④ 4　　　⑤ 5

⑥ 6　　　⑦ 7　　　⑧ 8　　　⑨ 9　　　⓪ 0

b 高分子の溶液では，式(1)は質量濃度 C_w が小さいときにしか適用できないが，次の式(2)は C_w が大きくても適用できる。

$$\Pi = C_w RT \left(\frac{1}{M'} + AC_w \right) \tag{2}$$

ここで，M' は非電解質の高分子の平均分子量であり，A は高分子間および高分子と溶媒との間の相互作用の大きさに関係する定数である。

式(2)を変形すると次の式(3)になり，M' を求めることができる。

$$\frac{\Pi}{C_w RT} = \frac{1}{M'} + AC_w \tag{3}$$

C_w が 0 に近づくと Π も $C_w RT$ も 0 に近づくが，式(3)が示すように，その比 $\dfrac{\Pi}{C_w RT}$ は $\dfrac{1}{M'}$ に近づくことを利用する。具体的には，C_w が異なるいくつかの試料を調製し，それぞれに対して Π を測定する。得られた結果を用いて C_w を横軸に，$\dfrac{\Pi}{C_w RT}$ を縦軸にとってグラフに表すと，$C_w = 0$ での切片から M' を求めることができる。

300 K で，ある非電解質の高分子の質量濃度 C_w を変化させて Π を測定し，$\dfrac{\Pi}{C_w RT}$ を求めると表 1 のようになった。表 1 の値を方眼紙に記入すると，図 2 のようになる。この高分子の M' はいくらか。最も適当な数値を，後の①〜⑤のうちから一つ選べ。 31

表 1 高分子の質量濃度 C_w と浸透圧 Π および $\dfrac{\Pi}{C_w RT}$

C_w (g/L)	Π (Pa)	$\dfrac{\Pi}{C_w RT}$ ($\times 10^{-5}$ mol/g)
1.65	60.0	1.46
2.97	114	1.54
4.80	196	1.64
7.66	345	1.81

① 5.5×10^4　　② 6.1×10^4　　③ 6.5×10^4

④ 6.8×10^4　　⑤ 7.3×10^4

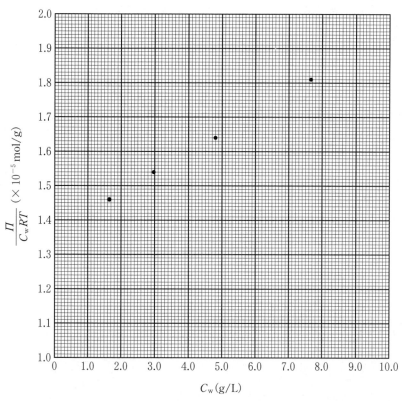

図2　高分子の質量濃度 C_w と $\dfrac{\Pi}{C_w RT}$ の関係

共通テスト
本試験

2022

化学

解答時間 60 分
配点 100 点

化　　　　学

(解答番号　1　～　33)

必要があれば，原子量は次の値を使うこと。

| H | 1.0 | C | 12 | N | 14 | O | 16 |
| Na | 23 | S | 32 | Cl | 35.5 | Ca | 40 |

気体は，実在気体とことわりがない限り，理想気体として扱うものとする。
また，必要があれば，次の値を使うこと。

$\sqrt{2} = 1.41$　　　$\sqrt{3} = 1.73$　　　$\sqrt{5} = 2.24$

第1問　次の問い（問1～5）に答えよ。（配点　20）

問1　原子がL殻に電子を3個もつ元素を，次の①～⑤のうちから一つ選べ。
　　　1

① Al　　② B　　③ Li　　④ Mg　　⑤ N

問 2 表1に示した窒素化合物は肥料として用いられている。これらの化合物のうち，窒素の含有率(質量パーセント)が最も高いものを，後の①~④のうちから一つ選べ。 2

表1 肥料として用いられる窒素化合物とそのモル質量

窒素化合物	モル質量(g/mol)
NH_4Cl	53.5
$(NH_2)_2CO$	60
NH_4NO_3	80
$(NH_4)_2SO_4$	132

① NH_4Cl　　　② $(NH_2)_2CO$　　　③ NH_4NO_3　　　④ $(NH_4)_2SO_4$

問3 2種類の貴ガス(希ガス)AとBをさまざまな割合で混合し,温度一定のもとで体積を変化させて,全圧が一定値 p_0 になるようにする。元素Aの原子量が元素Bの原子量より小さいとき,貴ガスAの分圧と混合気体の密度の関係を表すグラフはどれか。最も適当なものを,次の①〜⑤のうちから一つ選べ。

3

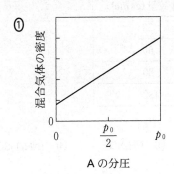

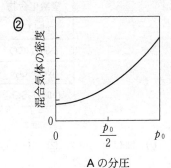

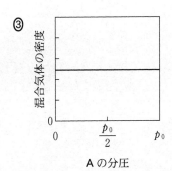

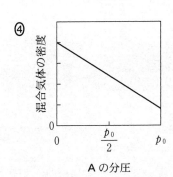

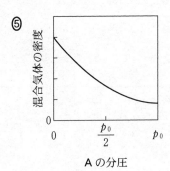

2022年度：化学/本試験　5

問 4　非晶質に関する記述として**誤りを含むもの**はどれか。最も適当なものを，次の①～④のうちから一つ選べ。　4

① ガラスは一定の融点を示さない。

② アモルファス金属やアモルファス合金は，高温で融解させた金属を急速に冷却してつくられる。

③ 非晶質の二酸化ケイ素は，光ファイバーに利用される。

④ ポリエチレンは，非晶質の部分（非結晶部分・無定形部分）の割合が増えるほどかたくなる。

問 5 空気の水への溶解は，水中生物の呼吸(酸素の溶解)やダイバーの減圧症(溶解した窒素の遊離)などを理解するうえで重要である。1.0×10^5 Pa の N_2 と O_2 の溶解度(水 1 L に溶ける気体の物質量)の温度変化をそれぞれ図 1 に示す。N_2 と O_2 の水への溶解に関する後の問い(**a**・**b**)に答えよ。ただし，N_2 と O_2 の水への溶解は，ヘンリーの法則に従うものとする。

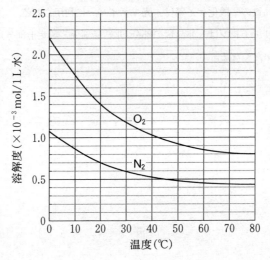

図 1　1.0×10^5 Pa の N_2 と O_2 の溶解度の温度変化

a 1.0×10^5 Pa で O_2 が水 20 L に接している。同じ圧力で温度を 10 ℃ から 20 ℃ にすると，水に溶解している O_2 の物質量はどのように変化するか。最も適当な記述を，次の①～⑤のうちから一つ選べ。 5

① 3.5×10^{-4} mol 減少する。　② 7.0×10^{-3} mol 減少する。
③ 変化しない。　　　　　　　　　④ 3.5×10^{-4} mol 増加する。
⑤ 7.0×10^{-3} mol 増加する。

b 図 2 に示すように，ピストンの付いた密閉容器に水と空気(物質量比 $N_2 : O_2 = 4 : 1$)を入れ，ピストンに 5.0×10^5 Pa の圧力を加えると，20 ℃で水および空気の体積はそれぞれ 1.0 L，5.0 L になった。次に，温度を一定に保ったままピストンを引き上げ，圧力を 1.0×10^5 Pa にすると，水に溶解していた気体の一部が遊離した。このとき，遊離した N_2 の体積は 0 ℃，1.013×10^5 Pa のもとで何 mL か。最も近い数値を，後の①～⑤のうちから一つ選べ。ただし，気体定数は $R = 8.31 \times 10^3$ Pa·L/(K·mol) とする。また，密閉容器内の空気の N_2 と O_2 の物質量比の変化と水の蒸気圧は，いずれも無視できるものとする。 6 mL

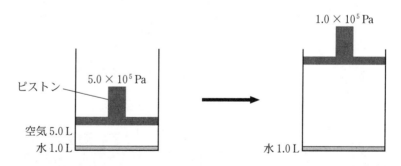

図 2　水と空気を入れた密閉容器内の圧力を変化させたときの模式図

① 13　　② 16　　③ 50　　④ 63　　⑤ 78

8 2022年度：化学/本試験

第2問 次の問い(問1～4)に答えよ。(配点 20)

問1 化学反応や物質の状態の変化において，発熱の場合も吸熱の場合もあるものはどれか。最も適当なものを，次の①～④のうちから一つ選べ。 　7

① 炭化水素が酸素の中で完全燃焼するとき。
② 強酸の希薄水溶液に強塩基の希薄水溶液を加えて中和するとき。
③ 電解質が多量の水に溶解するとき。
④ 常圧で純物質の液体が凝固して固体になるとき。

問2 0.060 mol/L の酢酸ナトリウム水溶液 50 mL と 0.060 mol/L の塩酸 50 mL を混合して 100 mL の水溶液を得た。この水溶液中の水素イオン濃度は何 mol/L か。最も適当な数値を，次の①～⑥のうちから一つ選べ。ただし，酢酸の電離定数は 2.7×10^{-5} mol/L とする。 　8 　mol/L

① 8.1×10^{-7} 　　② 2.8×10^{-4} 　　③ 9.0×10^{-4}
④ 1.3×10^{-3} 　　⑤ 2.8×10^{-3} 　　⑥ 8.1×10^{-3}

問 3 溶液中での，次の式(1)で表される可逆反応

$$A \rightleftharpoons B + C \tag{1}$$

において，正反応の反応速度 v_1 と逆反応の反応速度 v_2 は，$v_1 = k_1[A]$，$v_2 = k_2[B][C]$ であった。ここで，k_1，k_2 はそれぞれ正反応，逆反応の反応速度定数であり，$[A]$，$[B]$，$[C]$ はそれぞれ A，B，C のモル濃度である。反応開始時において，$[A] = 1\,\mathrm{mol/L}$，$[B] = [C] = 0\,\mathrm{mol/L}$ であり，反応中に温度が変わることはないとする。$k_1 = 1 \times 10^{-6}\,/\mathrm{s}$，$k_2 = 6 \times 10^{-6}\,\mathrm{L/(mol \cdot s)}$ であるとき，平衡状態での $[B]$ は何 mol/L か。最も適当な数値を，次の①～④のうちから一つ選べ。　　9　　mol/L

① $\dfrac{1}{3}$　　　② $\dfrac{1}{\sqrt{6}}$　　　③ $\dfrac{1}{2}$　　　④ $\dfrac{2}{3}$

問 4 化石燃料に代わる新しいエネルギー源の一つとして水素 H_2 がある。H_2 の貯蔵と利用に関する次の問い（a ～ c）に答えよ。

a 水素吸蔵合金を利用すると，H_2 を安全に貯蔵することができる。ある水素吸蔵合金 X は，0 ℃，1.013×10^5 Pa で，X の体積の 1200 倍の H_2 を貯蔵することができる。この温度，圧力で 248 g の X に貯蔵できる H_2 は何 mol か。最も適当な数値を，次の①～⑤のうちから一つ選べ。ただし，X の密度は 6.2 g/cm³ であり，気体定数は $R = 8.3 \times 10^3$ Pa・L/(K・mol) とする。　10　mol

① 0.28　　② 0.47　　③ 1.1　　④ 2.1　　⑤ 11

b リン酸型燃料電池を用いると，H_2 を燃料として発電することができる。図 1 に外部回路に接続したリン酸型燃料電池の模式図を示す。この燃料電池を動作させるにあたり，供給する物質（ア，イ）と排出される物質（ウ，エ）の組合せとして最も適当なものを，後の①～⑥のうちから一つ選べ。ただし，排出される物質には未反応の物質も含まれるものとする。　11

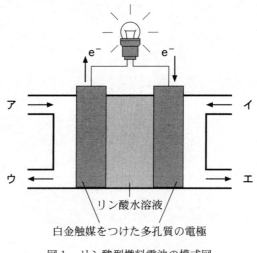

図 1　リン酸型燃料電池の模式図

	ア	イ	ウ	エ
①	O_2	H_2	O_2	H_2, H_2O
②	O_2	H_2	O_2, H_2O	H_2
③	O_2	H_2	O_2, H_2O	H_2, H_2O
④	H_2	O_2	H_2	O_2, H_2O
⑤	H_2	O_2	H_2, H_2O	O_2
⑥	H_2	O_2	H_2, H_2O	O_2, H_2O

c 図1の燃料電池で H_2 2.00 mol，O_2 1.00 mol が反応したとき，外部回路に流れた電気量は何Cか。最も適当な数値を，次の①～⑤のうちから一つ選べ。ただし，ファラデー定数は 9.65×10^4 C/mol とし，電極で生じた電子はすべて外部回路を流れたものとする。 | 12 | C

① 1.93×10^4

② 9.65×10^4

③ 1.93×10^5

④ 3.86×10^5

⑤ 7.72×10^5

12   2022年度：化学/本試験

第3問　次の問い(問1〜3)に答えよ。(配点　20)

問1　$AlK(SO_4)_2 \cdot 12H_2O$ と $NaCl$ はどちらも無色の試薬である。それぞれの水
溶液に対して次の**操作ア〜エ**を行うとき，この二つの試薬を**区別することがで
きない操作**はどれか。最も適当なものを，後の①〜④のうちから一つ選べ。

13

操作

ア　アンモニア水を加える。

イ　臭化カルシウム水溶液を加える。

ウ　フェノールフタレイン溶液を加える。

エ　陽極と陰極に白金板を用いて電気分解を行う。

①　ア　　　　　②　イ　　　　　③　ウ　　　　　④　エ

問 2 ある金属元素 M が，その酸化物中でとる酸化数は一つである。この金属元素の単体 M と酸素 O_2 から生成する金属酸化物 M_xO_y の組成式を求めるために，次の**実験**を考えた。

実験 M の物質量と O_2 の物質量の和を 3.00×10^{-2} mol に保ちながら，M の物質量を 0 から 3.00×10^{-2} mol まで変化させ，それぞれにおいて M と O_2 を十分に反応させたのち，生成した M_xO_y の質量を測定する。

実験で生成する M_xO_y の質量は，用いる M の物質量によって変化する。図 1 は，生成する M_xO_y の質量について，その最大の測定値を 1 と表し，他の測定値を最大値に対する割合（相対値）として示している。図 1 の結果が得られる M_xO_y の組成式として最も適当なものを，後の ①～⑤ のうちから一つ選べ。

| 14 |

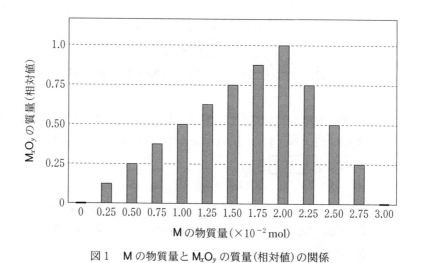

図 1　M の物質量と M_xO_y の質量（相対値）の関係

① MO　　② MO_2　　③ M_2O　　④ M_2O_3　　⑤ M_2O_5

問 3　次の文章を読み，後の問い（a～c）に答えよ。

　アンモニアソーダ法は，Na_2CO_3 の代表的な製造法である。その製造過程を図2に示す。この方法には，$NaHCO_3$ の熱分解で生じる CO_2，および NH_4Cl と $Ca(OH)_2$ の反応で生じる NH_3 をいずれも回収して，無駄なく再利用するという特徴がある。

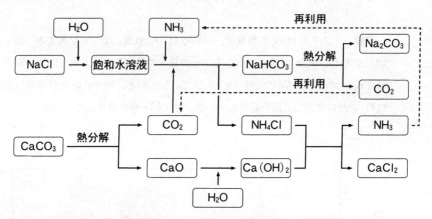

図2　アンモニアソーダ法による Na_2CO_3 の製造過程

a　CO_2，Na_2CO_3，NH_4Cl をそれぞれ水に溶かしたとき，水溶液が酸性を示すものはどれか。すべてを正しく選んでいるものを，次の①～⑦のうちから一つ選べ。　15

① CO_2
② Na_2CO_3
③ NH_4Cl
④ CO_2，Na_2CO_3
⑤ CO_2，NH_4Cl
⑥ Na_2CO_3，NH_4Cl
⑦ CO_2，Na_2CO_3，NH_4Cl

b アンモニアソーダ法に関する記述として**誤りを含むもの**はどれか。最も適当なものを，次の①〜④のうちから一つ選べ。 16

① $NaHCO_3$ の水への溶解度は，NH_4Cl より大きい。

② $NaCl$ 飽和水溶液に NH_3 を吸収させたあとに CO_2 を通じるのは，CO_2 を溶かしやすくするためである。

③ 図2のそれぞれの反応は，触媒を必要としない。

④ $NaHCO_3$ の熱分解により Na_2CO_3 が生成する過程では，CO_2 のほかに水も生成する。

c $NaCl$ 58.5 kg がすべて反応して Na_2CO_3 と $CaCl_2$ を生成するときに，最小限必要とされる $CaCO_3$ は何 kg か。最も適当な数値を，次の①〜④のうちから一つ選べ。ただし，この製造過程で生じる NH_3 および CO_2 は，すべて再利用されるものとする。 17 kg

① 25.0   ② 50.0   ③ 100   ④ 200

16 2022年度：化学/本試験

第4問 次の問い(問1 ～ 4)に答えよ。(配点 20)

問1 ハロゲン原子を含む有機化合物に関する記述として**誤りを含むもの**を，次の①～④のうちから一つ選べ。 18

① メタンに十分な量の塩素を混ぜて光(紫外線)をあてると，クロロメタン，ジクロロメタン，トリクロロメタン(クロロホルム)，テトラクロロメタン(四塩化炭素)が順次生成する。

② ブロモベンゼンの沸点は，ベンゼンの沸点より高い。

③ クロロプレン $CH_2=CCl-CH=CH_2$ の重合体は，合成ゴムになる。

④ プロピン1分子に臭素2分子を付加して得られる生成物は，1,1,3,3-テトラブロモプロパン $CHBr_2CH_2CHBr_2$ である。

問2 フェノールを混酸(濃硝酸と濃硫酸の混合物)と反応させたところ，段階的にニトロ化が起こり，ニトロフェノールとジニトロフェノールを経由して2,4,6-トリニトロフェノールのみが得られた。この途中で経由したと考えられるニトロフェノールの異性体とジニトロフェノールの異性体はそれぞれ何種類か。最も適当な数を，次の①～⑥のうちから一つずつ選べ。ただし，同じものを繰り返し選んでもよい。

ニトロフェノールの異性体 19 種類

ジニトロフェノールの異性体 20 種類

① 1　　② 2　　③ 3　　④ 4　　⑤ 5　　⑥ 6

問 3 天然高分子化合物および合成高分子化合物に関する記述として下線部に**誤り**
を含むものを，次の①〜⑤のうちから一つ選べ。 21

① タンパク質は α-アミノ酸 R−CH(NH₂)−COOH から構成され，その置換
基 R どうしが相互にジスルフィド結合やイオン結合などを形成すること
で，各タンパク質に特有の三次構造に折りたたまれる。

② タンパク質が強酸や加熱によって変性するのは，高次構造が変化するため
である。

③ アセテート繊維は，トリアセチルセルロースを部分的に加水分解した後，
紡糸して得られる。

④ 天然ゴムを空気中に放置しておくと，分子中の二重結合が酸化されて弾性
を失う。

⑤ ポリエチレンテレフタラートとポリ乳酸は，それぞれ完全に加水分解され
ると，いずれも 1 種類の化合物になる。

問 4　カルボン酸を適当な試薬を用いて還元すると，第一級アルコールが生成することが知られている。カルボキシ基を 2 個もつジカルボン酸（2 価カルボン酸）の還元反応に関する次の問い（**a** ～ **c**）に答えよ。

a　示性式 $HOOC(CH_2)_4COOH$ のジカルボン酸を，ある試薬 X で還元した。反応を途中で止めると，生成物として図 1 に示すヒドロキシ酸と 2 価アルコールが得られた。ジカルボン酸，ヒドロキシ酸，2 価アルコールの物質量の割合の時間変化を図 2 に示す。グラフ中の A～C は，それぞれどの化合物に対応するか。組合せとして最も適当なものを，後の①～⑥のうちから一つ選べ。 22

$CH_2-CH_2-CH_2-OH$
$|$
CH_2-CH_2-COOH

ヒドロキシ酸

$CH_2-CH_2-CH_2-OH$
$|$
$CH_2-CH_2-CH_2-OH$

2 価アルコール

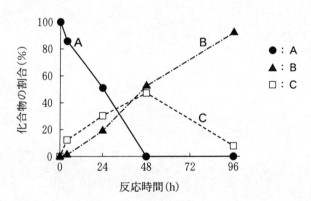

図 1　ヒドロキシ酸と 2 価アルコールの構造式

図 2　$HOOC(CH_2)_4COOH$ の還元反応における反応時間と化合物の割合

	ジカルボン酸	ヒドロキシ酸	2価アルコール
①	A	B	C
②	A	C	B
③	B	A	C
④	B	C	A
⑤	C	A	B
⑥	C	B	A

b 示性式 $HOOC(CH_2)_2COOH$ のジカルボン酸を試薬 X で還元すると，炭素原子を4個もつ化合物 Y が反応の途中に生成した。Y は銀鏡反応を示さず，$NaHCO_3$ 水溶液を加えても CO_2 を生じなかった。また，86 mg の Y を完全燃焼させると，CO_2 176 mg と H_2O 54 mg が生成した。Y の構造式として最も適当なものを，次の①〜⑥のうちから一つ選べ。 23

① $OHC-(CH_2)_2-CHO$

② $HO-(CH_2)_3-COOH$

③ $CH_2=CH-CH_2-COOH$

④

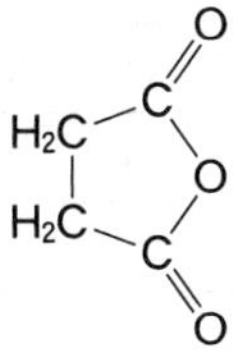

⑤

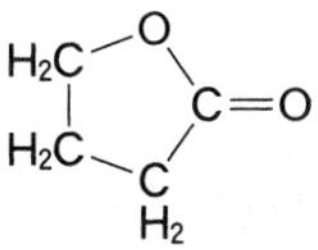

⑥

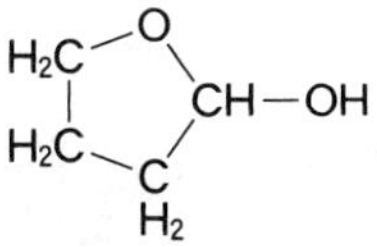

20 2022年度：化学/本試験

c　分子式 $C_5H_8O_4$ をもつジカルボン酸は，図3に示すように，立体異性体を区別しないで数えると4種類存在する。これら4種類のジカルボン酸を還元して生成するヒドロキシ酸 $C_5H_{10}O_3$ は，立体異性体を区別しないで数えると　ア　種類あり，そのうち不斉炭素原子をもつものは　イ　種類存在する。空欄　ア　・　イ　に当てはまる数の組合せとして最も適当なものを，後の①～⑧のうちから一つ選べ。　24

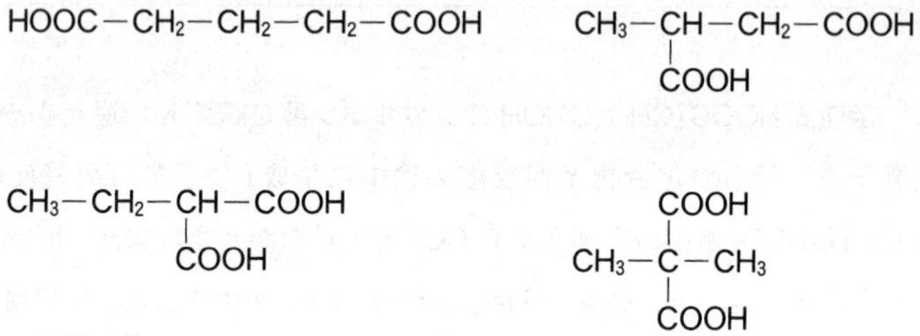

$$HOOC-CH_2-CH_2-CH_2-COOH$$

$$CH_3-CH-CH_2-COOH$$
$$\quad\quad\quad | $$
$$\quad\quad\quad COOH$$

$$CH_3-CH_2-CH-COOH$$
$$\quad\quad\quad\quad\quad | $$
$$\quad\quad\quad\quad\quad COOH$$

$$\quad\quad\quad COOH$$
$$\quad\quad\quad | $$
$$CH_3-C-CH_3$$
$$\quad\quad\quad | $$
$$\quad\quad\quad COOH$$

図3　4種類のジカルボン酸 $C_5H_8O_4$ の構造式

	ア	イ
①	4	0
②	4	1
③	5	2
④	5	3
⑤	6	4
⑥	6	5
⑦	8	6
⑧	8	7

2022年度：化学/本試験　**21**

第5問　大気中には，自動車の排ガスや植物などから放出されるアルケンが含まれている。大気中のアルケンは，地表近くのオゾンによる酸化反応で分解されて，健康に影響を及ぼすアルデヒドを生じる。アルケンを含む脂肪族不飽和炭化水素の構造と性質，およびオゾンとの反応に関する次の問い(**問1・2**)に答えよ。

(配点　20)

問1　脂肪族不飽和炭化水素とそれに関連する化合物の構造に関する記述として**誤りを含むもの**を，次の①～④のうちから一つ選べ。　25

① エチレン(エテン)の炭素—炭素原子間の結合において，一方の炭素原子を固定したとき，他方の炭素原子は自由に回転できない。

② シクロアルケンの一般式は，炭素数を n とすると C_nH_{2n-2} で表される。

③ 1-ブチン $CH \equiv C - CH_2 - CH_3$ の四つの炭素原子は，同一直線上にある。

④ ポリアセチレンは，分子中に二重結合をもつ。

22 2022年度：化学/本試験

問 2 次の構造をもつアルケン A（分子式 C_6H_{12}）のオゾン O_3 による酸化反応について調べた。

$$R^1 \quad R^2$$
$$\underset{H}{C}=\underset{R^3}{C}$$

アルケン A

$R^1 = H,\ CH_3,\ CH_3CH_2$ のいずれか

$R^2 = CH_3,\ CH_3CH_2$ のいずれか

$R^3 = CH_3,\ CH_3CH_2$ のいずれか

気体のアルケン A と O_3 を二酸化硫黄 SO_2 の存在下で反応させると，式(1)に示すように，最初に化合物 X（分子式 $C_6H_{12}O_3$）が生成し，続いてアルデヒド B とケトン C が生成した。式(1)の反応に関する後の問い（**a ~ d**）に答えよ。

$$\underset{H}{\overset{R^1}{C}}=\underset{R^3}{\overset{R^2}{C}} \xrightarrow{\ O_3\ } C_6H_{12}O_3 \xrightarrow{\ SO_2\ } \underset{H}{\overset{R^1}{C}}=O \ + \ O=\underset{R^3}{\overset{R^2}{C}} \ + \ SO_3 \qquad (1)$$

アルケン A　　　　　化合物 X　　　　アルデヒド B　ケトン C
(C_6H_{12})

a 式(1)の反応で生成したアルデヒド B はヨードホルム反応を示さず，ケトン C はヨードホルム反応を示した。R^1, R^2, R^3 の組合せとして正しいものを，次の①~④のうちから一つ選べ。 26

	R^1	R^2	R^3
①	H	CH_3CH_2	CH_3CH_2
②	CH_3	CH_3	CH_3CH_2
③	CH_3	CH_3CH_2	CH_3
④	CH_3CH_2	CH_3	CH_3

b 式(1)の反応における反応熱を求めたい。式(1)の反応，SO_2 から SO_3 への酸化反応，および O_2 から O_3 が生成する反応の熱化学方程式は，それぞれ式(2)，(3)，(4)で表される。

$$\underset{H}{\overset{R^1}{}}C=\underset{R^3}{\overset{R^2}{}}(気) + O_3(気) + SO_2(気) =$$

$$\underset{H}{\overset{R^1}{}}C=O\,(気) + O=\underset{R^3}{\overset{R^2}{}}C\,(気) + SO_3(気) + Q\,\text{kJ} \qquad (2)$$

$$SO_2(気) + \frac{1}{2}O_2(気) = SO_3(気) + 99\,\text{kJ} \qquad (3)$$

$$\frac{3}{2}O_2(気) = O_3(気) - 143\,\text{kJ} \qquad (4)$$

各化合物の気体の生成熱が表1の値であるとき，式(2)の反応熱 Q は何 kJ か。最も適当な数値を，後の①～⑥のうちから一つ選べ。　　27　kJ

表1　各化合物の気体の生成熱

化合物	生成熱 (kJ/mol)
$\underset{H}{\overset{R^1}{}}C=\underset{R^3}{\overset{R^2}{}}$	67
$\underset{H}{\overset{R^1}{}}C=O$	186
$O=\underset{R^3}{\overset{R^2}{}}C$	217

① 221　　　　② 229　　　　③ 578

④ 799　　　　⑤ 1020　　　⑥ 1306

c 式(1)のアルケン A と O_3 から化合物 X が生成する反応の反応速度を考える。図1は，体積一定の容器に入っている 5.0×10^{-7} mol/L の気体のアルケン A と 5.0×10^{-7} mol/L の O_3 を，温度一定で反応させたときのアルケン A のモル濃度の時間変化である。反応開始後 1.0 秒から 6.0 秒の間に，アルケン A が減少する平均の反応速度は何 mol/(L・s) か。その数値を有効数字2桁の次の形式で表すとき，| 28 |〜| 30 |に当てはまる数字を，後の①〜⓪のうちから一つずつ選べ。ただし，同じものを繰り返し選んでもよい。

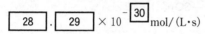

アルケン A が減少する平均の反応速度

| 28 |.| 29 |× 10^{-}| 30 | mol/(L・s)

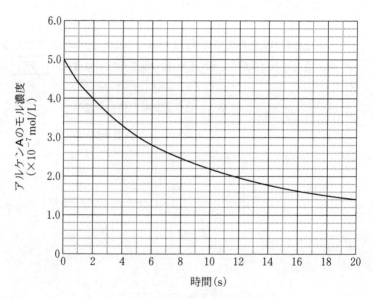

図1　アルケン A のモル濃度の時間変化

① 1　　② 2　　③ 3　　④ 4　　⑤ 5
⑥ 6　　⑦ 7　　⑧ 8　　⑨ 9　　⓪ 0

d　アルケン A と O_3 から化合物 X が生成する式(1)の反応を，同じ温度でアルケン A のモル濃度 [A] と O_3 のモル濃度 $[O_3]$ を変えて行った。反応開始直後の反応速度 v を測定した結果を表2に示す。

表2　アルケン A と O_3 のモル濃度と反応速度の関係

実　験	[A] (mol/L)	$[O_3]$ (mol/L)	反応速度 v (mol/(L·s))
1	1.0×10^{-7}	2.0×10^{-7}	5.0×10^{-9}
2	4.0×10^{-7}	1.0×10^{-7}	1.0×10^{-8}
3	1.0×10^{-7}	6.0×10^{-7}	1.5×10^{-8}

　この反応の反応速度式を $v = k[A]^a[O_3]^b$ $(a, b$ は定数) の形で表すとき，反応速度定数 k は何 L/(mol·s) か。その数値を有効数字2桁の次の形式で表すとき， $\boxed{31}$ ～ $\boxed{33}$ に当てはまる数字を，後の①～⓪のうちから一つずつ選べ。ただし，同じものを繰り返し選んでもよい。

　アルケン A と O_3 の反応の反応速度定数

$$k = \boxed{31} . \boxed{32} \times 10^{\boxed{33}}\ \text{L/(mol·s)}$$

① 1　　　② 2　　　③ 3　　　④ 4　　　⑤ 5

⑥ 6　　　⑦ 7　　　⑧ 8　　　⑨ 9　　　⓪ 0

共通テスト
追試験

2022

化学

解答時間 60 分
配点 100 点

28 2022年度：化学/追試験

化　　　　　学

$\left(\text{解答番号}\ \boxed{1}\ \sim\ \boxed{34}\ \right)$

必要があれば，原子量は次の値を使うこと。

H	1.0	C	12	N	14	O	16
Mg	24	Cl	35.5	Cu	64	Zn	65
Ag	108						

気体は，実在気体とことわりがない限り，理想気体として扱うものとする。

第1問　次の問い（**問1 ～ 4**）に答えよ。（配点　20）

問1　三重結合をもつ分子として最も適当なものを，次の**①**～**④**のうちから一つ選べ。　$\boxed{1}$

① シアン化水素　　　　　　　② フッ素

③ アンモニア　　　　　　　　④ シクロヘキセン

問 2 実在気体は，理想気体の状態方程式に完全には従わない。実在気体の理想気体からのずれを表す指標として，次の式(1)で表される Z が用いられる。

$$Z = \frac{PV}{nRT} \tag{1}$$

ここで，P，V，n，T は，それぞれ気体の圧力，体積，物質量，絶対温度であり，R は気体定数である。300 K におけるメタン CH_4 の P と Z の関係を図1に示す。1 mol の CH_4 を 300 K で 1.0×10^7 Pa から 5.0×10^7 Pa に加圧すると，V は何倍になるか。最も適当な数値を，後の①～⑤のうちから一つ選べ。 2 倍

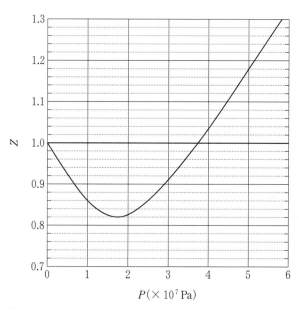

図1　300 K における CH_4 の P と Z の関係

① 0.15　　② 0.20　　③ 0.27　　④ 0.73　　⑤ 1.4

30 2022年度：化学/追試験

問 3 次の**実験**で観察された下線部(a)～(c)の現象に関する記述**ア**～**ウ**のうち，正し
いものはどれか。すべてを選択しているものとして最も適当なものを，後の
①～⑧のうちから一つ選べ。 　3　

実験 ガラス容器にシクロヘキサンの液体を入れ，ゴム栓をして室温で放置し
たところ，シクロヘキサンの一部が気体となり，(a)容器内の圧力は一定に
なった。ゴム栓を外し，大気圧のもとでガラス容器を加熱すると，シクロヘ
キサンは(b)81 ℃で沸騰した。しばらく沸騰させてガラス容器内の空気を追
い出した後，加熱をやめてすぐにガラス容器にゴム栓をした。ガラス容器の
全体を室温の水で冷却すると，シクロヘキサンが(c)81 ℃よりも低い温度で
再び沸騰した。

ア (a)の状態に達したとき，単位時間に液面から蒸発するシクロヘキサン分子
の数と凝縮するシクロヘキサン分子の数が等しい。

イ (b)では，液体の表面だけでなく内部からもシクロヘキサンが蒸発してい
る。

ウ (c)では，容器内の圧力は，大気圧よりも低くなっている。

① ア
② イ
③ ウ
④ ア，イ
⑤ ア，ウ
⑥ イ，ウ
⑦ ア，イ，ウ
⑧ 正しいものはない。

問 4　ある溶媒 A に溶解した安息香酸（分子式 $C_7H_6O_2$，分子量 122）は，その一部が水素結合により会合して二量体を形成し，式(2)の化学平衡が成り立つ。

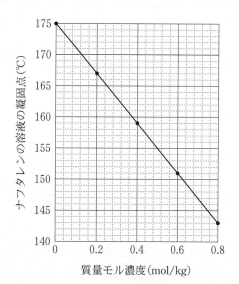

一方，溶媒 A に溶解したナフタレン（分子式 $C_{10}H_8$，分子量 128）は，カルボキシ基をもたないので，このような二量体を形成しない。

　安息香酸による凝固点降下では，二量体は 1 個の溶質粒子としてふるまう。そのため，ナフタレンによる凝固点降下と比較することで，二量体を形成する安息香酸の割合を知ることができる。次の問い（a～c）に答えよ。

a　図 2 は，溶媒 A にナフタレンを溶解した溶液（ナフタレンの溶液）の質量モル濃度と凝固点との関係を表したグラフである。

図 2　ナフタレンの溶液の質量モル濃度と凝固点との関係

図2から求められる溶媒 A のモル凝固点降下の値を2桁の整数で表すとき，　4　と　5　に当てはまる数字を，次の①〜⓪のうちから一つずつ選べ。ただし，同じものを繰り返し選んでもよい。また，値が1桁の場合には，　4　には⓪を選べ。　4　　5　K・kg/mol

① 1 　　② 2 　　③ 3 　　④ 4 　　⑤ 5

⑥ 6 　　⑦ 7 　　⑧ 8 　　⑨ 9 　　⓪ 0

b 溶液中でどのくらいの安息香酸が二量体を形成しているかを示す値として，式(3)で定義される会合度 β を求めたい。

$$\beta = \frac{\text{二量体を形成している安息香酸の物質量}}{\text{溶液に含まれる安息香酸の全物質量}} \qquad (3)$$

ある質量モル濃度になるように溶媒 A に安息香酸を溶解し，この溶液(安息香酸の溶液)の凝固点を測定した。同じ質量モル濃度のナフタレンの溶液における凝固点降下度(凝固点降下の大きさ)ΔT_f と安息香酸の溶液における凝固点降下度 $\Delta T_f'$ を比較したところ，$\Delta T_f' = \frac{3}{4}\Delta T_f$ であった。このときの β の値として最も適当な数値を，次の①〜④のうちから一つ選べ。ただし，β の値は温度によらず変わらないものとする。　6

① 0.13 　　② 0.25 　　③ 0.50 　　④ 0.75

c 式(2)の平衡状態において，二量体を形成していない安息香酸分子の数 m に対する二量体の数 n の比 $\frac{n}{m}$ を，式(3)の β を用いて表すとき，最も適当なものを，次の①〜⑤のうちから一つ選べ。　7

① $\dfrac{2\beta}{1-\beta}$ 　　　　② $\dfrac{\beta}{1-\beta}$ 　　　　③ $\dfrac{\beta}{2(1-\beta)}$

④ $\dfrac{1-\beta}{\beta}$ 　　　　⑤ $\dfrac{\beta}{2}$

2022年度：化学/追試験　**33**

第2問　次の問い(問1〜4)に答えよ。(配点　20)

問1　反応速度に関する記述として下線部に**誤りを含むもの**はどれか。最も適当なものを，次の①〜④のうちから一つ選べ。　8

①　亜鉛が希塩酸に溶けて水素を発生する反応では，希塩酸の濃度が高い方が，反応速度が大きくなる。

②　水素とヨウ素からヨウ化水素が生成する反応では，温度が高い方が，反応速度が大きくなる。

③　石灰石に希塩酸を加えて二酸化炭素を発生させる反応では，石灰石の粒を砕いて小さくし，表面積を大きくすると反応速度が大きくなる。

④　過酸化水素の分解反応では，過酸化水素水に触媒として酸化マンガン(IV)を少量加えると，活性化エネルギーが大きくなるので反応速度が大きくなる。

問2　白金電極を用いて $CuSO_4$ 水溶液 200 mL を 0.100 A の電流で電気分解した。このとき，陽極では O_2 が発生し，陰極では表面に Cu が析出したが気体は発生しなかった。一方，水溶液中の水素イオン濃度 $[H^+]$ は 1.00×10^{-5} mol/L から 1.00×10^{-3} mol/L に変化した。電流を流した時間は何秒か。最も適当な数値を，次の①〜④のうちから一つ選べ。ただし，ファラデー定数は 9.65×10^4 C/mol とし，$[H^+]$ の変化はすべて電極での反応によるものとする。　9　秒

①　48　　　　②　1.9×10^2　　　③　3.8×10^2　　　④　7.6×10^2

34 2022年度：化学/追試験

問 3 ある温度の AgCl 飽和水溶液において，Ag$^+$ および Cl$^-$ のモル濃度は，[Ag$^+$] $= 1.4 \times 10^{-5}$ mol/L，[Cl$^-$] $= 1.4 \times 10^{-5}$ mol/L であった。この温度において，1.0×10^{-5} mol/L の AgNO$_3$ 水溶液 25 mL に，ある濃度の NaCl 水溶液を加えていくと，10 mL を超えた時点で AgCl の白色沈殿が生じ始めた。NaCl 水溶液のモル濃度は何 mol/L か。最も適当な数値を，次の**①**～**④**のうちから一つ選べ。 10 mol/L

① 8.1×10^{-5} **②** 9.6×10^{-5} **③** 2.0×10^{-4} **④** 5.1×10^{-4}

2022年度：化学/追試験　**35**

問 4 次の化学平衡が，温度によってどのように変化するかを考える。

$$2\,NO_2 \rightleftarrows N_2O_4 \tag{1}$$

　ピストンの付いた密閉容器に $2.0 \times 10^{-2}\,mol$ の NO_2 を入れ，圧力 $1.0 \times 10^5\,Pa$ のもとで温度を変えて平衡に達したときの体積を測定した。30 ℃，60 ℃，90 ℃ での測定結果を表 1 に示す。表 1 から，温度が上昇すると平衡が ア に移動したことがわかる。また，NO_2 から N_2O_4 が生成する反応(式(1)の正反応)は，イ 反応であることがわかる。後の問い(**a 〜 c**)に答えよ。ただし，気体定数は $R = 8.3 \times 10^3\,Pa \cdot L/(K \cdot mol)$ とする。

表 1　温度と体積の関係(圧力 $1.0 \times 10^5\,Pa$)

温度(℃)	体積(mL)
30	350
60	450
90	560

a　空欄 ア ・ イ に当てはまる語の組合せとして最も適当なものを，次の①〜④のうちから一つ選べ。 11

	ア	イ
①	左向き	発　熱
②	左向き	吸　熱
③	右向き	発　熱
④	右向き	吸　熱

b 温度 60 ℃ では，初期の NO_2 の物質量 2.0×10^{-2} mol の何%が N_2O_4 に変化しているか。最も適当な数値を，次の ①～⑥ のうちから一つ選べ。

$\boxed{12}$ %

① 1.9   ② 3.7   ③ 8.1

④ 19   ⑤ 37   ⑥ 81

c 式(1)の正反応の反応熱を計算により求めるために必要な量をすべて含むものを，次の ①～⑤ のうちから二つ選べ。ただし，解答の順序は問わない。

$\boxed{13}$ ・ $\boxed{14}$

① NO_2 の生成熱および式(1)の正反応の活性化エネルギー

② N_2O_4 の生成熱および式(1)の逆反応の活性化エネルギー

③ 式(1)の正反応および逆反応の活性化エネルギー

④ NO_2 と NO の生成熱および反応 $2\,NO + O_2 \longrightarrow 2\,NO_2$ の反応熱

⑤ N_2O_4 と NO の生成熱および反応 $2\,NO + O_2 \longrightarrow 2\,NO_2$ の反応熱

2022年度：化学/追試験　**37**

第3問　次の問い(**問1～3**)に答えよ。(配点　20)

問1　リンに関する記述として**誤りを含むもの**を，次の①～⑤のうちから一つ選べ。　15

① リン酸のリン原子の酸化数は，＋3である。

② 十酸化四リンは，塩化水素など酸性の気体の乾燥に適している。

③ 過リン酸石灰は，肥料として用いられる。

④ 黄リンは，空気中で自然発火する。

⑤ リンは生命活動に必須の元素で，DNA に含まれている。

問2　元素**ア～エ**は Hg，Ni，Pb，W(タングステン)のいずれかであり，次の記述 I ～ Ⅲ に示す特徴をもつ。**ア**，**ウ**として最も適当な元素を，それぞれ後の①～④のうちから一つずつ選べ。

ア　16

ウ　17

I 　**ア**や**イ**の単体や化合物がもつ毒性に配慮して，**ア**や**イ**を身のまわりの製品に利用することが制限されている。

Ⅱ 　**イ**や**ウ**の化合物には，市販の二次電池の正極活物質として用いられているものがある。

Ⅲ 　金属元素の単体の中で，**ア**は最も融点が低く，**エ**は最も融点が高い。

① Hg　　　　② Ni　　　　③ Pb　　　　④ W

38 2022年度：化学/追試験

問 3　次の文章を読み，後の問い（**a ～ c**）に答えよ。

　　マグネシウム Mg は陽イオンになりやすく，その単体は強い還元剤としてはたらく。たとえば，単体の Mg の固体と塩化銀 AgCl の固体を適切な条件下で反応させると，AgCl が還元され，単体の銀 Ag と塩化マグネシウム $MgCl_2$ が生じる。また，単体の Mg と AgCl を用いて，電池をつくることができる。単体の Mg による AgCl の還元反応に関して，次の**実験 I・II**を行った。

実験 I　0.12 g の単体の Mg 粉末と過剰量の AgCl 粉末を，急激に反応しないよう注意しながら十分に反応させたところ，単体の Ag，$MgCl_2$，未反応の AgCl のみからなる混合物が得られた。$MgCl_2$ が水溶性であること，および AgCl がある液体に溶ける性質を利用して，この混合物から単体の Ag を取り出した。

a　**実験 I** で，得られた混合物から単体の Ag を取り出す方法として最も適当なものを，次の①～④のうちから一つ選べ。　　18

① 温水で洗う。
② 水酸化ナトリウム水溶液で洗った後に水洗する。
③ 水洗した後に水酸化ナトリウム水溶液で洗う。
④ 水洗した後にアンモニア水で洗う。

b　**実験 I** で，取り出された単体の Ag の質量は何 g か。最も適当な数値を，次の①～④のうちから一つ選べ。ただし，使用した単体の Mg はすべて AgCl の還元反応に使われたものとする。　　19　g

①　0.27　　　　　②　0.54　　　　　③　1.1　　　　　④　1.4

実験Ⅱ 単体の Mg による AgCl の還元反応を利用した，食塩水を電解液とする電池の反応は，次の式(1)，(2)によって表される。

$$正極 \quad AgCl + e^- \longrightarrow Ag + Cl^- \tag{1}$$

$$負極 \quad Mg \longrightarrow Mg^{2+} + 2e^- \tag{2}$$

この電池の負極を，単体の Cu, Zn, Sn にかえた電池を組み立てて，これらの起電力を測定すると，表1の結果が得られた。

表1　負極の種類と起電力

負　極	起電力(V)
Cu	0.26
Zn	1.07
Sn	0.51

c 単体の Mg を負極として用いた電池の起電力を x(V) とする。表1と金属のイオン化傾向から考えられる，x を含む範囲として最も適当なものを，次の①～④のうちから一つ選べ。　20

① $x < 0.26$

② $0.26 < x < 0.51$

③ $0.51 < x < 1.07$

④ $1.07 < x$

第4問 次の問い(問1～4)に答えよ。(配点 20)

問1 濃硫酸を用いて，エタノールを脱水してエチレン(エテン)を得るために，図1のような装置を組み立てた。この装置を用いたエチレンの合成に関する説明として**誤りを含むもの**はどれか。最も適当なものを，後の①～④のうちから一つ選べ。 21

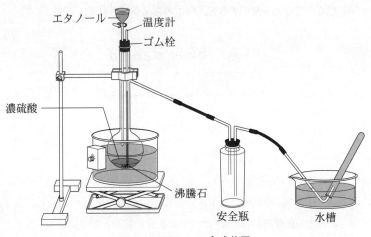

図1 エチレンの合成装置

① エチレンを水上置換により捕集するのは，エチレンが水に溶けにくいためである。
② 安全瓶は，水槽の水が逆流するのを防ぐために用いられる。
③ エチレンの生成に適した反応温度にするために，フラスコを水浴で加熱する。
④ 反応溶液の温度が下がらないように，エタノールを少しずつ加える。

問 2 分子式が $C_8H_{10}O$ で，ベンゼン環を一つもつ化合物には，いくつかの異性体がある。それらのうちナトリウムと反応しない化合物は，何種類あるか。最も適当な数を，次の①～⑥のうちから一つ選べ。 <u> 22 </u> 種類

   ① 4   ② 5   ③ 6   ④ 7   ⑤ 8   ⑥ 9

問 3 次の構造式で表される重合体 966 g がある。この両末端のエステル部分を完全にけん化したところ，112 g の水酸化カリウム（式量 56）が消費された。構造式中の x の値として最も適当な数値を，後の①～④のうちから一つ選べ。
<u> 23 </u>

$$H_3C - \overset{\displaystyle O}{\overset{\|}{C}} - O \left[(CH_2)_4 - O \right]_x \overset{\displaystyle O}{\overset{\|}{C}} - CH_3$$

   ① 5   ② 7   ③ 12   ④ 13

問 4 次の文章を読み，後の問い（**a ～ c**）に答えよ。

　ポリ塩化ビニルの合成原料である塩化ビニル $CH_2=CHCl$ は，図 2 に示すように複数の反応を組み合わせることで工業的に生産されている。一つ目の反応はエチレン（エテン）$CH_2=CH_2$ への塩素 Cl_2 の付加反応であり，1,2-ジクロロエタン CH_2Cl-CH_2Cl が得られる。二つ目の反応では，得られた CH_2Cl-CH_2Cl を熱分解することで $CH_2=CHCl$ と塩化水素 HCl が得られる。三つ目の反応では，この HCl と，酸素 O_2 および $CH_2=CH_2$ を反応させることで CH_2Cl-CH_2Cl と水 H_2O を得ている。これらの反応を適切に組み合わせることで，反応中に生成する HCl をすべて用いることができ，副生成物は H_2O だけとなる。

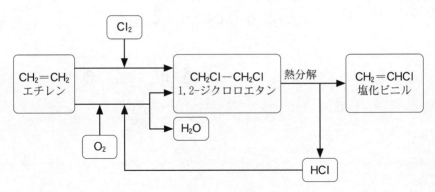

図 2　エチレンを原料とする塩化ビニルの合成法

a ポリ塩化ビニルと塩化ビニルに関する記述として**誤りを含むもの**を，次の①〜④のうちから一つ選べ。 24

① ポリ塩化ビニルは，塩化ビニルの付加重合で合成される。
② ポリ塩化ビニルは，熱可塑性樹脂の一種である。
③ 塩化ビニルには，構造異性体が存在する。
④ 塩化ビニルは，アセチレンに 1 分子の HCl を付加させると合成できる。

b 図 2 の中で，$CH_2=CH_2$ に HCl と O_2 を作用させ，CH_2Cl-CH_2Cl と H_2O を得る反応は，次の化学反応式で表される。 25 〜 27 に当てはまる数字を，後の①〜⑨のうちから一つずつ選べ。ただし，同じものを繰り返し選んでもよい。

$$\boxed{25}\ CH_2=CH_2 + \boxed{26}\ HCl + O_2$$
$$\longrightarrow \boxed{25}\ CH_2Cl-CH_2Cl + \boxed{27}\ H_2O$$

① 1   ② 2   ③ 3   ④ 4   ⑤ 5
⑥ 6   ⑦ 7   ⑧ 8   ⑨ 9

c 図 2 に示すように複数の反応を組み合わせることで，副生成物を H_2O だけにして $CH_2=CHCl$ が生産されている。 4 mol の $CH_2=CH_2$ をすべて反応させて $CH_2=CHCl$ を生産する際に消費される O_2 の物質量は何 mol か。最も適当な数値を，次の①〜⑤のうちから一つ選べ。 28 mol

① 0.5   ② 1   ③ 2   ④ 3   ⑤ 4

44 2022年度：化学/追試験

第5問 次の文章を読み，後の問い(**問1～3**)に答えよ。(配点 20)

　　水溶液中に少量含まれる金属イオンの物質量を求めたいとき，分子量の大きい有機化合物を金属イオンに結合させて生成する沈殿の質量をはかる方法がある。この有機化合物の例として，化合物 A(分子式 $C_{13}H_9NO_2$，分子量 211)がある。pH を適切に調整すると，式(1)のように化合物 A の窒素原子と酸素原子が2価の金属イオン M^{2+} に配位結合し，M^{2+} が化合物 B としてほぼ完全に沈殿する。

問1 図1に従って化合物Aを合成した。後の問い(a・b)に答えよ。

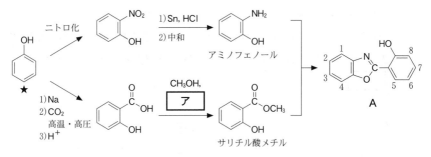

図1 化合物Aの合成方法(★はフェノールのパラ位の炭素原子)

a 空欄 ア に当てはまる試薬として最も適当なものを，次の①〜⑤のうちから一つ選べ。 29

① 水酸化ナトリウム水溶液
② 無水酢酸
③ 希塩酸
④ 濃硫酸
⑤ 二酸化炭素

b 図1に示すフェノールの★をつけた炭素原子は，合成された化合物Aの1〜8の番号を付した炭素原子のどれに相当するか。適当な番号を，次の①〜⑧のうちから二つ選べ。ただし，解答の順序は問わない。
30
31

① 1   ② 2   ③ 3   ④ 4
⑤ 5   ⑥ 6   ⑦ 7   ⑧ 8

問 2 式(1)の M^{2+} として Cu^{2+} を用いて次の実験を行った。0 mol から 0.005 mol までの Cu^{2+} を含む水溶液を用意し、それぞれの水溶液に 0.0040 mol の化合物 A を加え、pH を調整して Cu^{2+} と十分に反応させ、化合物 B を沈殿させた。用意した水溶液中の Cu^{2+} の物質量と、生じた化合物 B の沈殿の質量の関係を表したグラフとして最も適当なものを、次の①～④のうちから一つ選べ。

32

①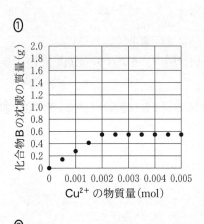

②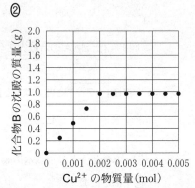

③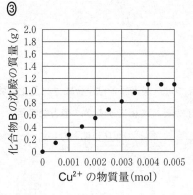

④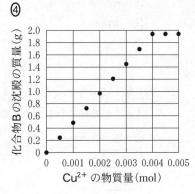

問 3 Cu と Zn からなる合金 C に含まれる Cu の含有率（質量パーセント）を求めたい。式(1)の反応は Cu^{2+} と Zn^{2+} の両方のイオンで起こるが，沈殿が生じる pH は異なる。図 2 は，Cu^{2+} または Zn^{2+} のみを含む水溶液に化合物 A を加えて反応させたとき，化合物 B として沈殿した金属イオンの割合(%)を pH に対して示したものである。後の問い（**a**・**b**）に答えよ。

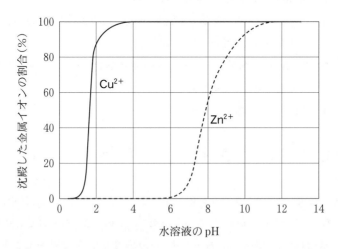

図 2　水溶液の pH と沈殿した金属イオンの割合(%)との関係

a 図 2 より，Cu^{2+} と Zn^{2+} を含む水溶液から Cu^{2+} のみが化合物 B として
ほぼ完全に沈殿する pH の範囲が読み取れる。次に示す水溶液**ア〜エ**のう
ち，pH がこの範囲内にあるものはどれか。最も適当なものを，後の①〜④
のうちから一つ選べ。　33

ア　0.1 mol/L の水酸化ナトリウム水溶液

イ　0.1 mol/L のアンモニア水と 0.1 mol/L の塩化アンモニウム水溶液を
　　1：1 の体積比で混合した水溶液

ウ　0.1 mol/L の酢酸水溶液と 0.1 mol/L の酢酸ナトリウム水溶液を 1：1
　　の体積比で混合した水溶液

エ　0.1 mol/L の塩酸

① ア　　　　　② イ　　　　　③ ウ　　　　　④ エ

b 合金 C 2.00 g をすべて硝酸に溶かし，化合物 A を加え，pH を調整して
Cu^{2+} のみを化合物 B として沈殿させた。このとき，得られた化合物 B の質
量は 6.05 g であった。合金 C 中の Cu の含有率（質量パーセント）は何%
か。最も適当な数値を，次の①〜④のうちから一つ選べ。ただし，すべての
Cu^{2+} は化合物 B として沈殿したものとする。　34　%

① 40　　　　　② 60　　　　　③ 71　　　　　④ 80

共通テスト

本試験
（第1日程）

化学

解答時間 60 分
配点 100 点

2021

化　　　　　　　学

$$\left(\text{解答番号}\ \boxed{1}\ \sim\ \boxed{29}\right)$$

必要があれば，原子量は次の値を使うこと。

H　1.0	C　12	N　14	O　16
Ca　40	Fe　56	Zn　65	

気体は，実在気体とことわりがない限り，理想気体として扱うものとする。

第1問　次の問い(問1〜4)に答えよ。(配点　20)

問1　次の記述(**ア・イ**)の両方に当てはまる金属元素として最も適当なものを，下の①〜④のうちから一つ選べ。　$\boxed{1}$

　ア　2価の陽イオンになりやすいもの
　イ　硫酸塩が水に溶けやすいもの

　①　Mg　　　　　②　Al　　　　　③　K　　　　　④　Ba

2021年度：化学/本試験(第Ⅰ日程)　3

問 2　単位格子の一辺の長さ $L(\mathrm{cm})$ の体心立方格子の構造をもつモル質量 $M(\mathrm{g/mol})$ の原子からなる結晶がある。この結晶の密度が $d(\mathrm{g/cm^3})$ であるとき，アボガドロ定数 $N_A(\mathrm{/mol})$ を表す式として最も適当なものを，次の①〜⑥のうちから一つ選べ。　| 2 |　/mol

① $\dfrac{L^3 d}{M}$　　　　② $\dfrac{L^3 d}{2M}$　　　　③ $\dfrac{2L^3 d}{M}$

④ $\dfrac{M}{L^3 d}$　　　　⑤ $\dfrac{2M}{L^3 d}$　　　　⑥ $\dfrac{M}{2L^3 d}$

問 3　物質の溶媒への溶解や分子間力に関する次の記述(Ⅰ〜Ⅲ)について，正誤の組合せとして最も適当なものを，下の①〜⑧のうちから一つ選べ。　| 3 |

Ⅰ　ヘキサンが水にほとんど溶けないのは，ヘキサン分子の極性が小さいためである。

Ⅱ　ナフタレンが溶解したヘキサン溶液では，ナフタレン分子とヘキサン分子の間に分子間力がはたらいている。

Ⅲ　液体では，液体の分子間にはたらく分子間力が小さいほど，その沸点は高くなる。

	Ⅰ	Ⅱ	Ⅲ
①	正	正	正
②	正	正	誤
③	正	誤	正
④	正	誤	誤
⑤	誤	正	正
⑥	誤	正	誤
⑦	誤	誤	正
⑧	誤	誤	誤

4 2021年度：化学/本試験(第 I 日程)

問 4 蒸気圧(飽和蒸気圧)に関する次の問い(**a・b**)に答えよ。ただし，気体定数は $R = 8.3 \times 10^3$ Pa・L/(K・mol) とする。

a エタノール C_2H_5OH の蒸気圧曲線を次ページの図 1 に示す。ピストン付きの容器に 90 ℃ で 1.0×10^5 Pa の C_2H_5OH の気体が入っている。この気体の体積を 90 ℃ のままで 5 倍にした。その状態から圧力を一定に保ったまま温度を下げたときに凝縮が始まる温度を 2 桁の数値で表すとき，**4** と **5** に当てはまる数字を，次の①～⓪のうちから一つずつ選べ。ただし，温度が 1 桁の場合には，**4** には⓪を選べ。また，同じものを繰り返し選んでもよい。**4** **5** ℃

① 1　　② 2　　③ 3　　④ 4　　⑤ 5

⑥ 6　　⑦ 7　　⑧ 8　　⑨ 9　　⓪ 0

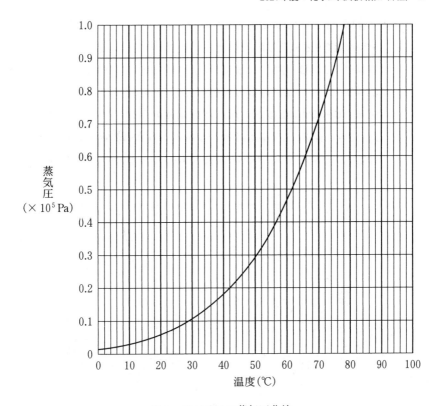

図1　C₂H₅OH の蒸気圧曲線

b 容積一定の 1.0 L の密閉容器に 0.024 mol の液体の C_2H_5OH のみを入れ，その状態変化を観測した。密閉容器の温度を 0 ℃ から徐々に上げると，ある温度で C_2H_5OH がすべて蒸発したが，その後も加熱を続けた。蒸発した C_2H_5OH がすべての圧力領域で理想気体としてふるまうとすると，容器内の気体の C_2H_5OH の温度と圧力は，図 2 の点 A～G のうち，どの点を通り変化するか。経路として最も適当なものを，下の ①～⑤ のうちから一つ選べ。ただし，液体状態の C_2H_5OH の体積は無視できるものとする。　6

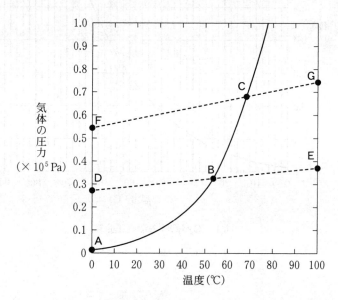

図 2　気体の圧力と温度の関係（実線 ── は C_2H_5OH の蒸気圧曲線）

① A → B → C → G
② A → B → E
③ D → B → C → G
④ D → B → E
⑤ F → C → G

2021年度：化学/本試験（第1日程）　7

第2問　次の問い（**問1～3**）に答えよ。（配点　20）

問1　光が関わる化学反応や現象に関する記述として下線部に**誤りを含むもの**はどれか。最も適当なものを，次の①～④のうちから一つ選べ。　　7

①　塩素と水素の混合気体に強い光（紫外線）を照射すると，爆発的に反応して塩化水素が生成する。

②　オゾン層は，太陽光線中の紫外線を吸収して，地上の生物を保護している。

③　植物は光合成で糖類を生成する。二酸化炭素と水からグルコースと酸素が生成する反応は，発熱反応である。

④　酸化チタン（Ⅳ）は，光（紫外線）を照射すると，有機物などを分解する触媒として作用する。

問2　補聴器に用いられる空気亜鉛電池では，次の式のように正極で空気中の酸素が取り込まれ，負極の亜鉛が酸化される。

正極　$O_2 + 2H_2O + 4e^- \longrightarrow 4OH^-$

負極　$Zn + 2OH^- \longrightarrow ZnO + H_2O + 2e^-$

　　この電池を一定電流で7720秒間放電したところ，上の反応により電池の質量は16.0 mg増加した。このとき流れた電流は何mAか。最も適当な数値を，次の①～④のうちから一つ選べ。ただし，ファラデー定数は9.65×10^4 C/molとする。　　8　　mA

①　6.25　　　　　②　12.5　　　　　③　25.0　　　　　④　50.0

8 2021年度：化学/本試験(第1日程)

問 3 氷の昇華と水分子間の水素結合について，次の問い(**a**～**c**)に答えよ。

a 水の三重点よりも低温かつ低圧の状態に保たれている氷を，水蒸気に昇華
させる方法として適当なものは，次の**ア**～**エ**のうちどれか。すべてを正しく
選択しているものを，下の**①**～**④**のうちから一つ選べ。 9

ア 温度を保ったまま，減圧する。
イ 温度を保ったまま，加圧する。
ウ 圧力を保ったまま，加熱する。
エ 圧力を保ったまま，冷却する。

① ア，ウ **②** ア，エ **③** イ，ウ **④** イ，エ

b 図1に示すように，氷の結晶中では，1個の水分子が正四面体の頂点に位置する4個の水分子と水素結合をしており，水素結合1本あたり2個の水分子が関与している。0℃における氷の昇華熱をQ(kJ/mol)としたとき，0℃において水分子間の水素結合1 molを切るために必要なエネルギー(kJ/mol)を表す式として最も適当なものを，下の①〜⑤のうちから一つ選べ。ただし，氷の昇華熱は，水分子1 molの結晶中のすべての水素結合を切るためのエネルギーと等しいとする。 10 kJ/mol

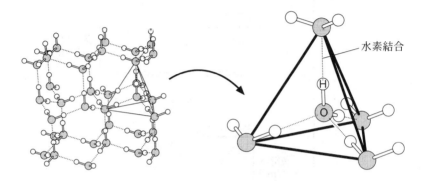

図1　氷の結晶構造と水素結合の模式図

① $\frac{1}{4}Q$　　② $\frac{1}{2}Q$　　③ Q　　④ $2Q$　　⑤ $4Q$

c 図2に0℃および25℃における水の状態とエネルギーの関係を示す。この関係を用いて，0℃における水の昇華熱 Q (kJ/mol) の値を求めると何 kJ/mol になるか。最も適当な数値を，下の①〜⑤のうちから一つ選べ。ただし，1 mol の H_2O (液) および H_2O (気) の温度を1 K 上昇させるのに必要なエネルギーはそれぞれ 0.080 kJ，0.040 kJ とする。また，すべての状態変化は 1.013×10^5 Pa のもとで起こるものとする。　11　kJ/mol

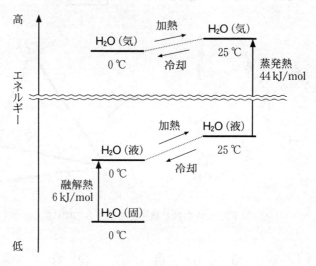

図2　0℃および25℃における水の状態とエネルギーの関係

① 45　　② 49　　③ 50　　④ 51　　⑤ 52

2021年度：化学/本試験（第1日程）　**11**

第3問　次の問い（問1〜3）に答えよ。（配点　20）

問1　塩化ナトリウムの溶融塩電解（融解塩電解）に関連する記述として**誤りを含む**ものはどれか。最も適当なものを，次の①〜④のうちから一つ選べ。　　12

① 陰極に鉄，陽極に黒鉛を用いることができる。
② ナトリウムの単体が陰極で生成し，気体の塩素が陽極で発生する。
③ ナトリウムの単体が1 mol生成するとき，気体の塩素が1 mol発生する。
④ 塩化ナトリウム水溶液を電気分解しても，ナトリウムの単体は得られない。

問2　元素**ア**〜**エ**はそれぞれAg，Pb，Sn，Znのいずれかであり，次の記述（Ⅰ〜Ⅲ）に述べる特徴をもつ。**ア**，**イ**として最も適当なものを，それぞれ下の①〜④のうちから一つずつ選べ。

ア　　13
イ　　14

Ⅰ　**ア**と**イ**の単体は希硫酸に溶けるが，**ウ**と**エ**の単体は希硫酸に溶けにくい。
Ⅱ　**ウ**の2価の塩化物は，冷水にはほとんど溶けないが熱水には溶ける。
Ⅲ　**ア**と**ウ**のみが同族元素である。

① Ag　　　　　② Pb　　　　　③ Sn　　　　　④ Zn

問 3 次の化学反応式(1)に示すように，シュウ酸イオン $C_2O_4{}^{2-}$ を配位子として3個もつ鉄(Ⅲ)の錯イオン $[Fe(C_2O_4)_3]^{3-}$ の水溶液では，光をあてている間，反応が進行し，配位子を2個もつ鉄(Ⅱ)の錯イオン $[Fe(C_2O_4)_2]^{2-}$ が生成する。

$$2\,[Fe(C_2O_4)_3]^{3-} \xrightarrow{\text{光}} 2\,[Fe(C_2O_4)_2]^{2-} + C_2O_4{}^{2-} + 2\,CO_2 \qquad (1)$$

この反応で光を一定時間あてたとき，何 % の $[Fe(C_2O_4)_3]^{3-}$ が $[Fe(C_2O_4)_2]^{2-}$ に変化するかを調べたいと考えた。そこで，式(1)にしたがって CO_2 に変化した $C_2O_4{}^{2-}$ の量から，変化した $[Fe(C_2O_4)_3]^{3-}$ の量を求める**実験 Ⅰ～Ⅲ**を行った。この**実験**に関する次ページの問い(**a～c**)に答えよ。ただし，反応溶液の pH は**実験 Ⅰ～Ⅲ**において適切に調整されているものとする。

実験 Ⅰ　0.0109 mol の $[Fe(C_2O_4)_3]^{3-}$ を含む水溶液を透明なガラス容器に入れ，光を一定時間あてた。

実験 Ⅱ　**実験 Ⅰ**で光をあてた溶液に，鉄の錯イオン $[Fe(C_2O_4)_3]^{3-}$ と $[Fe(C_2O_4)_2]^{2-}$ から $C_2O_4{}^{2-}$ を遊離(解離)させる試薬を加え，錯イオン中の $C_2O_4{}^{2-}$ を完全に遊離させた。さらに，Ca^{2+} を含む水溶液を加えて，溶液中に含まれるすべての $C_2O_4{}^{2-}$ をシュウ酸カルシウム CaC_2O_4 の水和物として完全に沈殿させた。この後，ろ過によりろ液と沈殿に分離し，さらに，沈殿を乾燥して 4.38 g の $CaC_2O_4 \cdot H_2O$ (式量 146)を得た。

実験 Ⅲ　**実験 Ⅱ**で得られたろ液に，(a)Fe^{2+} が含まれていることを確かめる操作を行った。

a **実験Ⅲ**の下線部(a)の操作として最も適当なものを，次の①～④のうちから一つ選べ。 15

① H_2S 水溶液を加える。

② サリチル酸水溶液を加える。

③ $K_3[Fe(CN)_6]$ 水溶液を加える。

④ KSCN 水溶液を加える。

b 1.0 mol の $[Fe(C_2O_4)_3]^{3-}$ が，式(1)にしたがって完全に反応するとき，酸化されて CO_2 になる $C_2O_4^{2-}$ の物質量は何 mol か。最も適当な数値を，次の①～④のうちから一つ選べ。 16 mol

①　0.5　　　　②　1.0　　　　③　1.5　　　　④　2.0

c **実験Ⅰ**において，光をあてることにより，溶液中の $[Fe(C_2O_4)_3]^{3-}$ の何％が $[Fe(C_2O_4)_2]^{2-}$ に変化したか。最も適当な数値を，次の①～④のうちから一つ選べ。 17 ％

①　12　　　　②　16　　　　③　25　　　　④　50

14　2021年度：化学/本試験（第Ⅰ日程）

第4問　次の問い（問1 ～ 5）に答えよ。（配点　20）

問1　芳香族炭化水素の反応に関する記述として下線部に**誤りを含むもの**を，次の
①～④のうちから一つ選べ。　　18

①　ナフタレンに，高温で酸化バナジウム（V）を触媒として酸素を反応させる
と，o-キシレンが生成する。

②　ベンゼンに，鉄粉または塩化鉄（Ⅲ）を触媒として塩素を反応させると，
クロロベンゼンが生成する。

③　ベンゼンに，高温で濃硫酸を反応させると，ベンゼンスルホン酸が生成す
る。

④　ベンゼンに，高温・高圧でニッケルを触媒として水素を反応させると，
シクロヘキサンが生成する。

2021年度：化学/本試験(第Ⅰ日程)　15

問 2　油脂に関する記述として下線部に**誤りを含むもの**を，次の①～④のうちから
一つ選べ。　19

① けん化価は，油脂 1 g を完全にけん化するのに必要な水酸化カリウムの質
量を mg 単位で表した数値で，この値が大きいほど油脂の平均分子量は<u>小さ
い</u>。

② ヨウ素価は，油脂 100 g に付加するヨウ素の質量を g 単位で表した数値
で，油脂の中でも空気中で放置すると固化しやすい乾性油はヨウ素価が<u>大き
い</u>。

③ マーガリンの主成分である硬化油は，液体の油脂を<u>酸化</u>してつくられる。

④ 油脂は，高級脂肪酸と<u>グリセリン(1,2,3-プロパントリオール)</u>のエステル
である。

問 3 次のアルコール**ア**〜**エ**を用いた反応の生成物について，下の問い(**a**・**b**)に答えよ。

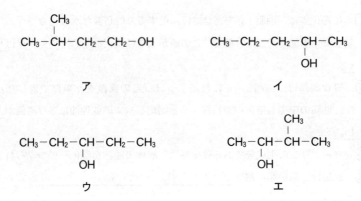

a **ア**〜**エ**に適切な酸化剤を作用させると，それぞれからアルデヒドまたはケトンのどちらか一方が生成する。**ア**〜**エ**のうち，ケトンが生成するものはいくつあるか。正しい数を，次の①〜⑤のうちから一つ選べ。 20

① 1　　② 2　　③ 3　　④ 4　　⑤ 0

b **ア**〜**エ**にそれぞれ適切な酸触媒を加えて加熱すると，OH 基の結合した炭素原子とその隣の炭素原子から，OH 基と H 原子がとれたアルケンが生成する。**ア**〜**エ**のうち，このように生成するアルケンの異性体の数が最も多いアルコールはどれか。最も適当なものを，次の①〜④のうちから一つ選べ。ただし，シス-トランス異性体(幾何異性体)も区別して数えるものとする。
21

① ア　　② イ　　③ ウ　　④ エ

2021年度：化学/本試験(第 I 日程)　17

問 4　高分子化合物に関する記述として**誤りを含むもの**はどれか。最も適当なものを，次の①～⑤のうちから一つ選べ。　22

① ナイロン 6 は，繰り返し単位の中にアミド結合を二つもつ。

② ポリ酢酸ビニルを加水分解すると，ポリビニルアルコールが生じる。

③ 尿素樹脂は，熱硬化性樹脂である。

④ 生ゴムに数％の硫黄を加えて加熱すると，弾性が向上する。

⑤ ポリエチレンテレフタラートは，合成繊維としても合成樹脂としても用いられる。

問 5 分子量 2.56×10^4 のポリペプチド鎖 A は，アミノ酸 B (分子量 89) のみを脱水縮合して合成されたものである。図 1 のように，A がらせん構造をとると仮定すると，A のらせんの全長 L は何 nm か。最も適当な数値を，下の ①〜⑥ のうちから一つ選べ。ただし，らせんのひと巻きはアミノ酸の単位 3.6 個分であり，ひと巻きとひと巻きの間隔を 0.54 nm ($1\,\text{nm} = 1 \times 10^{-9}\,\text{m}$) とする。

$\boxed{23}$ nm

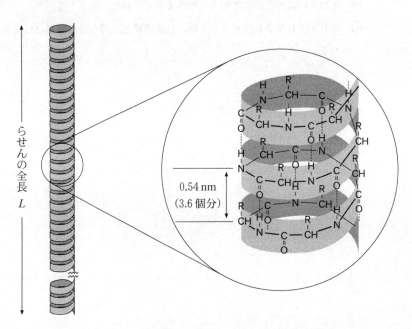

図 1　ポリペプチド鎖 A のらせん構造の模式図

① 43　　　② 54　　　③ 72
④ 1.6×10^2　　⑤ 1.9×10^2　　⑥ 2.6×10^2

第5問 グルコース $C_6H_{12}O_6$ に関する次の問い（問1～3）に答えよ。（配点 20）

問1 グルコースは，水溶液中で主に環状構造の α-グルコースと β-グルコースとして存在し，これらは鎖状構造の分子を経由して相互に変換している。グルコースの水溶液について，平衡に達するまでの α-グルコースと β-グルコースの物質量の時間変化を調べた次ページの**実験Ⅰ**に関する問い（**a・b**）と**実験Ⅱ**に関する問い（**c**）に答えよ。ただし，鎖状構造の分子の割合は少なく無視できるものとする。また，必要があれば次の方眼紙を使うこと。

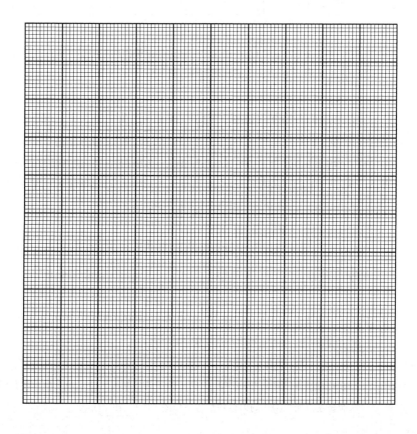

20 2021年度：化学/本試験(第Ⅰ日程)

実験Ⅰ α-グルコース 0.100 mol を 20 ℃ の水 1.0 L に加えて溶かし，20 ℃ に
保ったまま α-グルコースの物質量の時間変化を調べた。表1に示すように
α-グルコースの物質量は減少し，10時間後には平衡に達していた。こうし
て得られた溶液を**溶液 A** とする。

表1　水溶液中での α-グルコースの物質量の時間変化

時間(h)	0	0.5	1.5	3.0	5.0	7.0	10.0
α-グルコースの物質量(mol)	0.100	0.079	0.055	0.040	0.034	0.032	0.032

a　平衡に達したときの β-グルコースの物質量は何 mol か。最も適当な数値
を，次の①～⑤のうちから一つ選べ。　**24**　mol

①　0.016　　②　0.032　　③　0.048　　④　0.068　　⑤　0.084

b　水溶液中の β-グルコースの物質量が，平衡に達したときの物質量の 50 %
であったのは，α-グルコースを加えた何時間後か。最も適当な数値を，次
の①～⑥のうちから一つ選べ。　**25**　時間後

①　0.5　　　　　　②　1.0　　　　　　③　1.5
④　2.0　　　　　　⑤　2.5　　　　　　⑥　3.0

実験Ⅱ　**溶液 A** に，さらに β-グルコースを 0.100 mol 加えて溶かし，20 ℃ で
10 時間放置したところ新たな平衡に達した。

c　新たな平衡に達したときの β-グルコースの物質量は何 mol か。最も適当
な数値を，次の①～⑤のうちから一つ選べ。　**26**　mol

①　0.032　　②　0.068　　③　0.100　　④　0.136　　⑤　0.168

問 2 グルコースにメタノールと塩酸を作用させると、グルコースとメタノールが1分子ずつ反応して1分子の水がとれた化合物 X が、図1に示す α 型（α 形）と β 型（β 形）の異性体の混合物として得られた。X の水溶液は、還元性を示さなかった。この混合物から分離した α 型の X 0.1 mol を、水に溶かして 20 ℃に保ち、α 型の X の物質量の時間変化を調べた。α 型の X の物質量の時間変化を示した図として最も適当なものを、下の ①～④ のうちから一つ選べ。

27

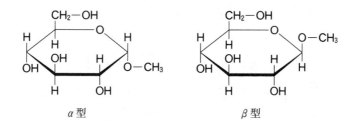

図1 α 型と β 型の化合物 X の構造

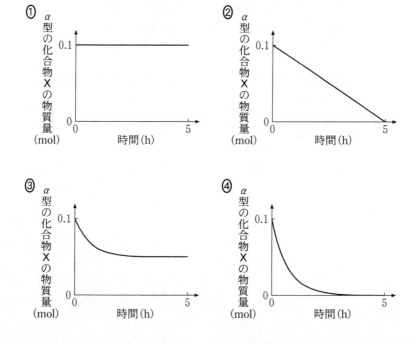

問3 グルコースに，ある酸化剤を作用させるとグルコースが分解され，水素原子と酸素原子を含み，炭素原子数が1の有機化合物 Y・Z が生成する。この反応でグルコースからは，Y・Z 以外の化合物は生成しない。この反応と Y・Z に関する次の問い（**a・b**）に答えよ。

a　Y はアンモニア性硝酸銀水溶液を還元し，銀を析出させる。Y は還元剤としてはたらくと，Z となる。Y・Z の組合せとして最も適当なものを，次の①〜⑥のうちから一つ選べ。　　28

	有機化合物 Y	有機化合物 Z
①	CH_3OH	$HCHO$
②	CH_3OH	$HCOOH$
③	$HCHO$	CH_3OH
④	$HCHO$	$HCOOH$
⑤	$HCOOH$	CH_3OH
⑥	$HCOOH$	$HCHO$

b　ある量のグルコースがすべて反応して，2.0 mol の Y と 10.0 mol の Z が生成したとすると，反応したグルコースの物質量は何 mol か。最も適当な数値を，次の①〜④のうちから一つ選べ。　　29　mol

①　2.0　　　　②　6.0　　　　③　10.0　　　　④　12.0

共通テスト

本試験
（第2日程）

化学

解答時間 60 分
配点 100 点

2021

24 2021年度：化学/本試験（第2日程）

化　　　　　学

$$\left(\text{解答番号}\ \boxed{1}\ \sim\ \boxed{32}\ \right)$$

必要があれば，原子量は次の値を使うこと。

H	1.0	C	12	N	14	O	16
Na	23	Al	27	Si	28	Fe	56

気体は，実在気体とことわりがない限り，理想気体として扱うものとする。

第1問 次の問い（問1～4）に答えよ。（配点 20）

問1 次の記述（ア・イ）の両方に当てはまるものを，下の①～⑤のうちから一つ選べ。 $\boxed{1}$

ア　二重結合をもつ分子
イ　非共有電子対を4組もつ分子

① 酢 酸　　　　② ジエチルエーテル　　　③ エテン（エチレン）
④ 塩化ビニル　　⑤ 1,2-エタンジオール（エチレングリコール）

問 2 容積 x(L) の容器 A と容積 y(L) の容器 B がコックでつながれている。容器 A には 1.0×10^5 Pa の窒素が，容器 B には 3.0×10^5 Pa の酸素が入っている。コックを開いて二つの気体を混合したとき，全圧が 2.0×10^5 Pa になった。x と y の比 $x:y$ として最も適当なものを，次の①〜⑤のうちから一つ選べ。ただし，コック部の容積は無視する。また，容器 A，B に入っている気体の温度は同じであり，混合の前後で変わらないものとする。　　2

① 3：1　　② 2：1　　③ 1：1　　④ 1：2　　⑤ 1：3

26 2021年度：化学/本試験（第2日程）

問3 水中のコロイド粒子に関する次の文章中の ア ～ ウ に当てはまる
語句の組合せとして最も適当なものを，下の①～⑧のうちから一つ選べ。
3

界面活性剤 A（$C_{12}H_{25}-OSO_3^-Na^+$）は合成洗剤として使われており，濃度が
8.2×10^{-3} mol/L 以上になると多数の A が集合したミセルとよばれるコロイ
ド粒子になる。これは ア である。濃度が 1.0×10^{-1} mol/L の A の溶液
はチンダル現象を イ 。また，この溶液に電極を入れて電気泳動を行う
と，A のミセルは ウ 側に移動する。

	ア	イ	ウ
①	分子コロイド	示 す	陽 極
②	分子コロイド	示 す	陰 極
③	分子コロイド	示さない	陽 極
④	分子コロイド	示さない	陰 極
⑤	会合コロイド	示 す	陽 極
⑥	会合コロイド	示 す	陰 極
⑦	会合コロイド	示さない	陽 極
⑧	会合コロイド	示さない	陰 極

2021年度：化学/本試験(第2日程) **27**

問 4 クロマトグラフィーに関する次の文章を読み，下の問い(**a・b**)に答えよ。

　シリカゲルを塗布したガラス板(薄層板)を用いる薄層クロマトグラフィーは，物質の分離に広く利用されている。この手法ではまず，分離したい物質の混合物の溶液を上記の薄層板につけて乾燥させる。その後，図1のように薄層板の一端を有機溶媒に浸すと，有機溶媒が薄層板を上昇する。この際，適切な有機溶媒を選択すると，主にシリカゲルへの吸着のしやすさの違いにより，混合物を分離できる。

　図1には，3種類の化合物A~Cを同じ物質量ずつ含む混合物の溶液をつけ，溶媒を蒸発させて取り除いた薄層板を2枚用意し，有機溶媒として薄層板1にはヘキサンを，また薄層板2にはヘキサンと酢酸エチルを体積比9：1で混合した溶媒(酢酸エチルを含むヘキサン)を用いて分離実験を行った結果を示している。

a　図1の実験結果とその考察に関する次の記述(**Ⅰ・Ⅱ**)について，正誤の組合せとして最も適当なものを，下の①~④のうちから一つ選べ。　　| 4 |

Ⅰ　Aの方がBよりもシリカゲルに吸着しやすい。
Ⅱ　BとCを分離するための有機溶媒としては，酢酸エチルを含むヘキサンが，ヘキサンよりも適している。

	Ⅰ	Ⅱ
①	正	正
②	正	誤
③	誤	正
④	誤	誤

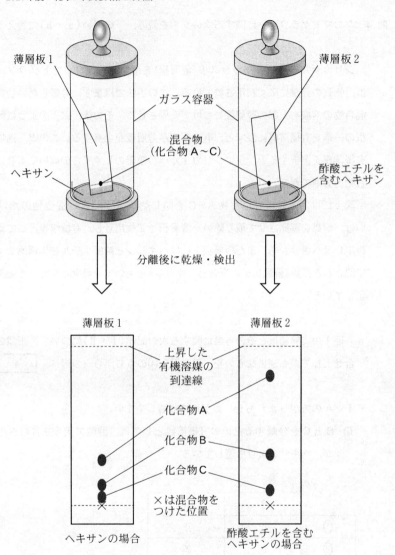

図1 薄層クロマトグラフィーによる混合物の分離実験

b 溶液中で化合物Dを反応させ，化合物Eの合成を行った。この反応溶液をXとする。反応の進行を確認するために，図2のように純粋なDの溶液，Eの溶液およびXの一部を薄層板に並列につけ，溶媒を蒸発させて取り除いた後，適切な有機溶媒を用いて分離実験を行った。反応開始直後，反応途中および反応終了後の結果は，図2(a)～(c)のようになった。ただし，分離実験中には反応が進行しないものとする。

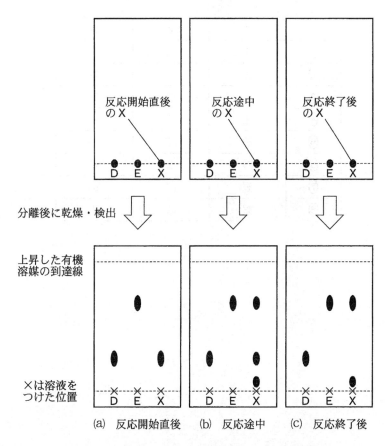

図2 薄層クロマトグラフィーによるXの分離実験

30 2021年度：化学/本試験(第2日程)

図2の実験結果とその考察に関する次の記述(Ⅰ～Ⅲ)について，正誤の組合せとして最も適当なものを，下の①～⑧のうちから一つ選べ。 5

Ⅰ 反応開始直後：Eの生成が確認できる。

Ⅱ 反応途中　　：Eの生成とDの残存が確認できる。

Ⅲ 反応終了後　：Eとは別の物質も生成したと考えられる。

	Ⅰ	Ⅱ	Ⅲ
①	正	正	正
②	正	正	誤
③	正	誤	正
④	正	誤	誤
⑤	誤	正	正
⑥	誤	正	誤
⑦	誤	誤	正
⑧	誤	誤	誤

第2問 次の問い(問1〜3)に答えよ。(配点 20)

問1 鉄の腐食は,鉄のイオン化によって引き起こされる。このため,橋脚などの鉄柱には鉄のイオン化を防ぐため,金属のイオン化傾向や電池の原理が応用されている。

図1に示した,Zn や Sn を用いた実験の装置 **ア〜エ** のうち,Fe がイオン化されにくい装置が二つある。その組合せとして最も適当なものを,下の **①〜⑥** のうちから一つ選べ。ただし,**ウ**,**エ** では食塩水中を流れる電流は微小であり,電気分解はほとんど起こらないものとする。 6

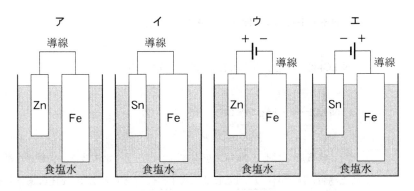

図1 鉄のイオン化を防ぐ実験の装置

① ア,イ ② ア,ウ ③ ア,エ
④ イ,ウ ⑤ イ,エ ⑥ ウ,エ

問 2 水溶液の緩衝作用に関する次の文章中の ア ～ ウ に当てはまる物質またはイオンとして最も適当なものを，下の①～⑨のうちから一つずつ選べ。

ア 7

イ 8

ウ 9

NH$_3$ は弱塩基で，水溶液中ではその一部が反応して，次のような電離平衡となる。

$$NH_3 + H_2O \rightleftharpoons NH_4^+ + OH^- \qquad (1)$$

NH$_4$Cl は，水溶液中ではほぼ完全に電離している。

$$NH_4Cl \longrightarrow NH_4^+ + Cl^- \qquad (2)$$

同じ物質量の NH$_3$ と NH$_4$Cl を両方溶かした混合水溶液に，少量の塩酸を加えた場合，H$^+$ が ア と反応して イ となるので，pH はあまり変化しない。また，少量の NaOH 水溶液を加えた場合には，OH$^-$ が イ と反応して ア と ウ を生成するので，この場合も pH はあまり変化しない。

① HCl　　② NaOH　　③ H$^+$　　④ Cl$^-$　　⑤ Na$^+$

⑥ OH$^-$　　⑦ NH$_3$　　⑧ H$_2$O　　⑨ NH$_4^+$

問 3　N₂ と H₂ から NH₃ が生成する反応

$$N_2(気) + 3H_2(気) \rightleftarrows 2NH_3(気) \quad (1)$$

について，次の問い（a～c）に答えよ。

a　式(1)の反応における反応熱，および結合エネルギーの関係を図 2 に示す。NH₃ 分子の N–H 結合 1 mol あたりの結合エネルギーは何 kJ か。最も適当な数値を，下の①～⑤のうちから一つ選べ。　10　kJ

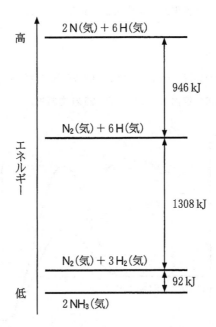

図 2　NH₃ の生成における反応熱，および結合エネルギーの関係

① 46　　② 391　　③ 782　　④ 1173　　⑤ 2346

b 式(1)の反応について文献を調べたところ，次の記述（**ア〜エ**）および図3に示すエネルギー変化が掲載されていた。これらと図2をもとに，この反応のしくみや触媒のはたらきに関する次ページの記述（Ⅰ〜Ⅲ）について，正誤の組合せとして最も適当なものを，次ページの①〜⑧のうちから一つ選べ。 11

文献調査のまとめ

触媒がないとき
ア　式(1)の反応は，いくつかの反応段階を経て進行する。
イ　正反応の活性化エネルギーは，234 kJ である。

触媒があるとき
ウ　式(1)の反応は，いくつかの反応段階を経て進行する。
エ　正反応の活性化エネルギーは，96 kJ である。

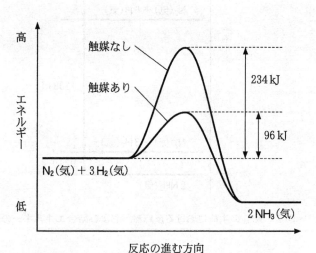

図3　NH₃ の生成反応におけるエネルギー変化

I 図 2 と図 3 より，N_2，H_2 分子の結合エネルギーと活性化エネルギーを比較すると，式(1)の反応は気体状態で次の反応段階を経ていないことがわかる。

$$N_2(気) \longrightarrow 2N(気) \qquad (2)$$
$$H_2(気) \longrightarrow 2H(気) \qquad (3)$$

II 図 3 より，触媒のあるときもないときも，逆反応の活性化エネルギーは正反応よりも大きいことがわかる。

III 図 3 より，反応熱の大きさは，触媒の有無にかかわらず，変わらないことがわかる。

	I	II	III
①	正	正	正
②	正	正	誤
③	正	誤	正
④	正	誤	誤
⑤	誤	正	正
⑥	誤	正	誤
⑦	誤	誤	正
⑧	誤	誤	誤

c N₂とその3倍の物質量のH₂を混合して，500℃で平衡状態にしたときの全圧とNH₃の体積百分率(生成率)の関係を図4に示す。触媒を入れた容積一定の反応容器にN₂ 0.70 mol，H₂ 2.10 molを入れて500℃に保ったところ平衡に達し，全圧が5.8×10^7 Paになった。このとき，生成したNH₃の物質量は何molか。最も適当な数値を，下の①〜⑤のうちから一つ選べ。

　12　 mol

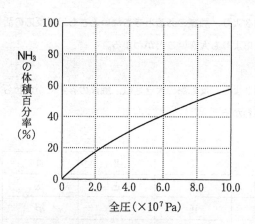

図4　500℃における平衡状態での全圧と
　　　NH₃の体積百分率の関係

① 0.40　　　　　② 0.80　　　　　③ 1.10
④ 1.40　　　　　⑤ 2.80

2021年度：化学/本試験（第2日程）　37

第3問　次の問い（**問1～4**）に答えよ。（配点　20）

問1　金属元素とその用途に関する記述として**誤りを含むもの**はどれか。最も適当なものを，次の①～④のうちから一つ選べ。　13

①　第4周期の遷移金属元素の原子がもつ最外殻電子数は，1または2である。

②　銅は，金や白金と同様，天然に単体として発見されることがある。

③　リチウムイオン電池とリチウム電池は，ともに一次電池である。

④　銀鏡反応を応用すると，ガラスなどの金属以外のものにもめっきすることができる。

問2　AlとFeの混合物2.04 gに，十分な量のNaOH水溶液を加えたところ，3.00×10^{-2} molのH_2が生じた。混合物に含まれていたFeの質量は何gか。最も適当な数値を，次の①～⑤のうちから一つ選べ。　14　g

①　1.23　　　　②　1.50　　　　③　1.64
④　1.77　　　　⑤　1.91

問 3 Ag$^+$, Ba^{2+}, Mn^{2+} を含む酸性水溶液に, KI 水溶液, K$_2$SO$_4$ 水溶液, NaOH 水溶液を適切な順序で加えて, それぞれの陽イオンを別々の沈殿として分離したい。表 1 に, 関連する化合物の水への溶解性を, また図 1 に実験操作の手順を示す。図 1 の**操作 1 〜 3** で加える水溶液の順序を表 2 の**ア〜エ**とするとき, Ag$^+$, Ba^{2+}, Mn^{2+} を別々の沈殿として**分離できない**ものはどれか。最も適当なものを, 次ページの①〜④のうちから一つ選べ。| 15 |

表 1 化合物の水への溶解性 ○:溶ける, ×:溶けにくい

AgI ×	Ag$_2$SO$_4$ ○	Ag$_2$O ×
BaI$_2$ ○	BaSO$_4$ ×	Ba(OH)$_2$ ○
MnI$_2$ ○	MnSO$_4$ ○	Mn(OH)$_2$ ×

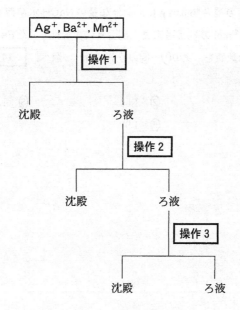

図 1 陽イオンを分離する手順

2021年度：化学/本試験(第2日程) **39**

表 2　**操作 1 ～ 3 で加える水溶液の順序**

	操作 1	⟶	操作 2	⟶	操作 3
ア	KI 水溶液	⟶	K_2SO_4 水溶液	⟶	NaOH 水溶液
イ	KI 水溶液	⟶	NaOH 水溶液	⟶	K_2SO_4 水溶液
ウ	K_2SO_4 水溶液	⟶	KI 水溶液	⟶	NaOH 水溶液
エ	K_2SO_4 水溶液	⟶	NaOH 水溶液	⟶	KI 水溶液

① ア　　　② イ　　　③ ウ　　　④ エ

40 2021年度：化学/本試験（第2日程）

問 4 二酸化硫黄 SO_2 を溶かした水溶液の性質を調べた次の**実験**に関連して，下の問い（**a・b**）に答えよ。

実験 SO_2 を水に通じて得た水溶液Aに試薬Bを加えると，無色透明の溶液が得られた。このことから，水溶液Aが還元作用をもつことがわかった。

a **実験**で用いた試薬Bとして最も適当なものを，次の①～④のうちから一つ選べ。 16

① ヨウ素溶液（ヨウ素ヨウ化カリウム水溶液）
② アルカリ性のフェノールフタレイン水溶液
③ 硫酸鉄（Ⅱ）水溶液
④ 硫化水素水（硫化水素水溶液）

b　SO_2 を溶かした水溶液の電離平衡を考える。次の式(1)と(2)に示すように，SO_2 は2段階で電離する。

$$SO_2 + H_2O \rightleftharpoons H^+ + HSO_3^- \qquad (1)$$
$$HSO_3^- \rightleftharpoons H^+ + SO_3^{2-} \qquad (2)$$

これらの電離に対する平衡定数(電離定数)を K_1 と K_2 とすると，式(3)と(4)のようになる。

$$K_1 = \frac{[H^+][HSO_3^-]}{[SO_2]} = 1.2 \times 10^{-2}\,\text{mol/L} \qquad (3)$$

$$K_2 = \frac{[H^+][SO_3^{2-}]}{[HSO_3^-]} = 6.6 \times 10^{-8}\,\text{mol/L} \qquad (4)$$

SO_2 の電離が平衡に達したときの $[SO_2]$ を $8.3 \times 10^{-3}\,\text{mol/L}$，$[H^+]$ を $0.010\,\text{mol/L}$ とすると，$[SO_3^{2-}]$ は何 mol/L か。最も適当な数値を，次の①～⑤のうちから一つ選べ。　| 17 | mol/L

①　5.5×10^{-6} 　　　②　5.5×10^{-8} 　　　③　6.6×10^{-8}

④　6.6×10^{-10} 　　　⑤　9.5×10^{-12}

42 2021年度：化学/本試験(第2日程)

第4問 次の問い(問1～5)に答えよ。(配点 20)

問1 アルデヒドやケトンに関する記述として**誤りを含むもの**はどれか。最も適当なものを，次の①～④のうちから一つ選べ。 18

① アセトンは，フェーリング液を還元する。

② アセトンにヨウ素と水酸化ナトリウム水溶液を加えて反応させると，ヨードホルムが生じる。

③ アセトアルデヒドは，工業的には，触媒を用いたエテン(エチレン)の酸化によりつくられている。

④ ホルムアルデヒドは，常温・常圧で気体であり，水によく溶ける。

問2 分子式 $C_4H_{10}O$ で表される化合物には，鏡像異性体(光学異性体)も含めて8個の異性体が存在する。このうち，ナトリウムと反応する異性体はいくつあるか。正しい数を，次の①～⑨のうちから一つ選べ。 19

① 1   ② 2   ③ 3   ④ 4   ⑤ 5
⑥ 6   ⑦ 7   ⑧ 8   ⑨ 0

問3 フェノール，サリチル酸および関連する化合物に関する次の問い（a・b）に答えよ。

a 図1にベンゼンからサリチル酸を合成する経路を示す。化合物 A～C に当てはまる化合物として最も適当なものを，それぞれ次ページの①～⑥のうちから一つずつ選べ。

化合物A 20
化合物B 21
化合物C 22

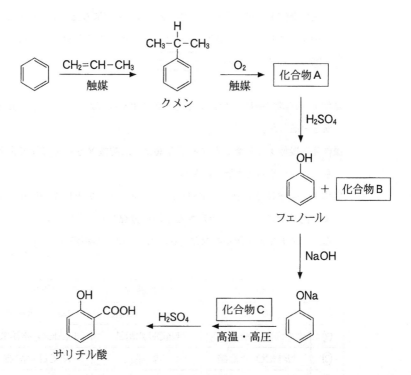

図1 ベンゼンからサリチル酸を合成する経路

①
$$CH_3-\overset{\overset{\displaystyle OH}{|}}{\underset{|}{C}}-CH_3$$
(フェニル基付き)

②
$$CH_3-\overset{\overset{\displaystyle OOH}{|}}{\underset{|}{C}}-CH_3$$
(フェニル基付き)

③
$$CH_3-\overset{\overset{\displaystyle OH}{|}}{CH}-CH_3$$

④
$$CH_3-\overset{\overset{\displaystyle O}{\parallel}}{C}-CH_3$$

⑤ CO_2

⑥ CO

b　フェノール，サリチル酸，クメンを含むジエチルエーテル溶液(試料溶液)に，次の**操作Ⅰ～Ⅲ**を行うと，フェノールのみを取り出すことができた。これらの操作で用いた水溶液 **X～Z** の組合せとして最も適当なものを，下の①～⑥のうちから一つ選べ。 23

操作Ⅰ　試料溶液に，水溶液 **X** を加えてよく混ぜたのち，エーテル層と水層を分離した。

操作Ⅱ　操作Ⅰで分離したエーテル層に，水溶液 **Y** を加えてよく混ぜたのち，エーテル層と水層を分離した。

操作Ⅲ　操作Ⅱで分離した水層に，水溶液 **Z** とジエチルエーテルを加えてよく混ぜたのち，エーテル層と水層を分離した。分離したエーテル層から，ジエチルエーテルを蒸発させるとフェノールが残った。

	水溶液 X	水溶液 Y	水溶液 Z
①	塩　酸	NaHCO₃ 水溶液	NaOH 水溶液
②	塩　酸	NaOH 水溶液	NaHCO₃ 水溶液
③	NaHCO₃ 水溶液	塩　酸	NaOH 水溶液
④	NaHCO₃ 水溶液	NaOH 水溶液	塩　酸
⑤	NaOH 水溶液	NaHCO₃ 水溶液	塩　酸
⑥	NaOH 水溶液	塩　酸	NaHCO₃ 水溶液

問4 図2に示すビニル基をもつ化合物Aを，単量体（モノマー）として付加重合させた。0.130 mol のAがすべて反応し，平均分子量 2.73×10^4 の高分子化合物Bが 5.46 g 得られた。Bの平均重合度（重合度の平均値）として最も適当なものを，下の①〜④のうちから一つ選べ。ただし，Aの構造式中のXは，重合反応に関係しない原子団である。　24

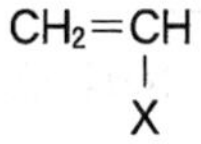

図2　化合物Aの構造式

① 42　　　　② 65　　　　③ 420　　　　④ 650

問5 タンパク質およびタンパク質を構成するアミノ酸に関する記述として下線部に**誤りを含むもの**を，次の①〜④のうちから一つ選べ。　25

① 分子中の同じ炭素原子にアミノ基とカルボキシ基が結合しているアミノ酸を，α-アミノ酸という。
② アミノ酸の結晶は，分子量が同程度のカルボン酸やアミンと比べて，融点の高いものが多い。
③ グリシンとアラニンからできる鎖状のジペプチドは1種類である。
④ 水溶性のタンパク質が溶解したコロイド溶液に多量の電解質を加えると，水和している水分子が奪われ，コロイド粒子どうしが凝集して沈殿する。

46 2021年度：化学/本試験（第2日程）

第5問 水に溶かすと泡の出る入浴剤に関する下の問い（問1・問2）に答えよ。
（配点 20）

図1の成分を含む入浴剤を水に溶かすと二酸化炭素が発生する。この入浴剤を**試料X**として，**試料X**に含まれている物質の量を求めたい。

炭酸水素ナトリウム $NaHCO_3$　　　式量　　84

炭酸ナトリウム Na_2CO_3　　　　式量　　106

コハク酸 $HOOC(CH_2)_2COOH$　　分子量　118

コハク酸以外の有機化合物

図1 入浴剤（**試料X**）の成分

問1 **試料X** 10.00 g に含まれる $NaHCO_3$ の物質量 x(mol) と Na_2CO_3 の物質量 y(mol) を求めるために，**実験 I・II** を行った。これらの**実験**に関する次ページの問い（**a・b**）に答えよ。ただし，この試料に含まれているコハク酸以外の有機化合物は，中和反応に関係せず，Na を含まないものとする。

実験 I 10.00 g の**試料X**に塩酸を十分に加えると，次の中和反応が起きて 3.30 g の CO_2 が発生した。

$$NaHCO_3 + HCl \longrightarrow NaCl + H_2O + CO_2 \qquad (1)$$

$$Na_2CO_3 + 2HCl \longrightarrow 2NaCl + H_2O + CO_2 \qquad (2)$$

実験Ⅱ 10.00 g の**試料 X** を二酸化ケイ素 SiO_2 とともに加熱したところ，次の反応が起きて，Na_2O（式量 62）を 3.10 g 含むガラスが得られた。

$$2\,NaHCO_3 \longrightarrow Na_2O + H_2O + 2\,CO_2 \qquad (3)$$
$$Na_2CO_3 \longrightarrow Na_2O + CO_2 \qquad (4)$$

実験Ⅰより，$NaHCO_3$ と Na_2CO_3 それぞれの物質量 x と y の関係式は，$x + y = 0.0750$ となる。また，**実験Ⅱ**より x と y の関係式をもう一つ導くことができる。

a **実験Ⅱ**の結果より得られる関係式として最も適当なものを，次の①〜④のうちから一つ選べ。 26

① $x + 2y = 0.0500$ ② $x + 2y = 0.100$

③ $2x + y = 0.0500$ ④ $2x + y = 0.100$

b **実験Ⅰ・Ⅱ**の結果より，10.00 g の**試料 X** に含まれていた $NaHCO_3$ の質量は何 g か。その数値を，小数第 1 位まで次の形式で表すとき，それぞれに当てはまる数字を，次の①〜⓪のうちから一つずつ選べ。ただし，同じものを繰り返し選んでもよい。 27 . 28 g

① 1   ② 2   ③ 3   ④ 4   ⑤ 5

⑥ 6   ⑦ 7   ⑧ 8   ⑨ 9   ⓪ 0

問 2 入浴剤中のコハク酸に関する次の文章を読み，次ページの問い（a～c）に答えよ。

図2に水酸化ナトリウム NaOH 水溶液によるコハク酸水溶液の滴定曲線の例を示す。コハク酸は2価のカルボン酸であるが，1段階目と2段階目の電離定数が同程度であるため，滴定曲線は2段階とならず，見かけ上，1段階となる。

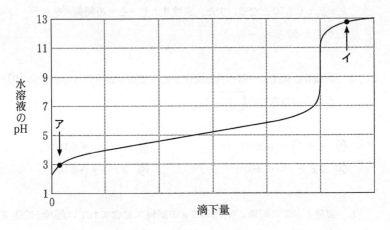

図2　コハク酸水溶液の NaOH 水溶液による中和滴定曲線

このことを踏まえて，**試料 X** に含まれるコハク酸の量を求めるために，次の**実験Ⅲ**を行った。ただし，この試料に含まれているコハク酸以外の有機化合物は，中和反応に関係しないものとする。

実験Ⅲ　10.00 g の**試料 X** に(a)塩酸を十分に加えて，**問 1** の式(1)・(2)の反応を完了させて水溶液を得た。コハク酸が分解しない温度でこの水溶液を加熱し，乾燥したのち，(b)水を加えてさらに加熱・乾燥することを繰り返して塩化水素を除去し，NaCl とコハク酸を含む固体を得た。この固体に(c)水を加えて溶かし，**水溶液 Y** を得た。
次に，(d)1.00 mol/L の NaOH 水溶液を調製し，これによりフェノールフタレインを指示薬として**水溶液 Y** の中和滴定を行った。

2021年度：化学/本試験(第2日程)　49

a　図2の点**ア・イ**において，コハク酸は主にどのような形で存在している
か。コハク酸イオン($^-OOC(CH_2)_2COO^-$)を A^{2-} と表したとき，それぞれ
の形として最も適当なものを，次の①～④のうちから一つずつ選べ。

ア 　29

イ 　30

①　H_3A^+　　　　②　H_2A　　　　③　HA^-　　　　④　A^{2-}

b　水溶液 Y と 1.00 mol/L の NaOH 水溶液 50.00 mL が過不足なく中和した
とき，10.00 g の**試料 X** に含まれていたコハク酸の質量は何 g か。最も適当
な数値を，次の①～⑤のうちから一つ選べ。　31　g

①　1.00　　　　　②　1.48　　　　　③　2.95

④　4.43　　　　　⑤　5.90

c　**実験Ⅲ**を何度か行ったとき，コハク酸の質量が正しい値よりも小さく求ま
ることがあった。そのようになった原因として考えられることを，次の①～
④のうちから一つ選べ。　32

①　下線部(a)で，加えた塩酸の量が十分でなく，$NaHCO_3$ や Na_2CO_3 が
残っていた。

②　下線部(b)で，繰り返しの回数が少なく，塩化水素が残っていた。

③　下線部(c)で，加えた水の量が，正しく求まったときよりも多かった。

④　下線部(d)で，実際に用いた NaOH 水溶液の濃度が 1.00 mol/L よりも低
いことに気づかずに滴定した。

共通テスト
第2回 試行調査

化学

第2回
試 行

解答時間 60 分
配点 100 点

化 学
（全 問 必 答）

必要があれば，原子量は次の値を使うこと。
　H　1.0　　　　C　12　　　　N　14　　　　O　16

気体は，実在気体とことわりがない限り，理想気体として扱うものとする。

第1問　次の文章（A～C）を読み，問い（問1～7）に答えよ。
〔解答番号　1　～　9　〕（配点　26）

A　カセットコンロ用のガスボンベ（カセットボンベ）は，図1のような構造をしており，アルカン X が燃料として加圧，封入されている。気体になった燃料は L 字に曲げられた管を通して，吹き出し口から噴出するようになっている。

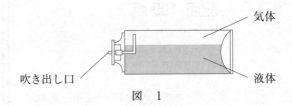

図　1

表1に，5種類のアルカン（ア～オ）の分子量と性質を示す。ただし，燃焼熱は生成する H_2O が液体である場合の数値である。

表1　アルカンの分子量と性質

アルカン	分子量	1.013×10^5 Pa における沸点〔℃〕	燃焼熱〔kJ/mol〕	20℃における蒸気圧〔Pa〕
ア	16	−161	891	2.4×10^7
イ	30	−89	1561	3.5×10^6
ウ	44	−42	2219	8.3×10^5
エ	58	−0.5	2878	2.1×10^5
オ	72	36	3536	5.7×10^4

第 2 回 試行調査：化学　**3**

問 1　カセットボンベの燃料としては，次の条件（**a・b**）を満たすことが望ましい。

　　a　20 ℃，1.013×10^5 Pa 付近において気体であり，加圧により液体になりやすい。

　　b　容器の変形や破裂を防ぐため，蒸気圧が低い。

　　ア〜オのうち，常温・常圧でカセットボンベを使用するとき，燃料として最も適当なアルカン **X** はどれか。次の**①〜⑤**のうちから一つ選べ。　| 1 |

　　①　ア　　　　**②　イ**　　　　**③　ウ**　　　　**④　エ**　　　　**⑤　オ**

問 2　前問で選んだアルカン **X** の生成熱は何 kJ/mol になるか。次の熱化学方程式を用いて求めよ。

$$C（黒鉛）+ O_2（気）= CO_2（気）+ 394\ kJ$$
$$H_2（気）+ \frac{1}{2}O_2（気）= H_2O（液）+ 286\ kJ$$

　　X の生成熱の値を有効数字 2 桁で次の形式で表すとき，| 2 | 〜 | 4 | に当てはまる数字を，下の**①〜⓪**のうちから一つずつ選べ。ただし，同じものを繰り返し選んでもよい。

$$\boxed{2}\ .\ \boxed{3} \times 10^{\boxed{4}}\ kJ/mol$$

　　①　1　　　　**②**　2　　　　**③**　3　　　　**④**　4　　　　**⑤**　5
　　⑥　6　　　　**⑦**　7　　　　**⑧**　8　　　　**⑨**　9　　　　**⓪**　0

B 分子Aが分子Bに変化する反応があり、その化学反応式はA ⟶ Bで表される。1.00 mol/LのAの溶液に触媒を加えて、この反応を開始させ、1分ごとのAの濃度を測定したところ、表2に示す結果が得られた。ただし、測定中は温度が一定で、B以外の生成物はなかったものとする。

表2 Aの濃度と反応速度の時間変化

時間〔min〕	0	1	2	3	4
Aの濃度〔mol/L〕	1.00	0.60	0.36	0.22	0.14
Aの平均濃度 $\overline{c}$〔mol/L〕		0.80	[　]	0.29	[　]
平均の反応速度 $\overline{v}$〔mol/(L·min)〕		[　]	0.24	0.14	0.08

問3 Bの濃度は時間の経過とともにどのように変わるか。Bの濃度変化のグラフとして最も適当なものを、次の①〜⑥のうちから一つ選べ。 5

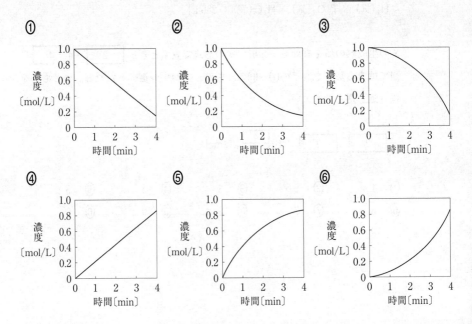

問 4　表2の空欄[　]を補うと，平均濃度 $\overline{c}$ と平均の反応速度 $\overline{v}$ の間には，次の式で表される関係があることがわかった。

$$\overline{v} = k\overline{c}$$

ここで，k は反応速度定数(速度定数)である。この温度での k の値として最も適当なものを，次の①～⑥のうちから一つ選べ。なお，必要があれば，下の方眼紙を使うこと。　6 　/min

① 0.008　　② 0.03　　③ 0.08　　④ 0.3
⑤ 0.5　　　⑥ 2

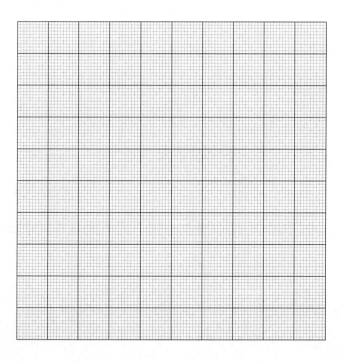

6 第2回 試行調査：化学

C 次の問いに答えよ。

問5 互いに同位体である原子どうしで**異なるもの**を，次の①〜⑤のうちから一つ選べ。 7

① 原子番号 ② 陽子の数 ③ 中性子の数
④ 電子の数 ⑤ 価電子の数

問 6 原子のイオン化エネルギー(第一イオン化エネルギー)が原子番号とともに変化する様子を示す図として最も適当なものを，次の①〜⑥のうちから一つ選べ。 8

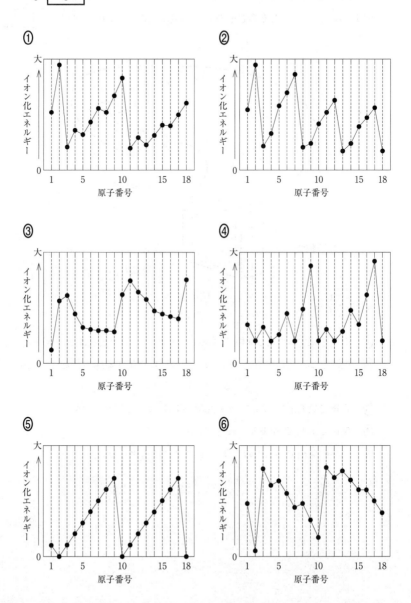

問7 図2に示すように，0.3 mol/Lの硫酸銅(Ⅱ)$CuSO_4$水溶液を入れた容器の中で，2枚の銅板を電極とし，起電力1.5 Vの乾電池を用いて一定の電流 I〔A〕を時間 t〔秒〕流したところ，一方の電極上に銅が m〔g〕析出した。この実験に関する記述として**誤りを含むもの**を，下の①～⑤のうちから一つ選べ。 9

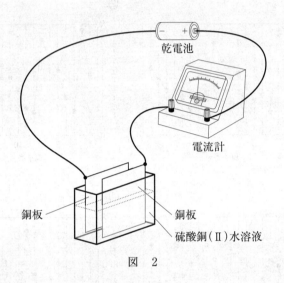

図 2

① 電流を流す時間を $2t$〔秒〕にすると，析出する銅の質量は $2m$〔g〕になる。
② 電流を $2I$〔A〕にすると，時間 t〔秒〕の間に析出する銅の質量は $2m$〔g〕になる。
③ 陰極では $Cu^{2+} + 2e^- \longrightarrow Cu$ の反応によって銅が析出する。
④ 陽極では H_2O が還元されて H_2 が発生する。
⑤ 実験の前後で溶液中の SO_4^{2-} の物質量は変化しない。

第2回 試行調査：化学 **9**

第2問 次の文章（A・B）を読み，問い（**問1～6**）に答えよ。

〔解答番号 $\boxed{1}$ ～ $\boxed{7}$ 〕（配点 20）

A 二硫化炭素 CS_2 を空気中で燃焼させると，式(1)のように反応した。

$$CS_2 + 3\,O_2 \longrightarrow \boxed{\text{ア}} + 2\,\boxed{\text{イ}} \tag{1}$$

この生成物イは，(a)亜硫酸ナトリウムと希硫酸との反応でも生成する。

また，CS_2 を水とともに 150 ℃ 以上に加熱すると，式(2)の反応が起こる。

$$CS_2 + 2\,H_2O \longrightarrow CO_2 + 2\,H_2S \tag{2}$$

式(2)の反応では，各原子の酸化数が変化しないので，これは酸化還元反応ではない。

問1 式(1)の $\boxed{\text{ア}}$，$\boxed{\text{イ}}$ に当てはまる化学式として最も適当なものを，次の①～⑥のうちからそれぞれ一つずつ選べ。ア $\boxed{1}$ イ $\boxed{2}$

① C   ② CO   ③ CO_2

④ S   ⑤ SO_2 ⑥ SO_3

問2 下線部(a)の反応で、イを発生させて捕集するための装置として最も適当なものを、次の①〜⑥のうちから一つ選べ。 3

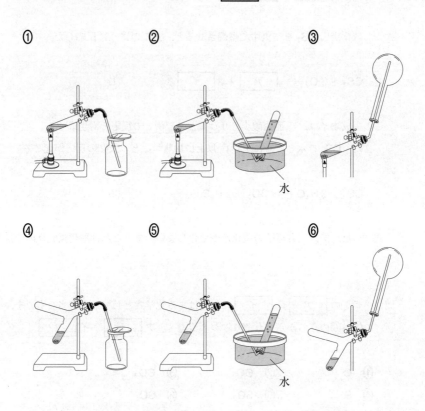

問3 式(2)の反応と同様に、**酸化還元反応でないもの**を、次の①〜④のうちから一つ選べ。 4

① $2\,Na + 2\,H_2O \longrightarrow 2\,NaOH + H_2$

② $CaO + H_2O \longrightarrow Ca(OH)_2$

③ $3\,NO_2 + H_2O \longrightarrow 2\,HNO_3 + NO$

④ $CO + H_2O \longrightarrow H_2 + CO_2$

B ハロゲン化銀のうち，AgF は水に溶け，AgI はほとんど水に溶けないという
ことに興味をもった生徒が図書館で資料を調べたところ，次のことがわかった。

　一般に，(b)イオン半径は，原子核の正電荷の大きさと電子の数に依存する。
また，イオン半径が大きなイオンでは，原子核から遠い位置にも電子があるの
で，反対の電荷をもつイオンと結合するとき電荷の偏りが起こりやすい。この
ような電荷の偏りの起こりやすさでイオンを分類すると，表1のようになる。

表1　イオンにおける電荷の偏りの起こりやすさ

	偏りが起こりにくい	中間	偏りが起こりやすい
陽イオン	Mg^{2+}，Al^{3+}，Ca^{2+}	Fe^{2+}，Cu^{2+}	Ag^+
陰イオン	OH^-，F^-，SO_4^{2-}，O^{2-}	Br^-	S^{2-}，I^-

　イオンどうしの結合は，陽イオンと陰イオンの間にはたらく強い　ウ　に
加えて，この電荷の偏りの効果によっても強くなる。経験則として，陽イオン
と陰イオンは，電荷の偏りの起こりやすいイオンどうし，もしくは起こりにく
いイオンどうしだと強く結合する傾向がある。そのため，水和などの影響が小
さい場合，(c)化合物を構成するイオンの電荷の偏りの起こりやすさが同程度
であるほど，その化合物は水に溶けにくくなる。たとえば Ag^+ は電荷の偏り
が起こりやすいので，電荷の偏りが起こりやすい I^- とは水に溶けにくい化合
物 AgI をつくり，偏りの起こりにくい F^- とは水に溶けやすい化合物 AgF を
つくる。

　このような電荷の偏りの起こりやすさにもとづく考え方で，化学におけるさ
まざまな現象を説明することができる。ただし，他の要因のために説明できな
い場合もあるので注意が必要である。

12 第2回 試行調査：化学

問4 下線部(b)に関連して，同じ電子配置であるイオンのうち，イオン半径の最も
大きなものを，次の①～④のうちから一つ選べ。　　5

① O^{2-} 　　　② F^- 　　　③ Mg^{2+} 　　　④ Al^{3+}

問5 　ウ　に当てはまる語として最も適当なものを，次の①～⑤のうちから一
つ選べ。　6

① ファンデルワールス力 　　　② 電子親和力
③ 水素結合 　　　　　　　　　④ 静電気力（クーロン力）
⑤ 金属結合

問6 溶解性に関する事実を述べた記述のうち，下線部(c)のような考え方では**説明
することができないもの**を，次の①～④のうちから一つ選べ。　　7

① フッ化マグネシウムとフッ化カルシウムは，ともに水に溶けにくい。
② Al^{3+} を含む酸性水溶液に硫化水素を通じた後に塩基性にしていくと，水
酸化アルミニウムの沈殿が生成する。
③ ヨウ化銀と同様に硫化銀は水に溶けにくい。
④ 硫酸銅（Ⅱ）と硫酸マグネシウムは，ともに水によく溶ける。

第 2 回 試行調査：化学　**13**

第3問 次の文章（A・B）を読み，問い（問1〜6）に答えよ。
〔解答番号 | 1 | 〜 | 7 | 〕（配点　20）

A　20世紀後半ごろからエネルギー源の主役が石炭から石油にかわった。それに伴って有機化学工業の原料も，石炭由来の化合物 A から，石油由来の化合物 B やプロペン（プロピレン）にかわっていった。たとえば，アセトアルデヒドは，以前は式(1)の反応で，触媒の存在下で A に水を付加してつくられていた。

$$\boxed{A} + H_2O \longrightarrow CH_3CHO \qquad (1)$$

現在は式(2)の反応で，触媒の存在下で B を酸化してつくられている。

$$2\boxed{B} + O_2 \longrightarrow 2\,CH_3CHO \qquad (2)$$

式(2)の反応で用いる触媒と同じ触媒を使った式(3)で示すプロペンの酸化反応では，主に化合物 C が生成し，アルデヒド D はほとんど生成しない。

$$2\,CH_2{=}CH{-}CH_3 + O_2 \longrightarrow 2\,\boxed{C} \qquad (3)$$

C と D は互いに構造異性体の関係にあり，どちらもカルボニル基 $>$C=O をもっている。

　有機化合物を合成するときの炭素源を，石油から天然ガスにかえる動きもある。天然ガスに含まれるメタン CH_4 や，天然ガスからつくられる合成ガスに含まれる一酸化炭素 CO のような，炭素数1の化合物を原料にした有機工業化学を Ｃ１化学という。たとえば，触媒の存在下で CO と水素 H_2 を反応させると化合物 E ができる。さらに E を触媒の存在下で CO と反応させると式(4)のように化合物 F が生成する。F は，アセトアルデヒドの酸化によっても生成する。

$$\boxed{E} + CO \longrightarrow \boxed{F} \qquad (4)$$

14 第2回 試行調査：化学

問 1 AとBに関する記述として**誤りを含むもの**を，次の①～⑤のうちから一つ選べ。 1

① 炭素原子間の距離は，AよりBのほうが短い。

② Aを臭素水に吹き込むと，臭素の色が消える。

③ Aを構成する原子は，すべて同一直線上にある。

④ Bは常温・常圧で気体である。

⑤ Bは付加重合によって，高分子化合物になる。

問 2 CとDに関する記述として**誤りを含むもの**を，次の①～⑤のうちから一つ選べ。 2

① Cはヨードホルム反応を示す。

② 酢酸カルシウムを乾留(熱分解)するとCが生成する。

③ クメン法ではフェノールとともにCが生成する。

④ Dはフェーリング液を還元する。

⑤ 硫酸酸性の二クロム酸カリウム水溶液で2-プロパノールを酸化するとDが生成する。

問 3 EとFに当てはまる化学式として最も適当なものを，次の①～⑥のうちからそれぞれ一つずつ選べ。E 3 F 4

① CH_3OH ② C_2H_5OH ③ $HCOOH$

④ CH_3COOH ⑤ C_2H_5COOH ⑥ $HCOOCH_3$

B　学校の授業でアニリンと無水酢酸からアセトアニリドをつくった生徒が，この反応を応用すれば，p-アミノフェノールと無水酢酸からかぜ薬の成分であるアセトアミノフェンが合成できるのではないかと考え，理科課題研究のテーマとした。

p-アミノフェノール	無水酢酸		アセトアミノフェン	酢酸
分子量 109	分子量 102		分子量 151	分子量 60

以下は，この生徒の研究の経過である。

---

　p-アミノフェノールの性質を調べたところ，次のことがわかった。

・塩酸に溶ける。

・塩化鉄(Ⅲ)水溶液，さらし粉水溶液のいずれでも呈色する。

そこで，p-アミノフェノール 2.18 g に無水酢酸 5.00 g を加え，加熱後室温に戻したところ，白色固体 X が得られた。(a)X は塩酸に不溶であったが，呈色反応を調べたところ，アセトアミノフェンではないと気づいた。

文献を調べると，水を加えて反応させるとよい，との情報が得られた。

そこで，p-アミノフェノール 2.18 g に水 20 mL と無水酢酸 5.00 g を加えて加熱後室温に戻したところ，塩酸に不溶の白色固体 Y が得られた。(b)Y の呈色反応の結果から，今度はアセトアミノフェンが得られたと考えた。融点を測定すると，文献の値より少し低かった。これは Y が不純物を含むためだと考え，Y を精製することにした。(c)Y に水を加えて加熱して完全に溶かし，ゆっくりと室温に戻して析出した固体をろ過，乾燥した。得られた固体 Z は 1.51 g であった。Z の融点は文献の値と一致した。以上のことから，Z は純粋なアセトアミノフェンであると結論づけた。

16　第2回 試行調査：化学

問4 下線部(a)と下線部(b)に関連して，この生徒はどのような呈色反応を観察した
か。その観察結果の組合せとして最も適当なものを，次の①〜⑥のうちから一
つ選べ。ただし，選択肢中の○は呈色したことを，×は呈色しなかったことを
表す。　5

| | 固体 X の呈色反応 | | 固体 Y の呈色反応 | |
	塩化鉄(Ⅲ)	さらし粉	塩化鉄(Ⅲ)	さらし粉
①	○	×	×	×
②	○	×	×	○
③	×	○	×	×
④	×	○	○	×
⑤	×	×	○	×
⑥	×	×	×	○

問5 化学反応では，反応物がすべて目的の生成物になるとは限らない。反応物の
物質量と反応式から計算して求めた生成物の物質量に対する，実際に得られた
生成物の物質量の割合を収率といい，ここでは次の式で求められる。

$$収率〔\%〕 = \frac{実際に得られたアセトアミノフェンの物質量〔mol〕}{反応式から計算して求めたアセトアミノフェンの物質量〔mol〕} \times 100$$

この実験で得られた純粋なアセトアミノフェンの収率は何％か。最も適当な数
値を，次の①〜⑤のうちから一つ選べ。　6　％

① 34　　　　② 41　　　　③ 50　　　　④ 69　　　　⑤ 72

第 2 回 試行調査：化学　**17**

問 6　下線部(c)の操作の名称と，固体 Z に比べて固体 Y の融点が低かったことに
関連する語の組合せとして最も適当なものを，次の①～⑥のうちから一つ選
べ。　7

	操作の名称	関連する語
①	凝析	過冷却
②	凝析	凝固点降下
③	抽出	過冷却
④	抽出	凝固点降下
⑤	再結晶	過冷却
⑥	再結晶	凝固点降下

第4問 次の文章を読み、問い(問1〜4)に答えよ。
〔解答番号 [1] 〜 [6] 〕(配点 19)

私たちが暮らす地球の大気には二酸化炭素 CO_2 が含まれている。(a)CO_2 が水に溶けると、その一部が炭酸 H_2CO_3 になる。

$$CO_2 + H_2O \rightleftharpoons H_2CO_3$$

このとき、H_2CO_3、炭酸水素イオン HCO_3^-、炭酸イオン CO_3^{2-} の間に式(1)、(2)のような電離平衡が成り立っている。ここで、式(1)、(2)における電離定数をそれぞれ K_1、K_2 とする。

$$H_2CO_3 \rightleftharpoons H^+ + HCO_3^- \quad (1)$$
$$HCO_3^- \rightleftharpoons H^+ + CO_3^{2-} \quad (2)$$

式(1)、(2)が H^+ を含むことから、水中の H_2CO_3、HCO_3^-、CO_3^{2-} の割合は pH に依存し、pH を変化させると図1のようになる。

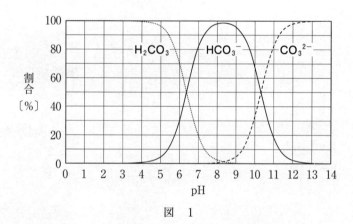

図 1

一方、海水は地殻由来の無機塩が溶けているため、弱塩基性を保っている。しかし、産業革命後は、人口の急増や化石燃料の多用で増加した CO_2 の一部が海水に溶けることによって、(b)海水の pH は徐々に低下しつつある。

宇宙に目を向ければ、(c)ある惑星では大気のほとんどが CO_2 で、大気圧はほぼ 600 Pa、表面温度は最高で 20 ℃、最低で －140 ℃ に達する。

問 1 下線部(a)に関連して、25 ℃、1.0×10^5 Pa の地球の大気と接している水 1.0 L に溶ける CO_2 の物質量は何 mol か。最も適当な数値を、次の①〜⑤のうちから一つ選べ。ただし、CO_2 の水への溶解はヘンリーの法則のみに従い、25 ℃、1.0×10^5 Pa の CO_2 は水 1.0 L に 0.033 mol 溶けるものとする。また、地球の大気は CO_2 を体積で 0.040 % 含むものとする。 ☐1☐ mol

① 3.3×10^{-2}　　② 1.3×10^{-3}　　③ 6.5×10^{-4}

④ 1.3×10^{-5}　　⑤ 6.5×10^{-6}

問 2 式(2)における電離定数 K_2 に関する次の問い(**a** ・ **b**)に答えよ。

a 電離定数 K_2 を次の式(3)で表すとき、☐2☐ と ☐3☐ に当てはまる最も適当なものを、下の①〜⑤のうちからそれぞれ一つずつ選べ。

$$K_2 = [H^+] \times \frac{\boxed{2}}{\boxed{3}} \qquad (3)$$

① $[H^+]$　　② $[HCO_3^-]$　　③ $[CO_3^{2-}]$

④ $[HCO_3^-]^2$　　⑤ $[CO_3^{2-}]^2$

b 電離定数の値は数桁にわたるので、K_2 の対数をとって $pK_2 (= -\log_{10} K_2)$ として表すことがある。式(3)を変形した次の式(4)と図 1 を参考に、pK_2 の値を求めると、およそいくらになるか。最も適当な数値を、下の①〜⑤のうちから一つ選べ。 ☐4☐

$$-\log_{10} K_2 = -\log_{10}[H^+] - \log_{10} \frac{\boxed{2}}{\boxed{3}} \qquad (4)$$

① 6.3　　② 7.3　　③ 8.3

④ 9.3　　⑤ 10.3

20 第2回 試行調査：化学

問3 下線部(b)に関連して，pH が 8.17 から 8.07 に低下したとき，水素イオン濃度はおよそ何倍になるか。最も適当な数値を，次の①〜⑥のうちから一つ選べ。必要があれば常用対数表の一部を抜き出した表1を参考にせよ。たとえば，$\log_{10} 2.03$ の値は，表1の 2.0 の行と 3 の列が交わる太枠内の数値 0.307 となる。

$\boxed{5}$ 倍

① 0.10   ② 0.75   ③ 1.0

④ 1.3   ⑤ 7.5   ⑥ 10

表1　常用対数表（抜粋，小数第4位を四捨五入して小数第3位までを記載）

数	0	1	2	3	4	5	6	7	8	9
1.0	0.000	0.004	0.009	0.013	0.017	0.021	0.025	0.029	0.033	0.037
1.1	0.041	0.045	0.049	0.053	0.057	0.061	0.064	0.068	0.072	0.076
1.2	0.079	0.083	0.086	0.090	0.093	0.097	0.100	0.104	0.107	0.111
1.3	0.114	0.117	0.121	0.124	0.127	0.130	0.134	0.137	0.140	0.143
1.4	0.146	0.149	0.152	0.155	0.158	0.161	0.164	0.167	0.170	0.173
1.5	0.176	0.179	0.182	0.185	0.188	0.190	0.193	0.196	0.199	0.201
1.6	0.204	0.207	0.210	0.212	0.215	0.217	0.220	0.223	0.225	0.228
1.7	0.230	0.233	0.236	0.238	0.241	0.243	0.246	0.248	0.250	0.253
1.8	0.255	0.258	0.260	0.262	0.265	0.267	0.270	0.272	0.274	0.276
1.9	0.279	0.281	0.283	0.286	0.288	0.290	0.292	0.294	0.297	0.299
2.0	0.301	0.303	0.305	0.307	0.310	0.312	0.314	0.316	0.318	0.320
2.1	0.322	0.324	0.326	0.328	0.330	0.332	0.334	0.336	0.338	0.340
9.6	0.982	0.983	0.983	0.984	0.984	0.985	0.985	0.985	0.986	0.986
9.7	0.987	0.987	0.988	0.988	0.989	0.989	0.989	0.990	0.990	0.991
9.8	0.991	0.992	0.992	0.993	0.993	0.993	0.994	0.994	0.995	0.995
9.9	0.996	0.996	0.997	0.997	0.997	0.998	0.998	0.999	0.999	1.000

問 4 下線部(c)に関連して，なめらかに動くピストン付きの密閉容器に 20 ℃ で CO_2 を入れ，圧力 600 Pa に保ち，温度を 20 ℃ から −140 ℃ まで変化させた。このとき，容器内の CO_2 の温度 t と体積 V の関係を模式的に表した図として最も適当なものを，次ページの ①〜④ のうちから一つ選べ。ただし，温度 t と圧力 p において CO_2 がとりうる状態は図 2 のようになる。なお，図 2 は縦軸が対数で表されている。 6

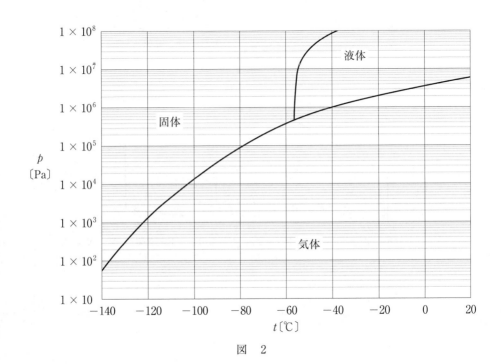

図　2

①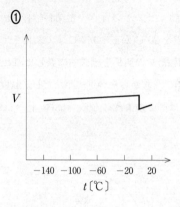

②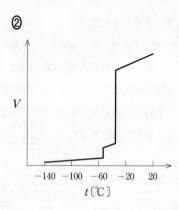

③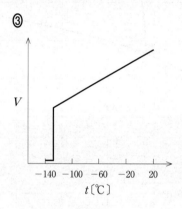

④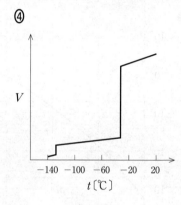

第5問 次の文章を読み，問い(問1～4)に答えよ。

〔解答番号 1 ～ 5 〕(配点 15)

日本料理では，だしを取るのにしばしば昆布が使われる。昆布を煮出すと，うま味成分として知られるグルタミン酸をはじめ，さまざまな栄養成分が溶け出してくる。煮出し汁には，代表的な栄養成分として，グルタミン酸のほか，ヨウ素，アルギン酸がイオンの形で含まれている。アルギン酸の構造式は次のとおりである。

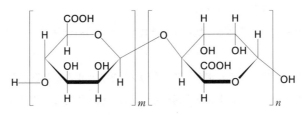

アルギン酸(分子量 約10万)

試料としてグルタミン酸ナトリウム，ヨウ化ナトリウム，アルギン酸ナトリウムを含む水溶液がある。この溶液をビーカーに入れて横からレーザー光を当てたところ，光の通路がよく見えた。この水溶液から，成分を図1のように分離した。

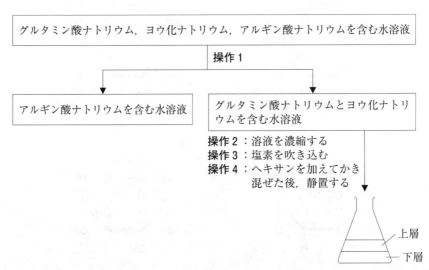

図 1

問 1　下線部の混合物からアルギン酸ナトリウムを水溶液として分離する**操作1**で必要となる主な実験器具は何か。最も適当なものを，次の①～④のうちから一つ選べ。ただし，**操作1**で試料以外に使用してよい物質は，純水のみとする。
　　　1

① ろ紙，ろうと，ろうと台
② セロハン，ビーカー
③ 分液ろうと，ろうと台
④ リービッヒ冷却器，枝付きフラスコ，ガスバーナー

問 2　アルギン酸は，カルボキシ基をもつ2種類の単糖が繰り返し脱水縮合した構造をしている。アルギン酸を構成している単糖の構造として適当なものを，次の①～④のうちから二つ選べ。ただし，解答の順序は問わない。
　　　2 ・ 3

①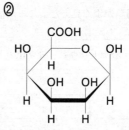

②

③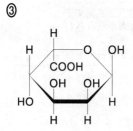

④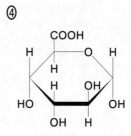

問 3　**操作 4** で，溶液は二層に分かれ，上層は紫色であった。上層に関する記述として最も適当なものを，次の①〜④のうちから一つ選べ。　4

① ヨウ素 I_2 が溶けたヘキサン層である。
② ヨウ化ナトリウムが溶けたヘキサン層である。
③ ヨウ素 I_2 が溶けた水層である。
④ ヨウ化ナトリウムが溶けた水層である。

問 4　グルタミン酸は水溶液中で pH に応じて異なる構造をとり，pH 3 では主に次のような構造をとっている。このことを参考にして，どのような pH の水溶液中でも**主な構造にはならないもの**を，下の①〜④のうちから一つ選べ。　5

$$\overset{+}{H_3N}-CH-COO^-$$
$$|$$
$$CH_2$$
$$|$$
$$CH_2$$
$$|$$
$$COOH$$

pH 3 での主な構造

① $H_2N-CH-COOH$
　　　　$|$
　　　CH_2
　　　$|$
　　　CH_2
　　　$|$
　　　$COOH$

② $\overset{+}{H_3N}-CH-COOH$
　　　　$|$
　　　CH_2
　　　$|$
　　　CH_2
　　　$|$
　　　$COOH$

③ $H_2N-CH-COO^-$
　　　　$|$
　　　CH_2
　　　$|$
　　　CH_2
　　　$|$
　　　COO^-

④ $\overset{+}{H_3N}-CH-COO^-$
　　　　$|$
　　　CH_2
　　　$|$
　　　CH_2
　　　$|$
　　　COO^-

共通テスト
第1回 試行調査

化学

第1回
試 行

解答時間 60分
配点 100点

2　第１回 試行調査：化学

化　　学
（全 問 必 答）

必要があれば，原子量は次の値を使うこと。

　H　1.0　　　　　　C　12　　　　　　O　16　　　　　　Ne　20

実在気体とことわりがない限り，気体は理想気体として扱うものとする。

第1問　次の問い（問 1 ～ 4 ）に答えよ。
〔解答番号　1　～　7　〕

問 1　ある元素 X の酸化物 XO_2 は常温・常圧で気体であり，この気体を一定体積
　　　とって質量を測定すると 0.64 g であった。一方，そのときと同温・同圧で，
　　　同じ体積の気体のネオンの質量は 0.20 g であった。元素 X の原子量はいくら
　　　か。最も適当な数値を，次の①～⑥のうちから一つ選べ。　1

　　①　12　　　　　　②　14　　　　　　③　28　　　　　　④　32
　　⑤　35.5　　　　　⑥　48

問 2　次の熱化学方程式を利用すると，炭素の同素体について，物質のもつエネルギー(化学エネルギー)を比較することができる。同じ質量の黒鉛，ダイヤモンド，フラーレン C_{60} について，物質のもつエネルギーが小さいものから順に正しく並べられたものを，下の①〜⑥のうちから一つ選べ。　2

$C(ダイヤモンド) + O_2(気) = CO_2(気) + 396 \text{ kJ}$
$C_{60}(フラーレン) + 60 O_2(気) = 60 CO_2(気) + 25930 \text{ kJ}$
$C(黒鉛) = C(ダイヤモンド) - 2 \text{ kJ}$

① 黒鉛 < ダイヤモンド < フラーレン C_{60}
② 黒鉛 < フラーレン C_{60} < ダイヤモンド
③ ダイヤモンド < 黒鉛 < フラーレン C_{60}
④ ダイヤモンド < フラーレン C_{60} < 黒鉛
⑤ フラーレン C_{60} < 黒鉛 < ダイヤモンド
⑥ フラーレン C_{60} < ダイヤモンド < 黒鉛

問3 次の熱化学方程式で表される可逆反応 $2NO_2 \rightleftarrows N_2O_4$ がある。

$$2NO_2(気) = N_2O_4(気) + Q \text{ [kJ]}$$

ただし，NO_2 は赤褐色の気体，N_2O_4 は無色の気体である。

　温度変化だけによる平衡の移動方向から Q の正負を確かめるため，次の実験を行った。

操作　NO_2 を乾いた試験管に集め，ゴム栓で密封した。図1のように，この試験管を温水と冷水に交互に浸して，気体の色を比較した。

結果　試験管を温水に浸したときのほうが気体の色は濃かった。

図　1

この実験に関する考察として最も適当なものを，次の①〜⑤のうちから一つ選べ。 3

① この実験では温度変化だけによる平衡の移動を見ており，$Q > 0$ といえる。

② この実験では温度変化だけによる平衡の移動を見ており，$Q < 0$ といえる。

③ 温度が変わると気体の圧力も変化するので，この実験では温度変化だけによる平衡の移動を見てはいない。したがって，Q の正負は判断できない。

④ 温度が変わると気体の圧力も変化するので，この実験では温度変化だけによる平衡の移動を見てはいない。しかし，圧力変化が平衡の移動に与える影響は，温度変化が平衡の移動に与える影響より小さいことが，色の変化からわかるので，$Q > 0$ といえる。

⑤ 温度が変わると気体の圧力も変化するので，この実験では温度変化だけによる平衡の移動を見てはいない。しかし，圧力変化が平衡の移動に与える影響は，温度変化が平衡の移動に与える影響より小さいことが，色の変化からわかるので，$Q < 0$ といえる。

問4 シクロヘキサン 15.80 g にナフタレン 30.0 mg を加えて完全に溶かした。その溶液を氷水で冷却し，よくかき混ぜながら溶液の温度を1分ごとに測定したところ，表1のようになった。下の問い(a・b)に答えよ。必要があれば，表2の数値と次ページの方眼紙を使うこと。

表　1

時間〔分〕	温度〔℃〕
3	6.89
4	6.58
5	6.30
6	6.08
7	6.18
8	6.19
9	6.18
10	6.17
11	6.16
12	6.15
13	6.14
14	6.12
15	6.11

表　2

	シクロヘキサン	ナフタレン
分子量	84.2	128
融点〔℃〕	6.52	80.5

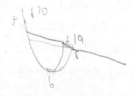

a　この溶液の凝固点を求めると何℃になるか。最も適当な数値を，次の①〜④のうちから一つ選べ。　4　℃

① 6.08　　② 6.19　　③ 6.22　　④ 6.28

b **a**で選んだ溶液の凝固点を用いて，シクロヘキサンのモル凝固点降下を求めると，何 K・kg/mol になるか。有効数字2桁で次の形式で表すとき，$\boxed{5}$ ～ $\boxed{7}$ に当てはまる数字を，下の①～⓪のうちから一つずつ選べ。ただし，同じものを繰り返し選んでもよい。

$$\boxed{5} . \boxed{6} \times 10^{\boxed{7}} \text{ K・kg/mol}$$

① 1　　② 2　　③ 3　　④ 4　　⑤ 5

⑥ 6　　⑦ 7　　⑧ 8　　⑨ 9　　⓪ 0

第2問 次の問い(問1〜3)に答えよ。
〔解答番号　1　〜　8　〕

問1 Cr^{3+} と Ni^{2+} を含む強酸性水溶液に塩基を加えていくと，水酸化物の沈殿が生じる。このとき，次式の平衡が成立する。

$$Cr(OH)_3 \rightleftarrows Cr^{3+} + 3\,OH^- \qquad K_{sp} = [Cr^{3+}][OH^-]^3$$

$$Ni(OH)_2 \rightleftarrows Ni^{2+} + 2\,OH^- \qquad K'_{sp} = [Ni^{2+}][OH^-]^2$$

この二つの溶解度積 K_{sp} と K'_{sp} は水酸化物イオン濃度 $[OH^-]$ を含むので，沈殿が生じているときの水溶液中の金属イオン濃度は pH によって決まる。これらの関係は図1の直線で示される。次ページの問い(a・b)に答えよ。ただし，水溶液の温度は一定とする。

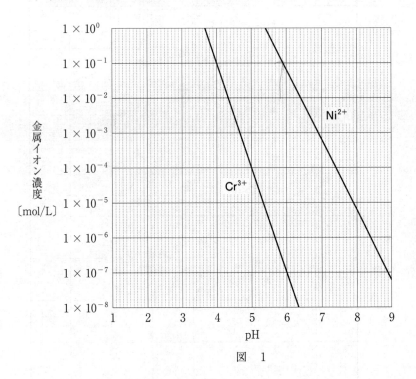

図　1

a　Cr^{3+} を含む強酸性水溶液に水酸化ナトリウム水溶液を加えていき，pH が 4 になったとき，$Cr(OH)_3$ の沈殿が生じた。このとき水溶液中に含まれる Cr^{3+} の濃度として最も適当な数値を，次の①〜⑨のうちから一つ選べ。
　　　 1 　mol/L

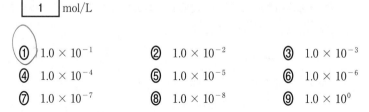

b　Cr^{3+} と Ni^{2+} を 1.0×10^{-1} mol/L ずつ含む強酸性水溶液に水酸化ナトリウム水溶液を徐々に加えて，Cr^{3+} を $Cr(OH)_3$ の沈殿として分離したい。ここでは，水溶液中の Cr^{3+} の濃度が 1.0×10^{-4} mol/L 未満であり，しかも $Ni(OH)_2$ が沈殿していないときに，Cr^{3+} を分離できたものとする。そのためには pH の範囲をどのようにすればよいか。有効数字 2 桁で次の形式で表すとき， 2 〜 5 に当てはまる数字を，下の①〜⓪のうちから一つずつ選べ。ただし，同じものを繰り返し選んでもよい。なお，水酸化ナトリウム水溶液を加えても水溶液の体積は変化しないものとする。

　　 2 ． 3 ＜ pH ＜ 4 ． 5

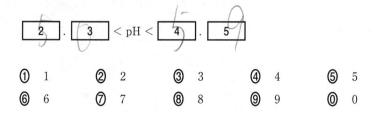

問 2 6種類の金属イオン Ag$^+$，Al^{3+}，Cu^{2+}，Fe^{3+}，K$^+$，Zn^{2+} のうち，いずれか4種類の金属イオンを含む水溶液アがある。どの金属イオンが含まれているか調べるため，図2のような実験を行った。その結果，4種類の金属イオンを1種類ずつ，沈殿A，沈殿B，沈殿D，およびろ液Eとして分離できた。次ページの問い(a・b)に答えよ。

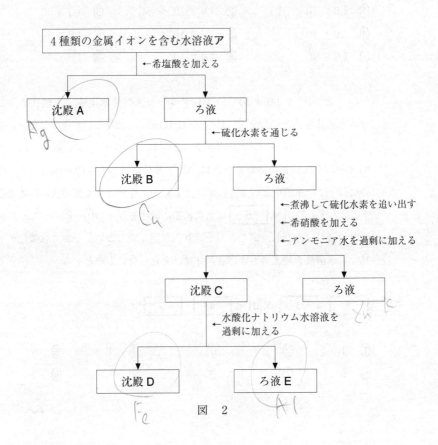

図 2

第 1 回 試行調査：化学　11

a　6種類の金属イオンのうち，水溶液アに**含まれていない**ものを，次の①〜⑥のうちから二つ選べ。　6

①　Ag^+　　　②　Al^{3+}　　　③　Cu^{2+}
④　Fe^{3+}　　　⑤　K^+　　　⑥　Zn^{2+}

b　沈殿 D に含まれている金属イオンを，次の①〜⑥のうちから一つ選べ。　7

①　Ag^+　　　②　Al^{3+}　　　③　Cu^{2+}
④　Fe^{3+}　　　⑤　K^+　　　⑥　Zn^{2+}

12 第1回 試行調査：化学

問 3 身のまわりで利用されている物質に関する記述として，下線部に**誤りを含む**ものを，次の①～⑤のうちから一つ選べ。　　8

① ナトリウムは炎色反応で黄色を呈する元素であるので，その化合物は花火に利用されている。

② 航空機の機体に利用されている軽くて強度が大きいジュラルミンは，アルミニウムを含む合金である。

③ ガラスの原料に使われる炭酸ナトリウムは，アンモニアソーダ法(ソルベー法)によって合成できる。

④ うがい薬に使われるヨウ素には，その気体を冷却すると，液体にならずに固体になる性質がある。

⑤ 塩素水に含まれている次亜塩素酸は還元力が強いので，塩素水は殺菌剤として使われている。

第3問 次の問い(問1～4)に答えよ。

〔解答番号 1 ～ 8 〕

問1 炭素，水素，酸素からなる，ある有機化合物 12 g を完全燃焼させたところ，二酸化炭素 0.60 mol と水 0.80 mol が生成した。この有機化合物として考えられるものを，次の①～⑥のうちから**すべて選べ**。 1

① アルコール　　② エーテル　　③ アルデヒド

④ ケトン　　⑤ カルボン酸　　⑥ エステル

C 0.6 7.2

H 1.6 1.6

O 2.0 3.2

0.2

C_3H_8O

問 2　次の記述(**ア・イ**)が両方ともに当てはまる化合物の構造式として最も適当なものを，下の①〜⑤のうちから一つ選べ。　| 2 |

　ア　水素1分子が付加した生成物には，幾何異性体(シス-トランス異性体)が存在する。

　イ　水素2分子が付加した生成物には，不斉炭素原子が存在する。

①　CH₃−CH₂−CH−C≡C−H
　　　　　　　｜
　　　　　　CH₃

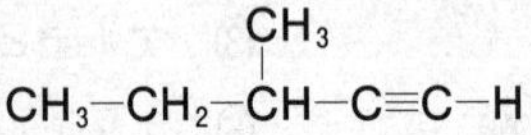

②　CH₃−CH−C≡C−CH₃
　　　　　｜
　　　　CH₃

③　CH₃−CH₂−CH₂−CH−C≡C−H
　　　　　　　　　｜
　　　　　　　　CH₃

④　CH₃−CH−C≡C−CH−CH₃
　　　　　｜　　　　｜
　　　　CH₃　　　CH₃

⑤　CH₃−CH₂−CH−C≡C−CH−CH₃
　　　　　　　｜　　　　｜
　　　　　　CH₃　　　CH₃

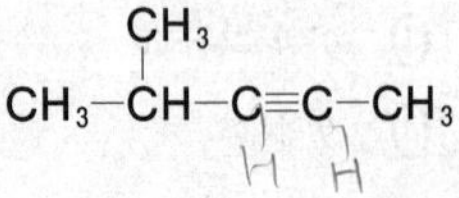

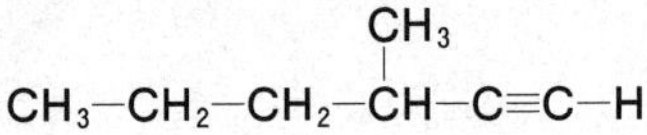

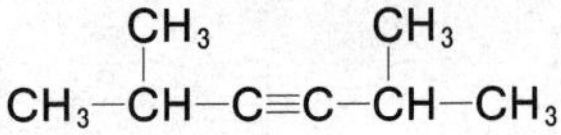

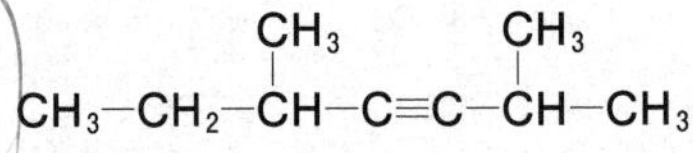

問3 分子式 $C_4H_6O_2$ で表されるエステル A を加水分解したところ，図1のように化合物 B とともに，<u>不安定な化合物 C を経て，C の異性体である化合物 D が得られた</u>。また，化合物 D を酸化したところ，化合物 B に変化した。下の問い（a・b）に答えよ。

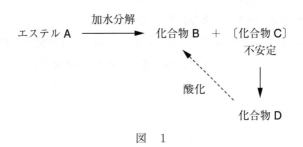

図 1

a 次に示すエステル A の構造式中の ┃ 3 ┃・┃ 4 ┃ に当てはまるものを，下の①～⑦のうちからそれぞれ一つずつ選べ。

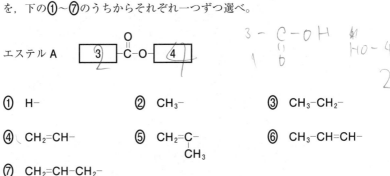

① H−   ② CH_3- ③ CH_3-CH_2-

④ $CH_2=CH-$ ⑤ $CH_2=C-$ ⑥ $CH_3-CH=CH-$
                    $\quad\ \ |$
                    $\ \ CH_3$

⑦ $CH_2=CH-CH_2-$

16 第1回 試行調査：化学

b 下線部と同じ変化が起こり，化合物 C を経て化合物 D が得られる反応として最も適当なものを，次の①～⑤のうちから一つ選べ。 5

① アセトンにヨウ素と水酸化ナトリウム水溶液を加えて温める。

② 触媒の存在下でアセチレンに水を付加させる。

③ 酢酸カルシウムを熱分解(乾留)する。

④ 2-プロパノールに二クロム酸カリウムの硫酸酸性溶液を加えて温める。

⑤ 160～170℃ に加熱した濃硫酸にエタノールを滴下する。

第 I 回　試行調査：化学　17

問 4　ある大学の体験入学で，次のような話を聞いた。

　ベンゼン環に官能基を一つもつ物質に置換反応を行うと，オルト(o-)，メタ（m-），パラ(p-)の位置で反応が起こる可能性がある。どの位置で反応が起こるかは，最初に結合している官能基の影響を強く受ける。たとえば次のように，フェノールをある反応条件でニトロ化すると，おもに o-ニトロフェノールと p-ニトロフェノールが生成し，m-ニトロフェノールは少ししか生成しない。したがって，ベンゼン環に結合したヒドロキシ基は o- や p- の位置で置換反応を起こしやすい官能基といえる。

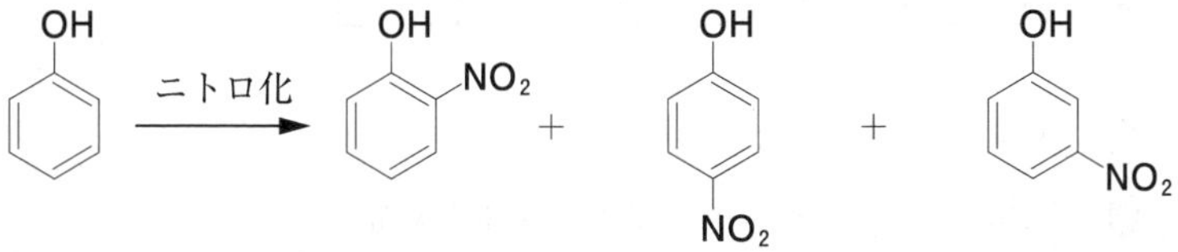

o-ニトロフェノール　　p-ニトロフェノール　　m-ニトロフェノール
（少ししか生成しない）

一般に，o- や p- の位置で置換反応を起こしやすい官能基をもつ物質には次のものがある。

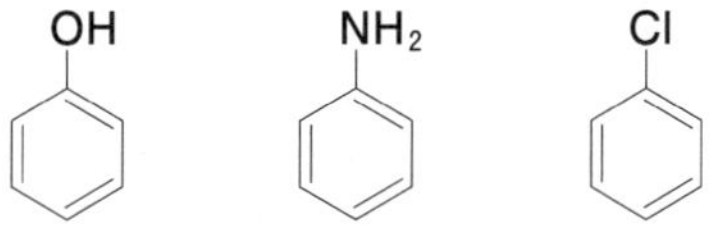

一方，m- の位置で置換反応を起こしやすい官能基をもつ物質には次のものがある。

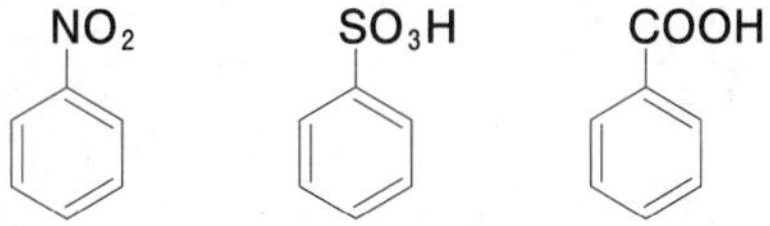

このことを利用すれば，目的の化合物を効率よくつくることができる。

この情報をもとに，除草剤の原料である m-クロロアニリンを，次のようにベンゼンから化合物 A，B を経て効率よく合成する実験を計画した。

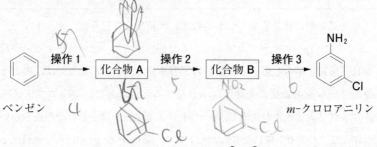

操作 1 ～ 3 として最も適当なものを，次の①～⑥のうちからそれぞれ一つずつ選べ。

操作 1　| 6 |　　操作 2　| 7 |　　操作 3　| 8 |

① 濃硫酸を加えて加熱する。
② 固体の水酸化ナトリウムと混合して加熱融解する。
③ 鉄を触媒にして塩素を反応させる。
④ 光をあてて塩素を反応させる。
⑤ 濃硫酸と濃硝酸を加えて加熱する。
⑥ スズと塩酸を加えて反応させた後，水酸化ナトリウム水溶液を加える。

第 I 回 試行調査：化学　**19**

第4問　次の文章を読み，下の問い（問1〜3）に答えよ。

〔解答番号　1　〜　7　〕

　COD（化学的酸素要求量）は，水1Lに含まれる有機化合物などを酸化するのに必要な過マンガン酸カリウム $KMnO_4$ の量を，酸化剤としての酸素の質量〔mg〕に換算したもので，水質の指標の一つである。ヤマメやイワナが生息できる渓流の水質は COD の値が1mg/L以下であり，きれいな水ということができる。

　COD の値は，試料水中の有機化合物と過不足なく反応する $KMnO_4$ の物質量から求められる。いま，有機化合物だけが溶けている無色の試料水がある。この試料水の COD の値を求めるために，次の実験操作（**操作1〜3**）を行った。なお，操作手順の概略は次ページの図1に示してある。

準　備　試料水と対照実験用の純水を，それぞれ100mLずつコニカルビーカーにとった。

操作1　準備した二つのコニカルビーカーに硫酸を加えて酸性にした後，両方に物質量 n_1〔mol〕の $KMnO_4$ を含む水溶液を加えて振り混ぜ，沸騰水につけて30分間加熱した。これにより，試料水中の有機化合物を酸化した。加熱後の水溶液には，未反応の $KMnO_4$ が残っていた。なお，この加熱により $KMnO_4$ の一部が分解した。分解した $KMnO_4$ の物質量は，試料水と純水のいずれも x〔mol〕とする。

操作2　二つのコニカルビーカーを沸騰水から取り出し，両方に還元剤として同量のシュウ酸ナトリウム $Na_2C_2O_4$ 水溶液を加えて振り混ぜた。加えた $Na_2C_2O_4$ と過不足なく反応する $KMnO_4$ の物質量を n_2〔mol〕とする。反応後の水溶液には，未反応の $Na_2C_2O_4$ が残っていた。

操作3　コニカルビーカーの温度を50〜60℃に保ち，$KMnO_4$ 水溶液を用いて，残っていた $Na_2C_2O_4$ を滴定した。滴定で加えた $KMnO_4$ の物質量は，試料水では n_3〔mol〕，純水では n_4〔mol〕だった。

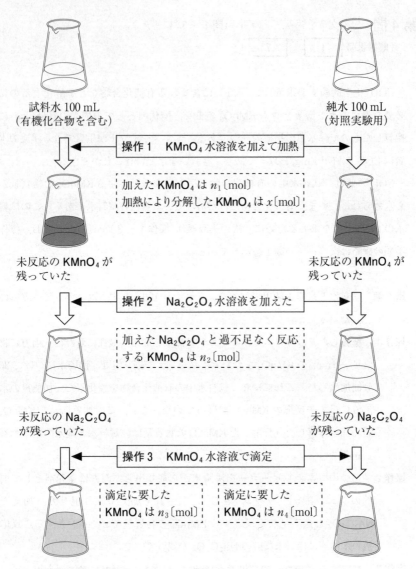

図 1

問 1 $Na_2C_2O_4$ が還元剤としてはたらく反応は，次の電子を含むイオン反応式で表される。

$$C_2O_4{}^{2-} \longrightarrow 2CO_2 + 2e^-$$

下線を付した原子の酸化数の変化として正しいものを，次の①～⑤のうちから一つ選べ。　1

① 2減少　② 1減少　③ 変化なし　④ 1増加　⑤ 2増加

22 第 I 回 試行調査：化学

問 2 次の文章を読み，下の問い（ a・b ）に答えよ。

この試料水中の有機化合物と過不足なく反応する $KMnO_4$ の物質量 n〔mol〕を求めたい。**操作 1 ～ 3** で，試料水と純水のそれぞれにおいて，加えた $KMnO_4$ の物質量の総量と消費された $KMnO_4$ の物質量の総量は等しい。このことから導かれる式を n, n_1, n_2, n_3, n_4, x のうちから必要なものを用いて表すと，試料水では　2　，純水では　3　となる。これら二つの式から，$n =$　4　となる。

a　　2　・　3　に当てはまる式として最も適当なものを，次の①～⑥のうちからそれぞれ一つずつ選べ。

試料水　2　　純水　3

① $n_1 + n_2 = n + n_3 - x$　　　② $n_1 + n_2 = n + n_3 + x$

③ $n_1 + n_3 = n + n_2 + x$　　　④ $n_1 + n_2 = n_4 - x$

⑤ $n_1 + n_2 = n_4 + x$　　　　　⑥ $n_1 + n_4 = n_2 + x$

b　　4　に当てはまる式として最も適当なものを，次の①～⑤のうちから一つ選べ。

$n =$　4

① $n_3 - n_4$　　　　　　　　② $n_1 + n_3 - n_4$

③ $n_2 + n_3 - n_4$　　　　　④ $n_1 + n_2 + n_3 - n_4$

⑤ $n_1 - n_2 + n_3 - n_4$

第 1 回 試行調査：化学　**23**

問 3　次の文章中の $\boxed{5}$ 〜 $\boxed{7}$ に当てはまる数字を，下の①〜⓪のうちか
ら一つずつ選べ。ただし，同じものを繰り返し選んでもよい。

過マンガン酸イオン MnO_4^- と酸素 O_2 は，酸性溶液中で次のように酸化剤
としてはたらく。

$$MnO_4^- + 8\,H^+ + 5\,e^- \longrightarrow Mn^{2+} + 4\,H_2O$$

$$O_2 + 4\,H^+ + 4\,e^- \longrightarrow 2\,H_2O$$

したがって，$KMnO_4$ 4 mol は，酸化剤としての O_2 $\boxed{5}$ mol に相当する。

　この試料水 100 mL 中の有機化合物と過不足なく反応する $KMnO_4$ の物質量
n は，2.0×10^{-5} mol であった。試料水 1.0 L に含まれる有機化合物を酸化す
るのに必要な $KMnO_4$ の量を，O_2 の質量〔mg〕に換算して COD の値を求める
と，$\boxed{6}$. $\boxed{7}$ mg/L になる。

① 1	② 2	③ 3	④ 4	⑤ 5
⑥ 6	⑦ 7	⑧ 8	⑨ 9	⓪ 0

24 第 I 回 試行調査：化学

第5問 次の文章を読み，下の問い(問1〜4)に答えよ。

〔解答番号 | 1 | 〜 | 4 | 〕

　デンプンのり(デンプンと水を加熱してできるゲル)で紙を貼り合わせる場合の接着のしくみを考えてみよう。

　デンプンはグルコースの縮合重合体である。グルコースは，ァ水溶液中で図1のような平衡状態にある。

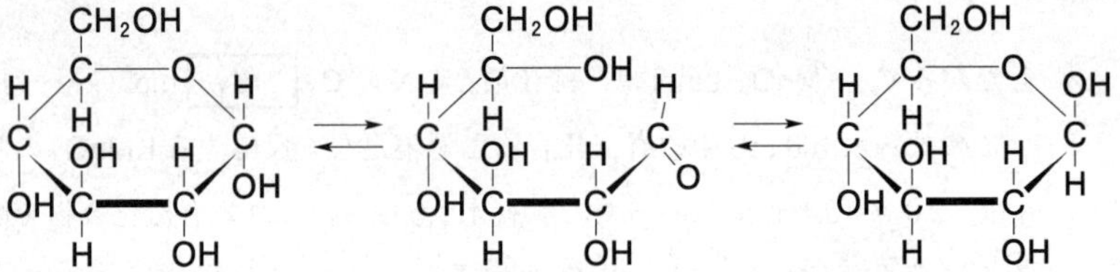

環状構造(α-グルコース)　　　　鎖状構造　　　　環状構造(β-グルコース)

図　1

　紙の素材であるセルロースもまた，グルコースの縮合重合体である。紙にデンプンのりを塗って貼り合わせ，しばらくするとはがれなくなる。これは，水が蒸発してデンプン分子とセルロース分子が近づき，分子間に水素結合およびィファンデルワールス力がはたらいて，分子どうしが引き合うようになったことなどによる。これらの力は分子どうしが接触する箇所ではたらき，その箇所が多いほど大きな力となる。デンプンもセルロースも高分子化合物なので，両者が接触する箇所は多い。その結果，双方の分子が大きな力で引き合って，接着現象がもたらされる。

　デンプンは細菌などによって分解されるので，デンプンのりは劣化しやすい。このため，ゥ石油を原料とした合成高分子化合物を使ったのりもつくられている。

第 I 回 試行調査：化学 **25**

問 1 下線部**ア**に関して，グルコースの一部が水溶液中で図 1 の鎖状構造をとっていることを確認する方法として最も適当なものを，次の①〜⑥のうちから一つ選べ。 ☐ 1

① 臭素水を加えて，赤褐色の脱色を確認する。

② ヨウ素ヨウ化カリウム水溶液（ヨウ素溶液）を加えて，青紫色の呈色を確認する。

③ アンモニア性硝酸銀水溶液を加えて加熱し，銀の析出を確認する。

④ 酢酸と濃硫酸を加えて加熱し，芳香を確認する。

⑤ ニンヒドリン溶液を加えて加熱し，紫色の呈色を確認する。

⑥ 濃硝酸を加えて加熱し，黄色の呈色を確認する。

問 2 下線部**ア**に関して，図 1 のような平衡状態は，グルコース以外でも見られることがわかっている。このことを参考にして，メタノール CH_3OH とアセトアルデヒド CH_3CHO の混合物中に存在すると考えられる分子を，次の①〜⑤のうちから一つ選べ。 ☐ 2

① CH_3-CH_2-OH

② $HO-CH_2-CH_2-CH_2-OH$

③ $CH_3-\underset{\underset{CH_3}{|}}{C}H-O-OH$

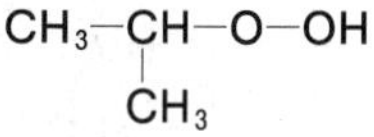

④ $CH_3-\underset{\underset{OH}{|}}{C}H-O-CH_3$

⑤ $CH_3-\underset{\underset{O}{\|}}{C}-O-CH_3$

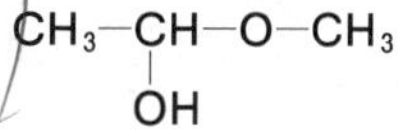

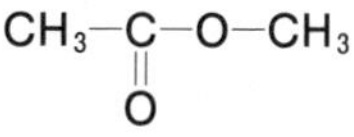

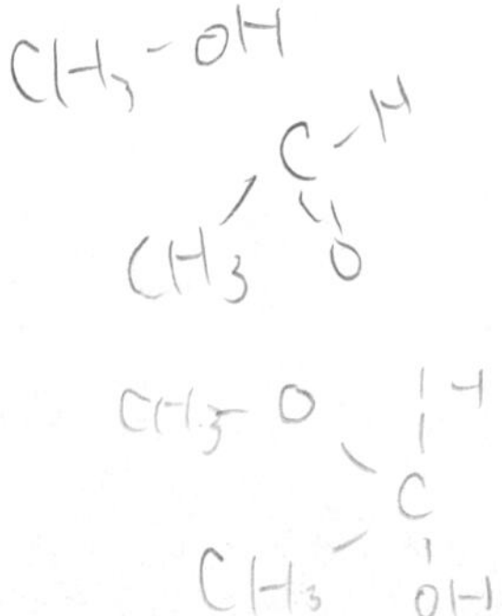

問3 下線部イに関して、ファンデルワールス力が主な要因であるとして**説明することができない現象**を、次の①～④のうちから一つ選べ。 3

① 常温・常圧でエチレンは気体だが、ポリエチレンは固体である。
② 1-ブタノールの沸点は、同じ分子式をもつジエチルエーテルの沸点より高い。
③ 常温・常圧で塩素は気体であり、臭素は液体である。
④ 直鎖状のアルカンの沸点は、炭素数が増えるにつれて高くなる。

問4 下線部ウに関して、水素結合とファンデルワールス力の両方がはたらき、紙を貼り合わせるのりとして適当なものを、次の①～⑥のうちから二つ選べ。 4

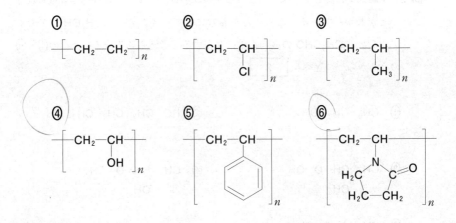

理 科　解 答 用 紙

注意事項
1　訂正は、消しゴムできれいに消し、消しくずを残してはいけません。
2　所定欄以外にはマークしたり、記入したりしてはいけません。
3　汚したり、折りまげたりしてはいけません。

・1科目だけマークしなさい。
・解答科目欄が無マーク又は複数マークの場合は、0点となります。

解答科目欄	
物　理	◯
化　学	◯
生　物	◯
地　学	◯

理 科 解 答 用 紙

注意事項
1 訂正は、消しゴムできれいに消し、消しくずを残してはいけません。
2 所定欄以外にはマークしたり、記入したりしてはいけません。
3 汚したり、折りまげたりしてはいけません。

・1科目だけマークしなさい。
・解答科目欄が無マーク又は複数マークの場合は、0点となります。

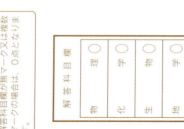

2025

赤本ブログ
 赤本チャンネル

受験のメンタルケア、合格者の声など、受験に役立つ記事が充実。

人気講師の大学別講座や共通テスト対策など、役立つ動画を公開中！

2025 年版　共通テスト赤本シリーズ ⑩
共通テスト過去問研究　化学

2024 年 4 月 30 日　第 1 刷発行

編　集　教学社編集部
発行者　上原寿明
発行所　教学社
　　　　〒606-0031
　　　　京都市左京区岩倉南桑原町 56
　　　　電話 075-721-6500
　　　　振替 01020-1-15695
印刷　太洋社

定価は裏表紙に表示しています
ISBN 978-4-325-26649-5

- 本書の無断複製は著作権法上の例外を除き禁じられています。本書を代行業者等の第三者に依頼してスキャンやデジタル化することは、たとえ個人や家庭内の利用でも著作権法違反です。
- 乱丁・落丁等につきましてはお取り替えいたします。
- 本書に関する最新の情報（訂正を含む）は、赤本ウェブサイト http://akahon.net/ の書籍の詳細ページでご確認いただけます。
- 本書の内容についてのお問い合わせは、赤本ウェブサイトの「お問い合わせ」より、必要事項をご記入の上ご連絡ください。電話でのお問い合わせは受け付けておりません。
- 本シリーズ掲載の入試問題等について、万一、掲載許可手続き等に遺漏や不備があると思われるものがございましたら、当社編集部までお知らせください。